全国交通运输行业职业技能鉴定培训教材

Yaluji Caozuogong

压路机操作工

（初级·中级·高级·技师）

交通专业人员资格评价中心
（交通运输部职业技能鉴定指导中心） 组织编写

人民交通出版社

内 容 提 要

本书为交通专业人员资格评价中心(交通运输部职业技能鉴定指导中心)组织编写的全国交通运输行业职业技能鉴定培训教材之一。本书根据人力资源和社会保障部以及交通运输部联合发布的《国家职业标准——压路机操作工》的要求编写,分为初级、中级、高级和技师四个层次,主要内容包括基本要求、基础知识、压路机操作工工作要求等。

本书主要用作压路机操作工技能鉴定的辅导用书,也可作为交通类职业院校相关专业的教学参考书,还可供相关从业人员继续教育和自学使用。

图书在版编目(CIP)数据

压路机操作工(初级·中级·高级·技师)/交通专业人员资格评价中心(交通运输部职业技能鉴定指导中心)组织编写. —北京:人民交通出版社,2010.5
ISBN 978-7-114-08431-7

I.①压… II.①交… III.①压路机—操作 IV.①TU661

中国版本图书馆 CIP 数据核字(2010)第 087482 号

全国交通运输行业职业技能鉴定培训教材
书　　名:压路机操作工(初级·中级·高级·技师)
著 作 者:交通专业人员资格评价中心(交通运输部职业技能鉴定指导中心)
责任编辑:韩亚楠　刘永超
出版发行:人民交通出版社股份有限公司
地　　址:(100011)北京市朝阳区安定门外外馆斜街 3 号
网　　址:http://www.ccpress.com.cn
销售电话:(010) 59757969, 59757973
总 经 销:人民交通出版社股份有限公司发行部
经　　销:各地新华书店
印　　刷:北京市密东印刷有限公司
开　　本:787×1092　1/16
印　　张:16.25
字　　数:406 千
版　　次:2010 年 5 月　第 1 版
印　　次:2023 年 10 月　第 2 次印刷
书　　号:ISBN 978-7-114-08431-7
定　　价:40.00 元

(有印刷、装订质量问题的图书由本社负责调换)

序

XU

当前和今后一个时期，是我国改革发展的关键时期，也是推进交通科学发展，加快发展现代交通业的重要战略机遇期。加快建立一支与交通行业发展相适应的高技能人才队伍，提高交通行业广大从业人员服务交通、服务社会的能力和水平，迫切需要我们加快建立和实施职业资格制度，不断加强交通行业高技能人才评价工作。

交通专业人员资格评价中心自成立以来，特别是以2007年全国交通行业职业资格工作会议召开为标志，全面开展了交通行业职业资格工作，初步建立了交通行业关键专业技术岗位职业资格制度，交通行业职业技能鉴定工作也取得了实质性进展：形成了以国家职业标准、培训教材、试题库为主体的交通行业国家职业技能鉴定技术要素体系，为交通行业高技能人才建设打下了良好的基础，为开展交通行业职业技能鉴定工作提供了重要保障。

加强交通行业职业技能鉴定基础工作是做好技能人才评价工作的关键，交通行业职业技能鉴定教材的开发是这项基础工作的重要组成部分。交通专业人员资格评价中心在充分调研的基础上，根据国家职业标准，紧紧围绕交通行业发展实际需要，在部有关业务主管部门的指导下，充分发挥职业院校和有关企事业单位的专家作用，以职业活动为导向，以职业能力为核心，按照教材开发的科学性、先进性、适用性和实践性原则，组织编写了全国交通行业职业技能鉴定培训教材。衷心希望大家继续努力，加强协作，确保质量，在培训教材建设方面多出成果，多出精品，为做好交通行业职业技能培训和鉴定工作创造条件。我相信本套培训教材的出版将对交通行业广大从业人员和职业院校相关专业学生职业能力与技能水平的提高有所帮助，为推进交通运输事业又好又快发展发挥积极的作用。

交通运输部副部长：

《全国交通运输行业职业技能鉴定培训教材》

编审委员会

主　任：何　捷

副主任：申少君　李祖平　杨利华　魏　东

委　员：张　萍　沈冬柏　刘　鹏　王福恒

刘大鹏　尹俊涛　李　娟　丛英莉

《压路机操作工（初级·中级·高级·技师）》

编　审　人　员

主　审：冯久东　刘文华

主　编：李兴臣

参　编：安文洁　李英奇

前　言

QIANYAN

为做好交通运输行业特有职业技能培训及鉴定工作，在压路机操作工从业人员中推行国家职业资格证书制度，我们组织交通运输行业的有关专家编写了《全国交通运输行业职业技能鉴定培训教材——压路机操作工》。

本教材根据《国家职业标准——压路机操作工》（以下简称《标准》），以职业活动为导向，以职业能力为核心，突出职业特色。针对压路机操作工职业活动的领域，按照模块化的方式，分初级、中级、高级、技师 4 个级别进行编写，各等级内容分别对应于《标准》中 4 个等级的“工作要求”。

本教材分压路机操作工（初级）、压路机操作工（中级）、压路机操作工（高级）和压路机操作工（技师）四大部分，共十五个单元。

本教材主要用作压路机操作工（初级）、压路机操作工（中级）、压路机操作工（高级）和压路机操作工（技师）技能鉴定的辅导用书，也可作为交通类职业院校相关专业的教学参考书，还可供相关从业人员继续教育和自学使用。

本教材在编写过程中，得到了交通运输部公路局、科技司等部门的指导，以及中国交通教育研究会、北京市路政局技工学校的大力支持，在此一并致以衷心感谢。

由于编写时间紧，内容多，加之编者水平有限，书中不足之处在所难免，恳请各位读者不吝指正。

交通专业人员资格评价中心
（交通运输部职业技能鉴定指导中心）

二〇一〇年五月四日

目　录

MULU

第一部分　基本要求

第二部分　基础知识

第三部分　压路机操作工(初级)工作要求

第四部分　压路机操作工(中级)工作要求

第五部分　压路机操作工(高级)工作要求

第六部分　压路机操作工(技师)工作要求

第一部分　基 本 要 求

单元一　职业道德

课题一　职业道德基本知识

学习目标

本课题的学习内容是职业道德的基本知识。

知识要求

了解职业道德的含义；掌握职业道德的特点及作用。

模块一　职业道德

职业道德，是人们在职业活动中应遵循的特定职业规范和行为准则，即正确处理职业内部、职业之间、职业与社会之间、人与人之间关系应当遵循的思想和行为规范。它是一般社会道德在不同职业中的特殊表现形式。职业道德是在相应的职业环境和职业实践中形成和发展起来的。职业道德的含义包括以下8个方面：

(1)职业道德是一种职业规范，受社会普遍的认可。

(2)职业道德是长期以来自然形成的。

(3)职业道德没有确定形式，通常体现为观念、习惯、信念等。

(4)职业道德依靠文化、内心信念和习惯，通过员工自律实现。

(5)职业道德大多没有实质的约束力和强制力。

(6)职业道德的主要内容是对员工义务的要求。

(7)职业道德标准多元化，代表了不同企业可能具有不同的价值观。

(8)职业道德承载着企业文化和凝聚力，影响深远。

每个从业人员，不论从事哪种职业，在职业活动中都要遵守职业道德。要理解职业道德需要掌握以下四点：

首先，在内容方面，职业道德总是要鲜明地表达职业义务、职业责任以及职业行为上的道德准则。它反映的不是社会道德和阶级道德的要求，而是要反映职业、行业以至产业特殊利益的要求；它不是在一般意义上的社会实践基础上形成的，而是在特定的职业实践的基础上形成的，因而它往往表现为某一职业特有的道德传统和道德习惯，表现为从事某一职业的人们所特有的道德心理和道德品质。职业道德甚至可能造成从事不同职业的人们在道德品貌上的差异。如人们常说，某人有“军人作风”、“工人性格”、“农民意识”、“干部派头”、“学生味”、“学究气”、“商人习气”等。

其次，在表现形式方面，职业道德往往比较具体、灵活、多样。它总是从本职业的交流活动的实际出发，采用制度、守则、公约、承诺、誓言、条例以及至标语口号之类的形式，这些灵活的形式既易于为从业人员所接受和实行，而且易于形成一种职业的道德习惯。

再次，从调节的范围来看，职业道德一方面是用来调节从业人员内部关系，加强职业、行业内部人员的凝聚力；另一方面，它也是用来调节从业人员与其服务对象之间的关系，用来塑造本职业从业人员的形象。

最后，从产生的效果来看，职业道德既能使一定的社会或阶级的道德原则和规范的“职业化”，又使个人道德品质“成熟化”。职业道德虽然是在特定的职业生活中形成的，但它绝不是离开阶级道德或社会道德而独立存在的道德类型。在阶级社会里，职业道德始终是在阶级道德和社会道德的制约和影响下存在和发展的；职业道德和阶级道德或社会道德之间的关系，就是一般与特殊、共性与个性之间的关系。任何一种形式的职业道德，都在不同程度上体现着阶级道德或社会道德的要求。同样，阶级道德或社会道德，在很大范围上都是通过具体的职业道德形式表现出来的。同时，职业道德主要表现在实际从事一定职业的成人的意识和行为中，是道德意识和道德行为成熟的阶段。职业道德与各种职业要求和职业生活结合，具有较强的稳定性和连续性，形成比较稳定的职业心理和职业习惯，以致在很大程度上改变了人们在学校生活阶段和少年生活阶段所形成的品行，影响道德主体的道德风貌。

模块二 职业道德的特点

职业道德具有以下特点。

1. 职业道德具有适用范围的有限性

每种职业都担负着一种特定的职业责任和职业义务。由于各种职业的职业责任和义务不同，从而形成各自特定的职业道德的具体规范。

2. 职业道德具有发展的历史继承性

由于职业具有不断发展和世代延续的特征，不仅其技术世代延续，其管理员工的方法、与服务对象打交道的方法，也有一定历史继承性。如“有教无类”、“学而不厌，诲人不倦”，从古至今始终是教师的职业道德。

3. 职业道德表达形式多种多样

由于各种职业道德的要求都较为具体、细致，因此其表达形式也多种多样。

4. 职业道德兼有强烈的纪律性

纪律也是一种行为规范，但它是介于法律和道德之间的一种特殊的规范。它既要求人们能自觉遵守，又带有一定的强制性。就前者而言，它具有道德色彩；就后者而言，又带有一定的法律色彩。就是说，一方面遵守纪律是一种美德，另一方面，遵守纪律又带有强制性，具有法令的要求。例如，工人必须执行操作规程和安全规定；军人要有严明的纪律等。因此，职业道德有时又以制度、章程、条例的形式表达，让从业人员认识到职业道德又具有纪律的规范性。

模块三 职业道德的社会作用

职业道德是社会道德体系的重要组成部分，它一方面具有社会道德的一般作用，另一方面它又具有自身的特殊作用，具体表现在：

1. 调节职业交往中从业人员内部以及从业人员与服务对象间的关系

职业道德的基本职能是调节职能。它一方面可以调节从业人员内部的关系，即运用职业道德规范约束职业内部人员的行为，促进职业内部人员的团结与合作。如职业道德规范要求各行各业的从业人员，都要团结、互助、爱岗、敬业、齐心协力地为发展本行业、本职业服务。另一方面，职业道德又可以调节从业人员和服务对象之间的关系。如职业道德规定了制造产品的工人要怎样对用户负责；营销人员怎样对顾客负责；医生怎样对病人负责；教师怎样对学生负责等等。

2. 有助于维护和提高本行业的信誉

一个行业、一个企业的信誉，也就是它们的形象、信用和声誉，是指企业及其产品与服务在社会公众中的信任程度，提高企业的信誉主要靠产品的质量和服务质量，而从业人员职业道德水平高是产品质量和服务质量的有效保证。若从业人员职业道德水平不高，很难生产出优质的产品和提供优质的服务。

3. 促进本行业的发展

行业、企业的发展有赖于高的经济效益，而高的经济效益源于员工的高素质。员工素质主要包含知识、能力、责任心三个方面，其中责任心是最重要的。而职业道德水平高的从业人员其责任心是极强的，因此，职业道德能促进本行业的发展。

4. 有助于提高全社会的道德水平

职业道德是整个社会道德的主要内容。一方面职业道德涉及每个从业者如何对待职业，如何对待工作，同时也是一个从业人员的生活态度、价值观念的表现；是一个人的道德意识、道德行为发展的成熟阶段，具有较强的稳定性和连续性。另一方面，职业道德也是一个职业集体，甚至一个行业全体人员的行为表现，如果每个行业，每个职业集体都具备优良的道德，对整个社会道德水平的提高肯定会发挥重要作用。

模块四　社会主义道德的基本要求

社会主义道德的基本要求为：集体主义、爱祖国、爱人民、爱劳动、爱科学、爱社会主义。

课题二　职业守则

学习目标

本课题的学习内容是职业守则的基本知识。

知识要求

了解职业守则的含义；掌握职业守则的特点及作用。

职业守则是根据党和国家的各项方针政策、法律、法规的精神，结合本单位、本部门、本系统的实际情况而制订的用以规范、约束人们道德行为的条文，因此具有约束性和规范性的特点，但不具备直接的法律制约作用。

职业守则一般由首部和正文两部分组成。首部一般由适用对象和文种构成。正文由总则、分则、附则组成。总则是关于制订守则的指导思想、目的、意义等项内容。分则是规范项目，要求条目清晰，逻辑严密，表述准确、精练。附则是关于执行要求的说明。有的守则内容比较单一，全文由分则内容组成，没有总则和附则部分。

模块一　全国职工守则

(1)热爱祖国，热爱共产党，热爱社会主义。

(2)热爱集体,勤俭节约,爱护公物,积极参加管理。

(3)热爱本职,学赶先进,提高质量,讲究效率。

(4)努力学习,提高政治、文化、科技、业务水平。

(5)遵守纪律,廉洁奉公,严格执行规章制度。

(6)关心同志,尊师爱徒,和睦家庭,团结邻里。

(7)文明礼貌,整洁卫生,讲究社会公德。

(8)扶植正气,抵制歪风,拒腐蚀,永不沾。

模块二 筑路机械操作人员工作守则

(1)遵守法律、法规和有关规定;

(2)爱岗敬业,忠于职守,自觉履行各项职责;

(3)工作认真负责,严于律己;

(4)刻苦学习,钻研业务,努力提高思想和科学文化素质;

(5)谦虚谨慎,团结协作,主动配合;

(6)严格执行工艺流程,保证质量;

(7)重视安全、环保,坚持文明生产。

案例 某公司员工守则(试行)

为了实现对公司员工的科学管理,以维护生产经营、工作、生活的正常秩序,切实保障员工优化、高效、务实的工作,员工必须遵守国家和地方的法律、法规,爱护公共财物,学习和掌握本职工作所需要的专业技能,团结协作,完成工作任务。提高自身修养,做到诚实守信,增强主人翁意识,维护公司荣誉,保证企业奋斗目标的实现,本着公开、公平、公正的原则制定本守则。

(1)公司员工要团结友爱、相互尊重、相互关怀,同事间要通力合作、和睦相处,言行要诚实、廉洁、勤勉。

(2)公司员工对直接上级领导交办的工作要及时保质保量完成,不准推诿、拖拉,做到令行禁止。

(3)按时上下班,严格遵照执行公司的考勤管理制度,员工上下班要按时打卡,不准代替他人打卡。

(4)坚决服从上级领导,立足本职,明确本职职责,恪尽职守。如对领导指令和工作有不同见解,应婉转相告或进行书面陈述,书面材料交厂办,一经厂办明确,应立即遵照执行,不得有抵触情绪。

(5)品牌及其款式设计所有权仅限于本公司,公司成员不得以任何形式进行侵害、抄袭、模仿(包括进行非法再生产和销售),否则公司将提起诉讼及追究法律责任。

(6)工作时间不准擅离职守,如确需离开,必须提交书面申请和凭证,公司批示许可后方可离开工作岗位。

(7)公司办公区域及仓库等地,非本部门工作人员未经许可,不得随意进出。

(8)员工下班时,最后离开工作区域的员工应关闭车间电灯、电扇、机器等,否则,一经发现将给予罚款处理。

(9)员工在生产过程中,因自身操作不当损坏产品的一律照价赔偿,并罚款。车工损坏衣服根据损坏程度扣罚,烫工损坏衣服根据衣服批发价格进行赔偿,裁床损坏裁片,根据损坏数量扣罚。

(10)员工要求辞职或公司解聘员工,除违规违纪、违法原因可即时辞退外,其余,均应提前一个月以书面形式通知对方,并不折不扣地办好档案、财物、技术资料等的清理交接工作,离开岗位当天不得结算领取工资,必须在公司统一发放工资日领取。

(11)爱护公司财物,杜绝浪费,不得假公济私,未经公司许可不得在生产车间或利用公司物资干私人事务,非因职务需要不得私自动用公司公物或支用公款。

(12)要维护正常的工作秩序,不得在生产场所大声喧哗或做妨碍他人工作的事情,严禁在车间吵架。

(13)注意保持办公区、生产区内的环境卫生清洁,在工作开始时间不得怠慢拖延。工作时间应全神贯注,不得做与本职无关的事情,如:吃零食、看报纸和杂志、打私人电话等。

(14)严禁泄漏公司机密,损害公司利益,情节严重的将追究刑事责任。

(15)未经许可,厂里文件、资料、图片、画册等都不能带离公司,员工出入车间不得带包裹,包裹必须存放在公司规定的属于自己的物品存放箱里。

(16)要树立起高度的责任感和正义感,工作上互相监督共同进步,对不良现象,在事实清楚、证据确凿的基础上及时向上级汇报,对举报有功者,予以奖励并保密。

(17)全体员工必须了解,只有不断进取、勤奋工作,才能获得个人待遇的改善,实现自身价值,为公司、为社会创造更大的财富。

以上守则若有违反者,按相关制度处理。

1. 什么是职业道德?
2. 职业道德的作用是什么?
3. 什么是职业守则?
4. 职业守则的作用是什么?

第二部分　基 础 知 识

单元一　专业基础知识

学习目标

本单元主要学习压路机操作工应具备的基本知识。

知识要求

1. 掌握基本几何体三视图识读方法、公差配合及标注方法、机械传动基础知识；

2. 掌握直流电路、电磁、交流电路及常用电子元件的基本知识；

3. 掌握液压与液力传动基本知识；

4. 掌握钳工基本知识；

5. 掌握筑路机械基本知识；

6. 掌握压路机的基本组成及工作原理；

7. 掌握压路机安全操作与环境保护知识；

8. 掌握公路工程基本知识；

9. 了解相关法律法规。

技能要求

能识读基本几何体；能读懂常用直流电路及常用电子元件；能正确使用钳工工具。

课题一　机械识图与机械基础知识

模块一　基本几何体三视图识读方法

1. 三视图的形成

机械制图中立体零件常用三视图进行表述。将物体适当地放置在 V、W、H 三个投影面体系中，分别用正投影法向 3 个投影面投影，得到物体的正面投影、侧面投影和水平投影之后，使 W 面绕着 OZ 轴向右后方旋转 90°，使 H 面绕着 OX 轴向下后方旋转 90°。经旋转后，H、W 面与 V 面合为同一个平面。这样的三面投影叫做三视图，V 面上的投影叫做主视图，W 面上的投影叫做左视图，H 面上投影叫做俯视图，如图 2-1-1 所示。

主视图主要表达物体正面的形状，左视图主要表达物体左侧面的形状，俯视图主要表达物体顶面的形状。

2. 三视图的投影规律

“长对正、高平齐和宽相等”称为投影规律，如图 2-1-2 所示。画图和读图都必须遵守投影规律。

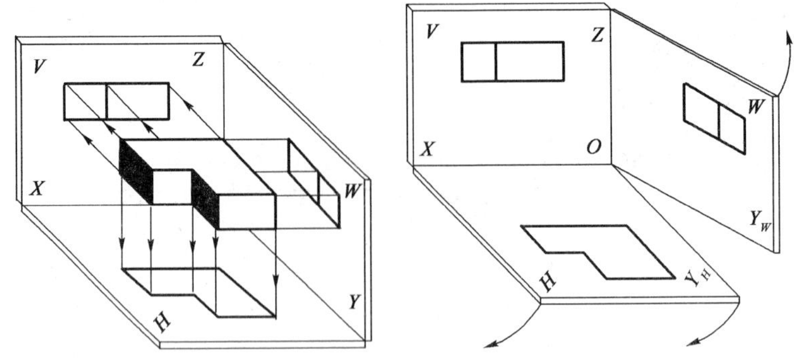

图 2-1-1　零件三视图投影

长对正——主视图与俯视图上左右水平方向相对应的各线段对正,对正后，各对应线段的长度相等。如图 2-1-2 所示,主视图上的线段长$_1$、长$_2$分别与俯视图上的长$_1$、长$_2$相对正且相等。

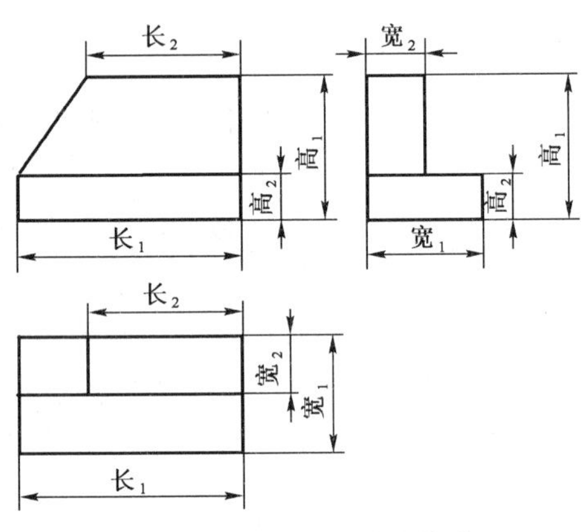

图 2-1-2　零件三视图投影规律

高平齐——主视图与左视图上上下方向相对应的各线段平齐,平齐后,各对应线段的高度相等。图 2-1-2 中,主视图上的线段高$_1$、高$_2$分别与左视图上的高$_1$、高$_2$相平齐且相等。

宽相等——俯视图上前后铅垂方向各线段与左视图上前后水平方向各线段对应相等。图 2-1-2 中，俯视图中宽$_1$、宽$_2$分别与左视图中的宽$_1$宽$_2$相等。

3. 基本几何体的三视图

(1) 长方体三视图(表 2-1-1)

长方体三视图　　表 2-1-1

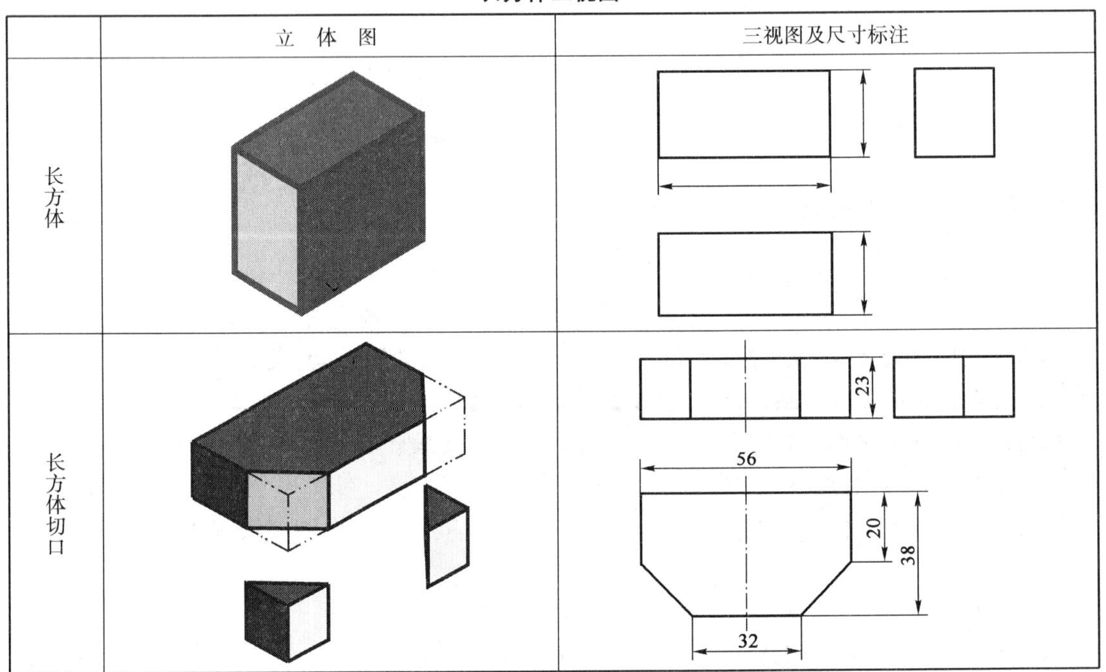

	立　体　图	三视图及尺寸标注
长方体		
长方体切口		23 56 20 38 32

续上表

	立　体　图	三视图及尺寸标注
长方体开槽	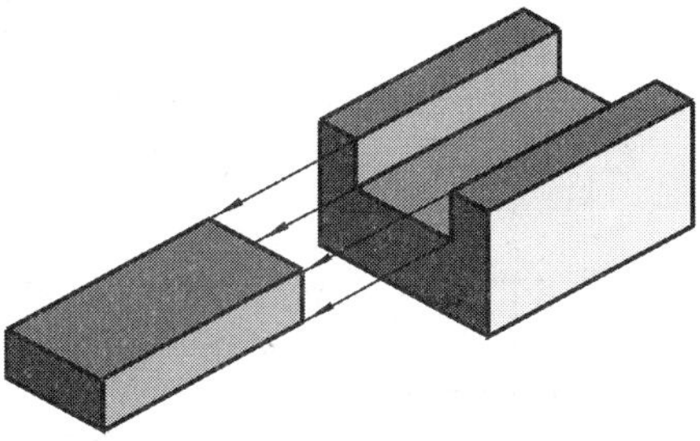	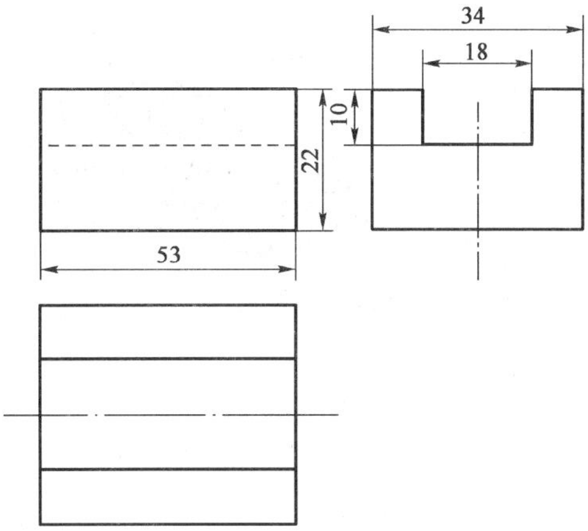 34 18 10 22 53
长方体开孔	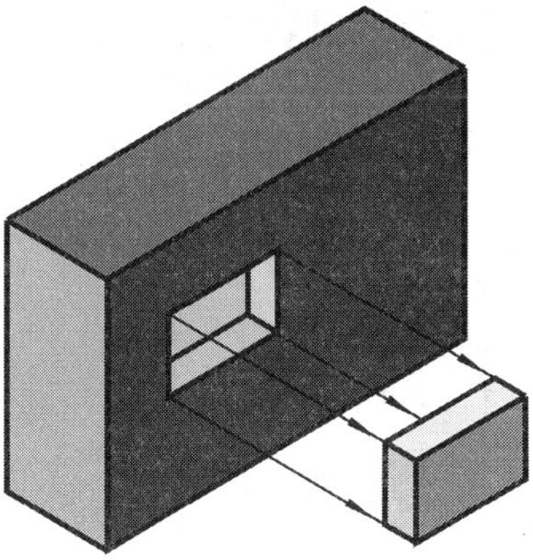	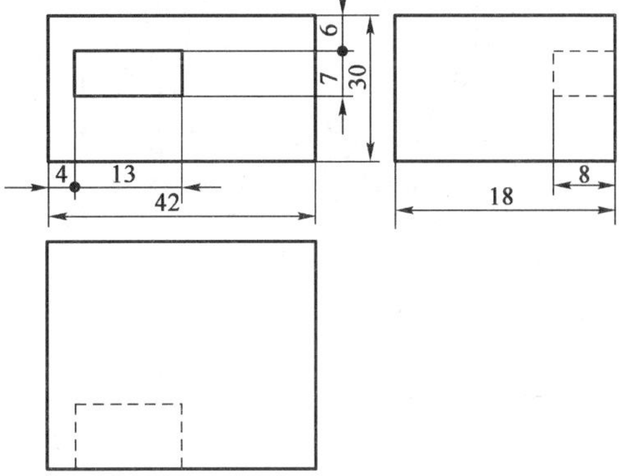 6 7 30 4 13 42 8 18

(2)正六棱柱三视图(表2-1-2)

正六棱柱三视图　　表2-1-2

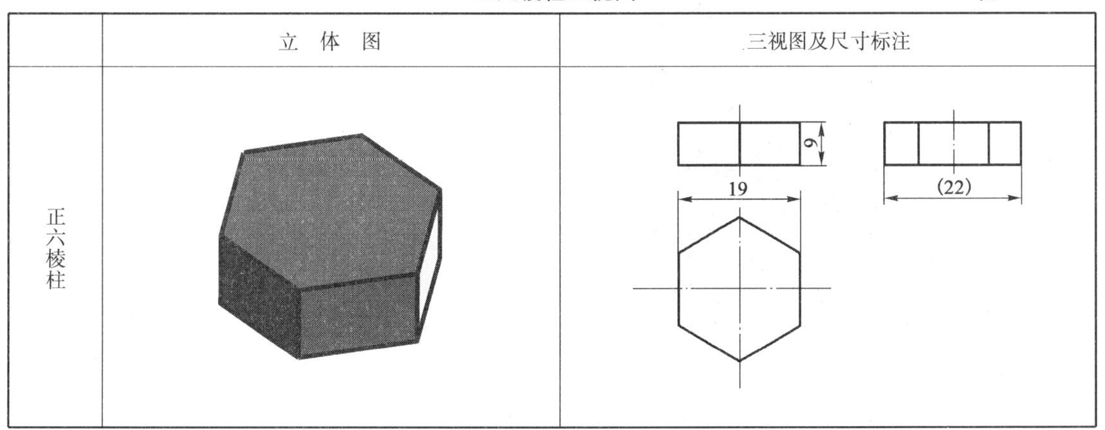

续上表

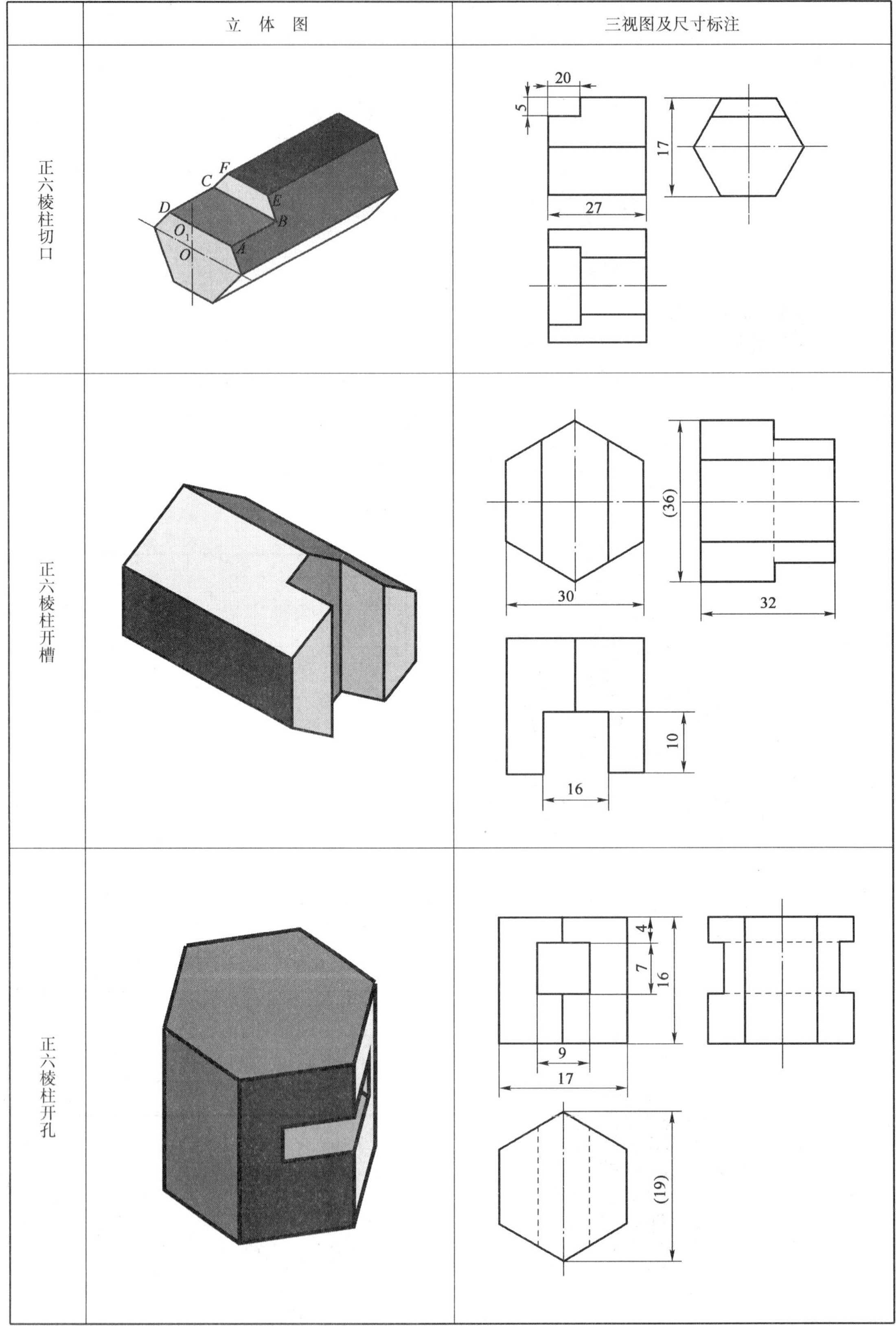

	立体图	三视图及尺寸标注
正六棱柱切口	F C E D B O_1 O A	20 5 17 27
正六棱柱开槽		(36) 30 32 10 16
正六棱柱开孔		4 7 16 9 17 (19)

(3)棱锥与棱台三视图(表 2-1-3)

棱锥与棱台三视图　　　　表 2-1-3

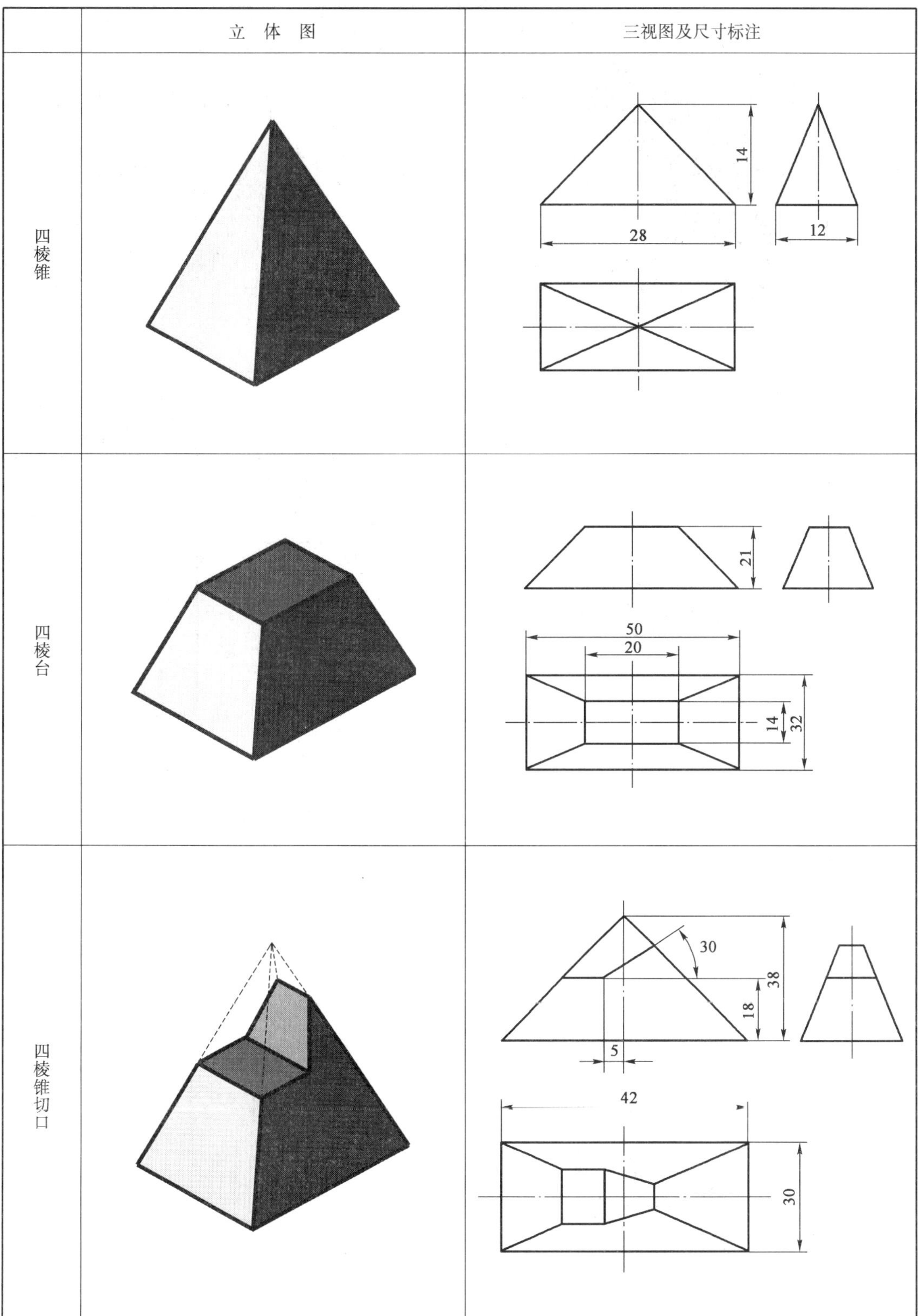

续上表

	立 体 图	三视图及尺寸标注
四棱锥开槽	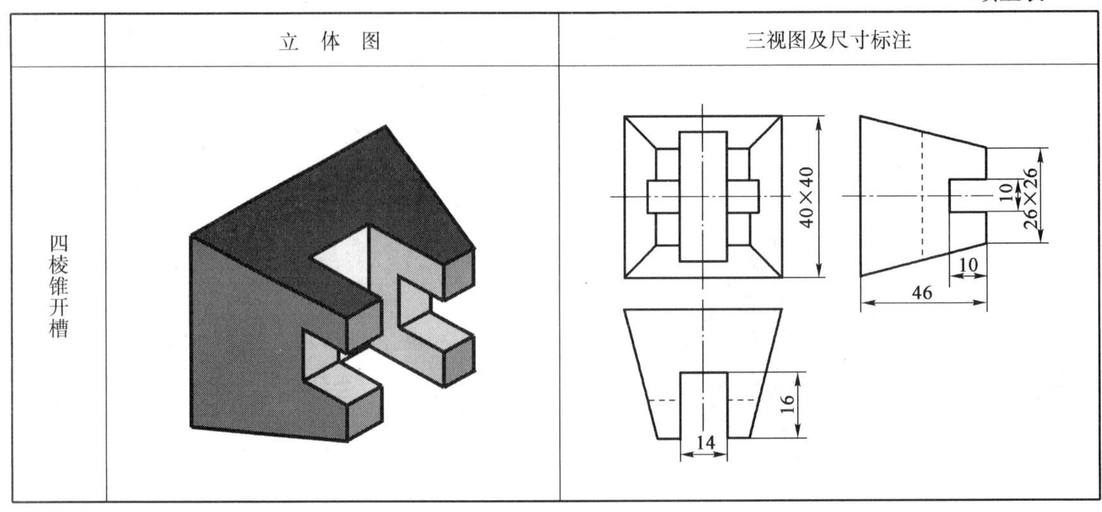	

（4）圆柱体三视图（表 2-1-4）

圆柱体三视图 表 2-1-4

	立 体 图	三视图及尺寸标注
圆柱体	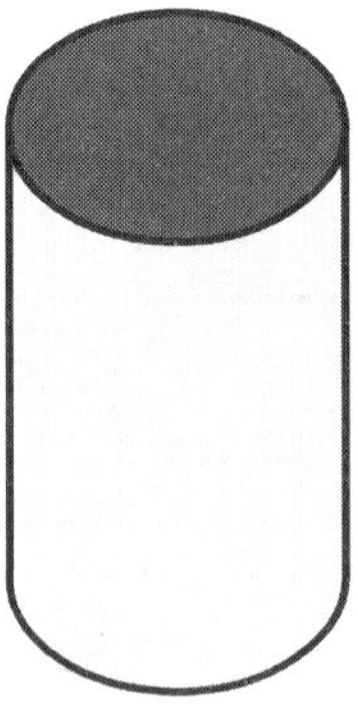	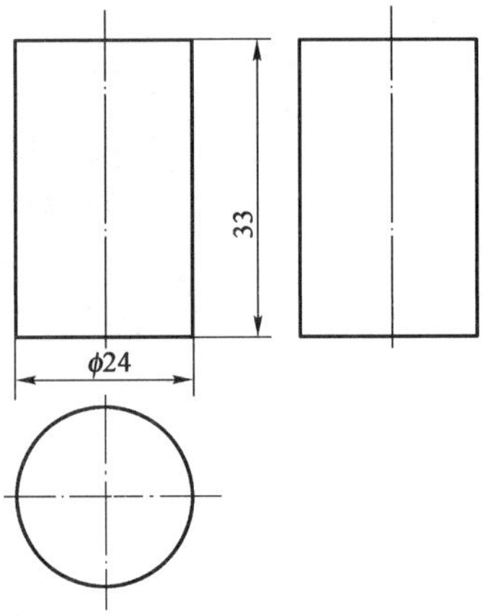 33 ϕ24
圆柱体横切	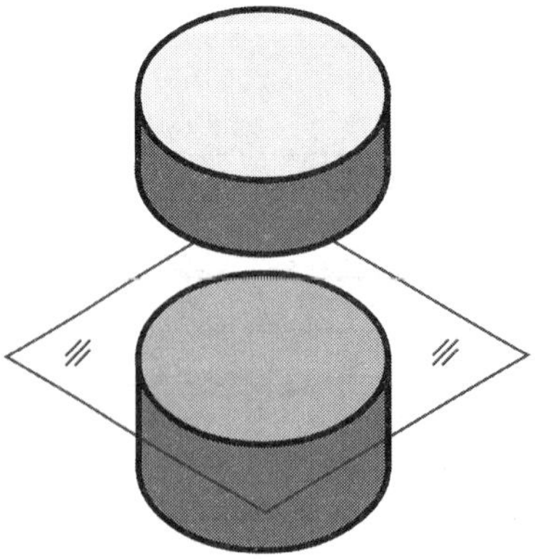	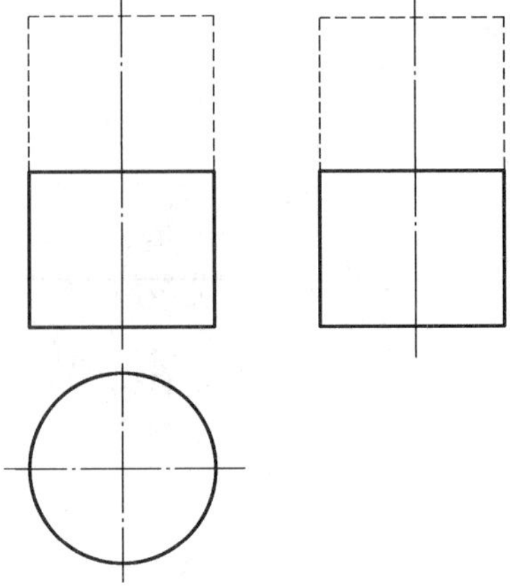

续上表

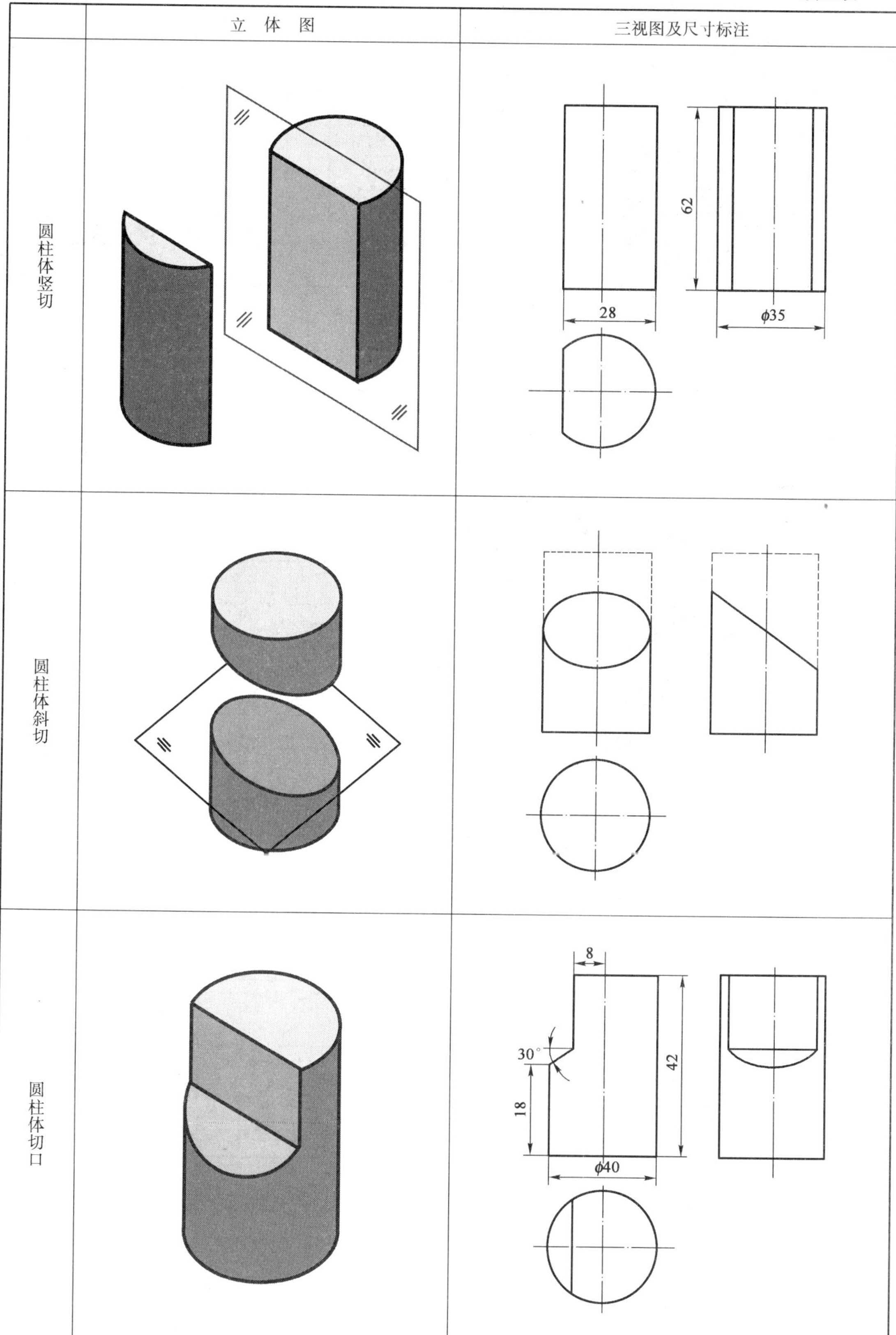

	立体图	三视图及尺寸标注
圆柱体竖切		
圆柱体斜切		
圆柱体切口		

续上表

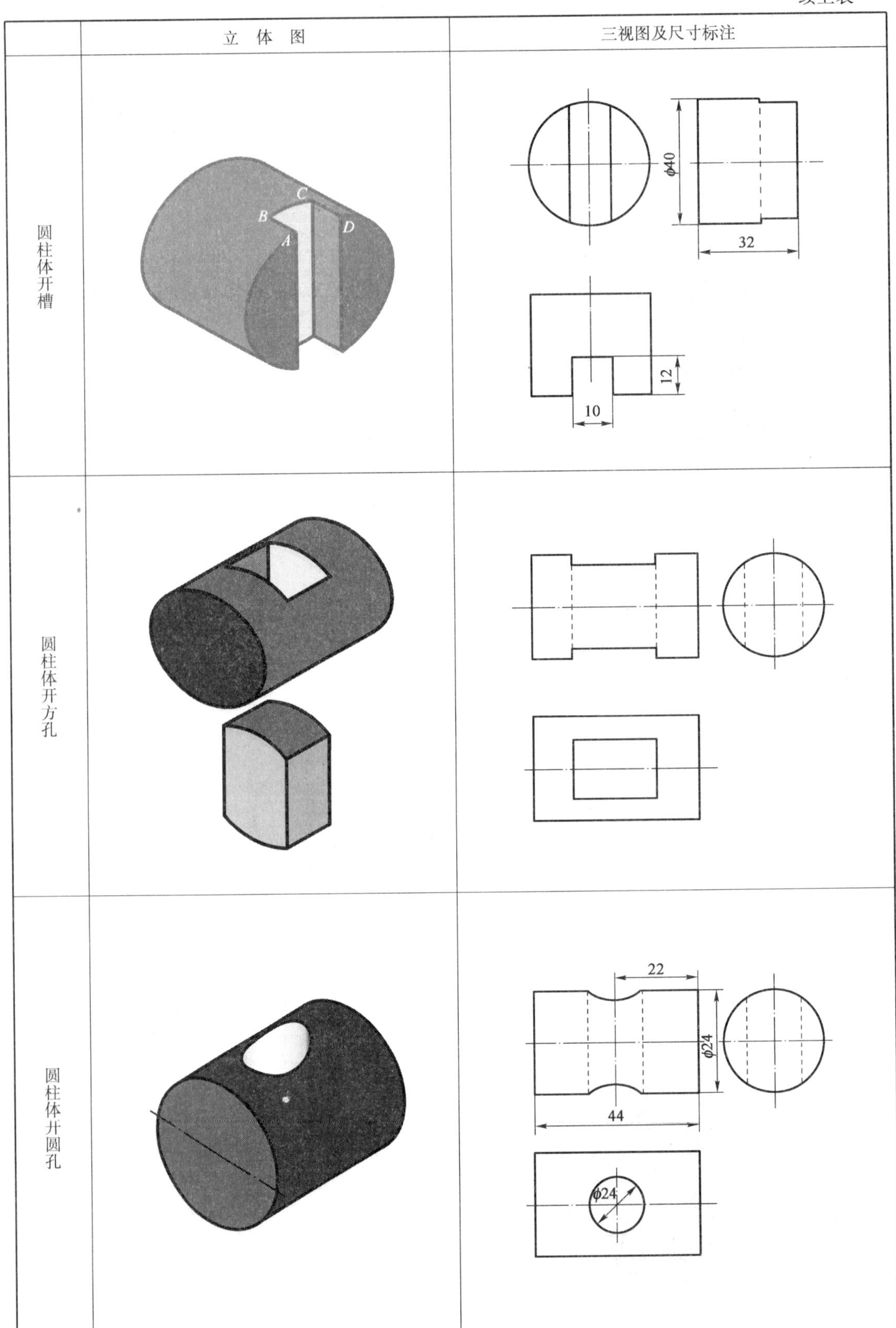

	立 体 图	三视图及尺寸标注
圆柱体开槽		
圆柱体开方孔		
圆柱体开圆孔		

续上表

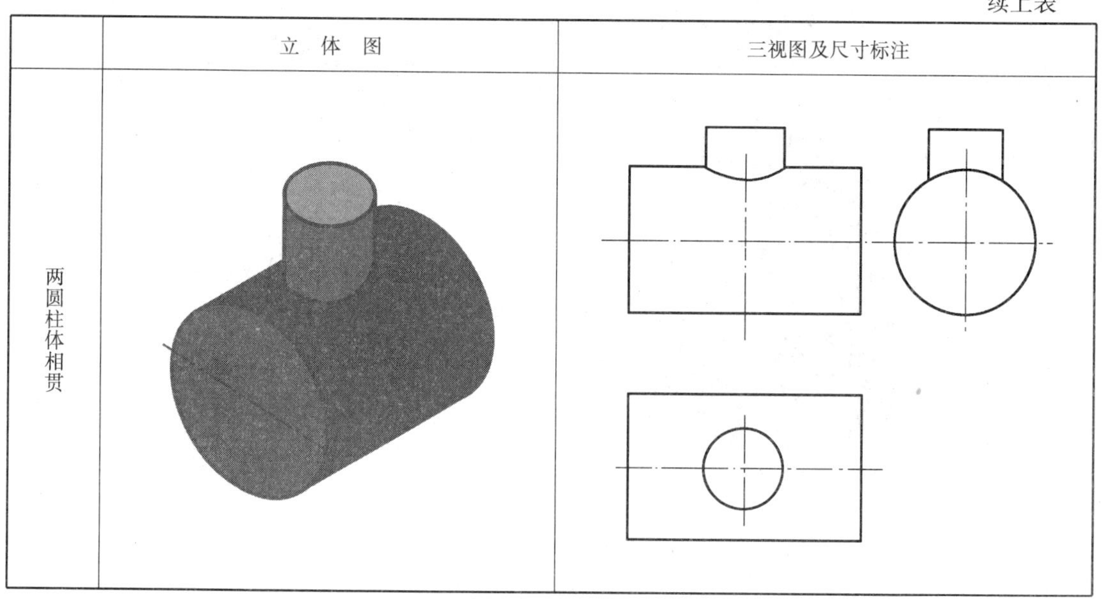

	立 体 图	三视图及尺寸标注
两圆柱体相贯		

(5)圆锥与圆台三视图(表2-1-5)

圆锥与圆台三视图 表2-1-5

	立 体 图	三视图及尺寸标注
圆锥	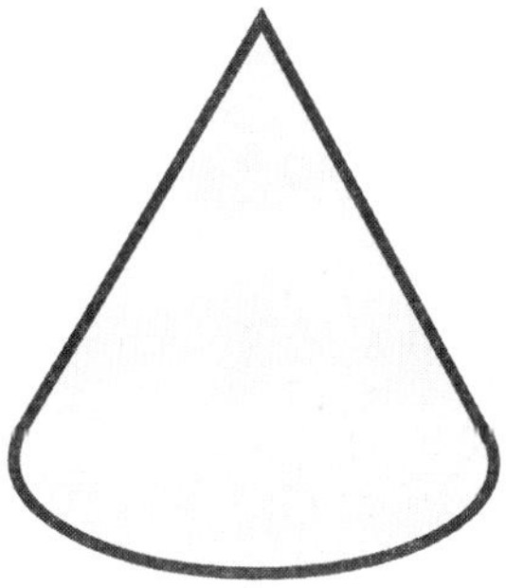	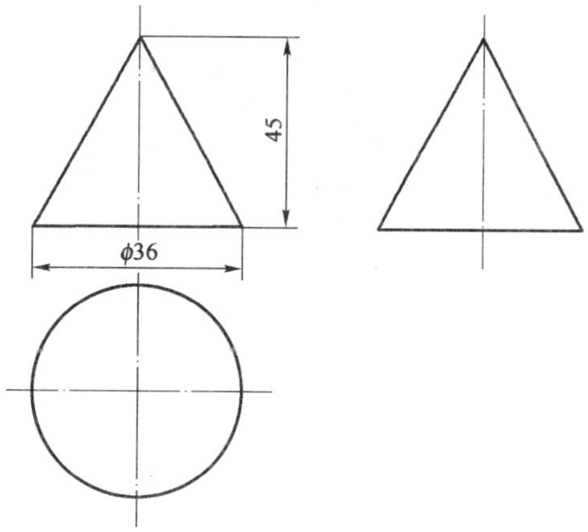 45 $\phi36$
圆台	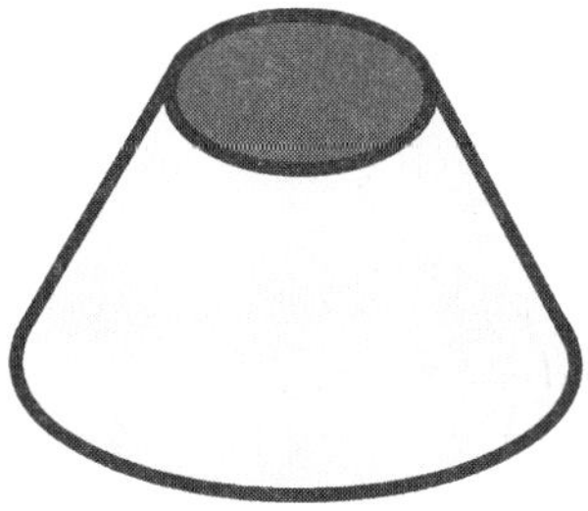	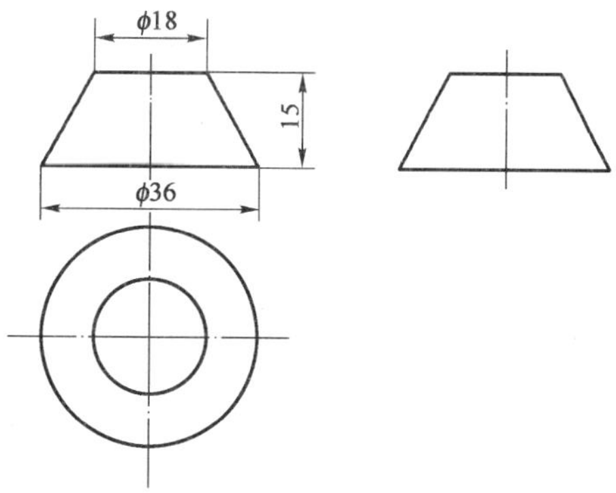 $\phi18$ 15 $\phi36$

续上表

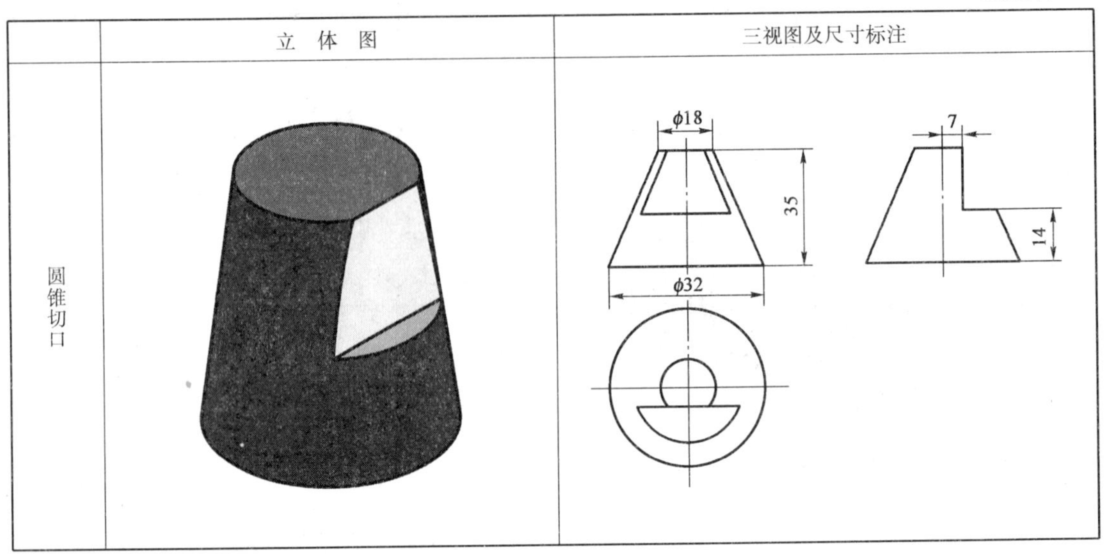

(6)圆球体三视图(表2-1-6)

圆球体三视图

表2-1-6

	立　体　图	三视图及尺寸标注
圆球体		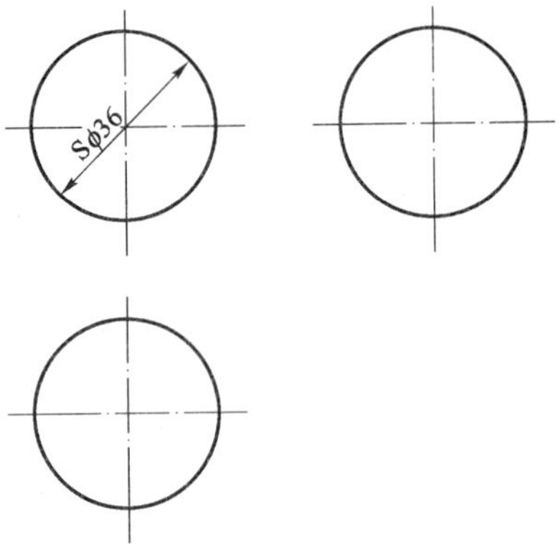 Sφ36
圆球体切割	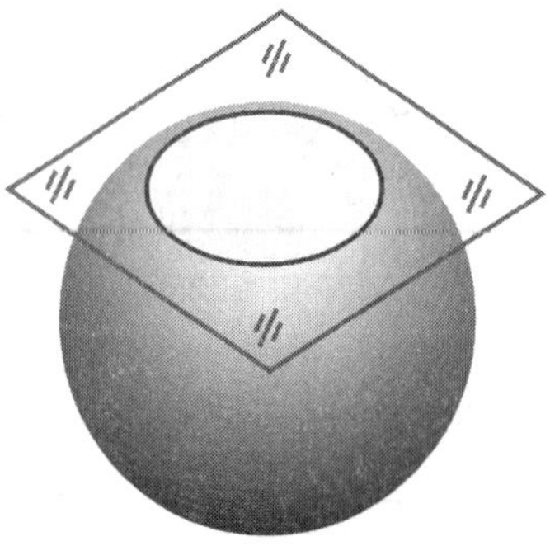	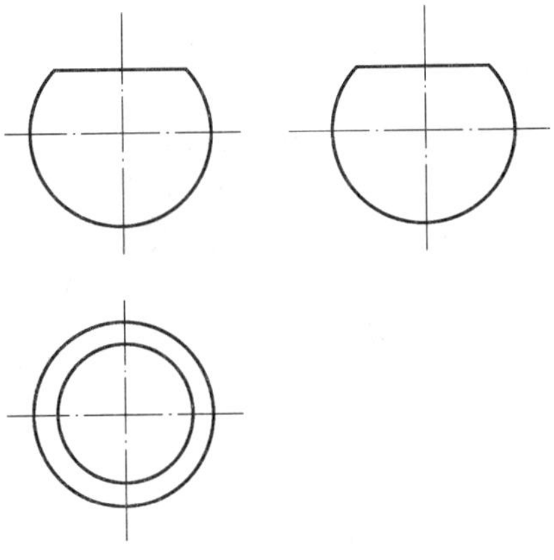

4. 零件的剖视图

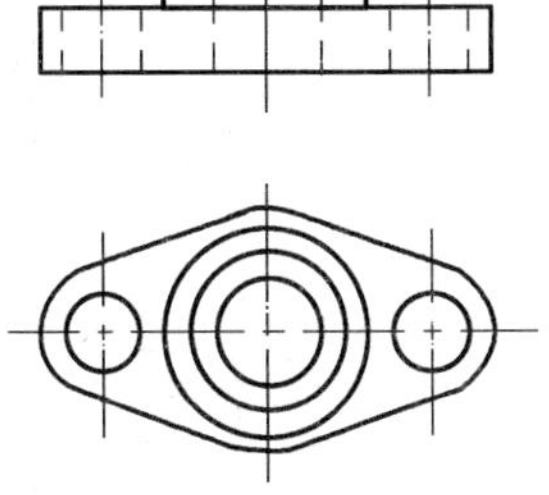

图 2-1-3 内部结构采用虚线表达

在用视图表达机件时，其内部结构用虚线来表示，内部结构形状越复杂，视图中就会出现越多虚线，这样会影响图面清晰，不便于看图和标注尺寸，如图 2-1-3 所示。

为了减少视图中的虚线，使图面清晰，可以采用剖视的方法来表达机件的内部结构和形状。

假想用剖切面剖开机件，将处在观察者和剖切面之间的部分移去，而将其余部分全部向投影面投影所得的图形称为剖视图，并在剖面区域内画上剖面符号，如图 2-1-4 所示。

剖视图种类有以下几种：

(1)全剖视图——用剖切平面(一个或几个)完全地剖开机件所得的剖视图称为全剖视图，如图 2-1-5 所示。

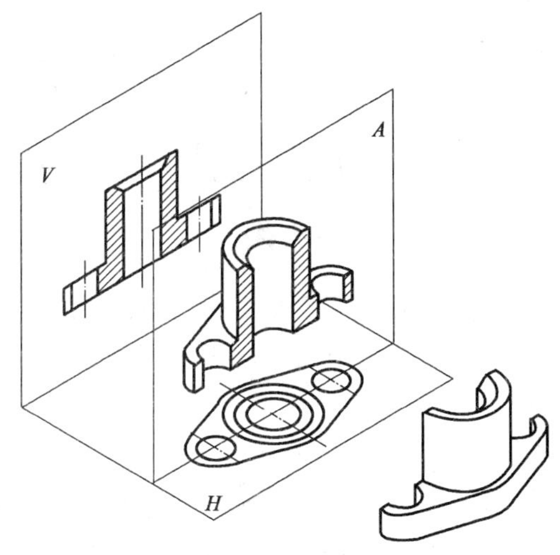

图 2-1-4 零件剖视图原理

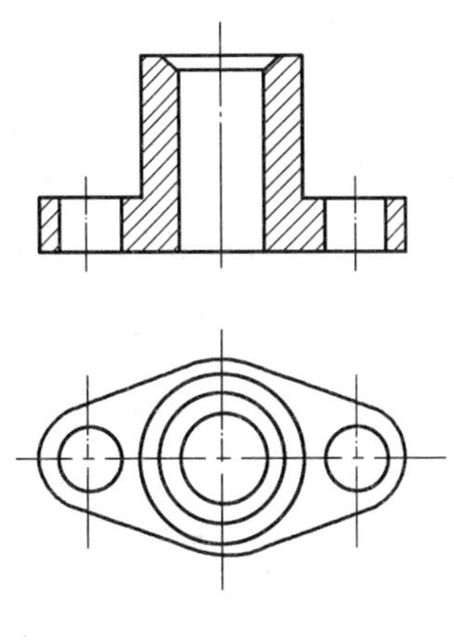

图 2-1-5 零件全剖视图

(2)半剖视图——当机件具有对称平面时，向垂直于对称平面的投影面上投射所得的图形，以对称中心线为界，一半画成剖视图，另一半画成视图。这种剖视图称为半剖视图，如图 2-1-6所示。

(3)局部剖视图——用剖切平面局部地剖开机件所得的剖视图，称为局部剖视图，如图 2-1-7所示。

5. 零件图的尺寸标注

(1)基本规则

①机件的真实大小应以图样上所注的尺寸数值为依据，与图形的大小、绘图的准确度无关。

②图样中的尺寸以毫米为单位时，不需标注计量单位的代号或名称。如采用其他单位，则必须注明相应的计量单位。

③机件的每一尺寸一般只标注一次，并应标注在能最清晰地反映该结构的图形上。

④标注尺寸时，应尽可能使用符号和缩写词。常用的符号和缩写词见表 2-1-7。

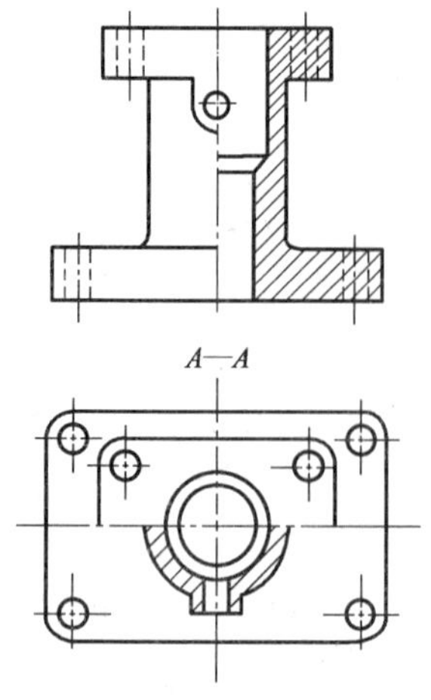

图 2-1-6　零件半剖视图

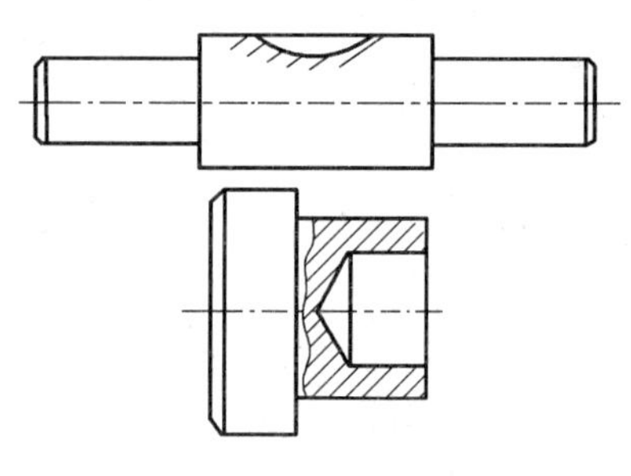
图 2-1-7　零件局部剖视图

常用符号和缩写词　　表 2-1-7

名　　称	符号和缩写词	名　　称	符号和缩写词	名　　称	符号和缩写词
直径	ϕ	厚度	t	沉孔或锪平	⌴
半径	R	正方形	□	埋头孔	∨
球直径	$S\phi$	45°倒角	C	均布	EQS
球半径	SR	深度	↧		

(2)尺寸要素

一组完整的尺寸一般由尺寸数字、尺寸线和尺寸界线 3 部分组成,称之为尺寸的三要素,如图 2-1-8所示。

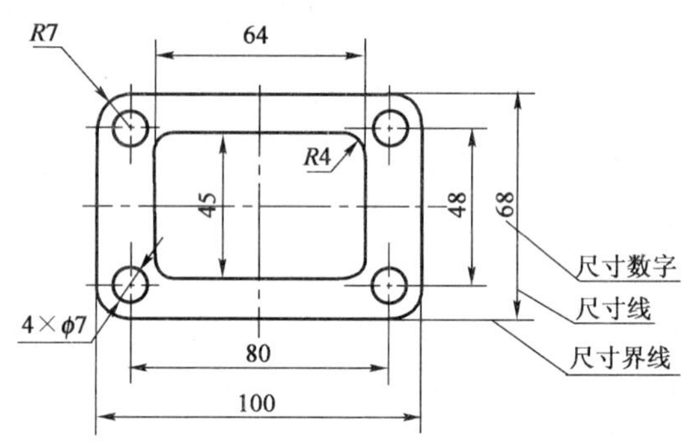

图 2-1-8　零件视图尺寸标注三要素

绘图时,图样中的尺寸线终端可以有箭头、斜线两种形式。箭头的形式如图 2-1-9 所示,适用于各种类型的图样;斜线用细实线绘制,其方向和画法如图 2-1-9 所示。在同一张图样上,尺寸线终端只能采用一种形式,不可交替使用。

(3)尺寸注法

①线性尺寸的数字一般注在尺寸线的上方(首选),也允许填写在尺寸线的中断处。

②线性尺寸数字的方向应以图纸右下角的标题栏为基准,使水平尺寸字头朝上,竖直尺寸字头朝左。

③标注直径尺寸时,应在尺寸数字前加注直径符号"ϕ";标注半径尺寸时,应在尺寸数字前加注半径符号"R"。

④标注线性尺寸时,尺寸线必须与所标注的线段平行。

⑤尺寸界线应与尺寸线垂直。

(4)尺寸标注示例(图 2-1-10)

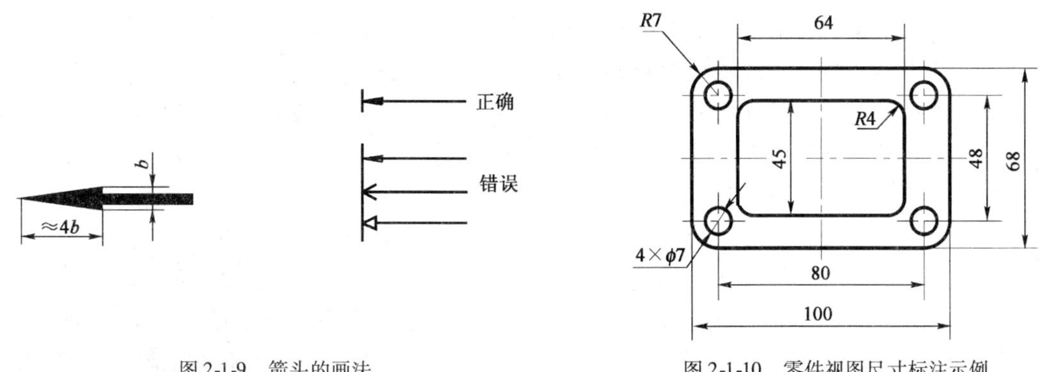

图 2-1-9　箭头的画法　　　　图 2-1-10　零件视图尺寸标注示例

模块二　公差配合及标注方法

1. 公差与配合

在批量生产的合格零件中,任选一个,不需作任何修正,即可装配起来,并能满足使用要求,零件的这种性质称为互换性。为保证零件具有互换性,必须将零件的实际尺寸控制在允许的变动范围内。允许尺寸的变动量,称为尺寸公差。

尺寸公差有关术语(图 2-1-11)如下:

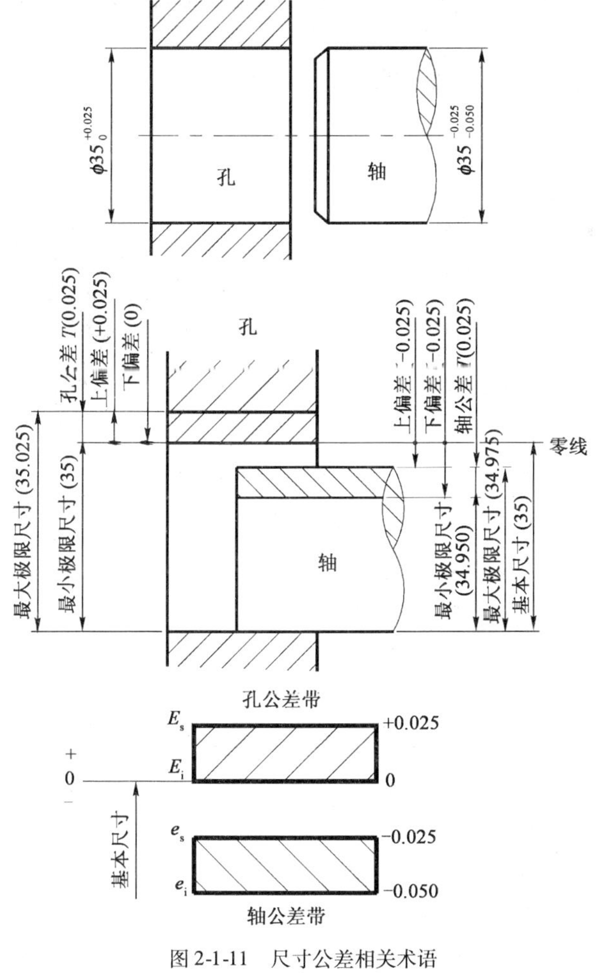

图 2-1-11　尺寸公差相关术语

基本尺寸——设计给定的尺寸,用字母 L(孔)或 l(轴)表示。

实际尺寸——通过实际测量所得的尺寸,用 L_a(孔)或 l_a(轴)表示。

最大极限尺寸——允许尺寸变化的最大极限值,用 L_{max}(孔)或 l_{max}(轴)表示。

最小极限尺寸——允许尺寸变化的最小极限值,用 L_{min}(孔)或 l_{min}(轴)表示。

偏差——某一尺寸减其基本尺寸所得的代数差。

上偏差——最大极限尺寸与其基本尺寸的代数差,用 E_s(孔)或 e_s(轴)表示。

下偏差——最小极限尺寸与其基本尺寸的代数差,用 E_i(孔)或 e_i(轴)表示。

公差——允许尺寸变化的范围。公差等于最大极限尺寸与最小极限尺寸代数差的绝对值,或等于上偏差与下偏差的代数差的绝对值,即公差为没有正、负符号的数值,更不能为零,用 T_n(孔)或 T_s(轴)表示。

零线——在公差带图中,确定上下偏差的一条基准直线,零线表示基本尺寸。

公差带——在公差带图中,由代表上下偏差的两条直线所限定的区域。

简单地说,如果零件的尺寸在公差范围内,则称其为合格;如果超出公差范围,则为废品。

2. 零件配合种类

配合是指两个基本尺寸相同的相互结合的孔和轴公差带之间的关系。由于孔、轴实际尺寸不同,装配后松紧程度不同,故可分为间隙配合、过盈配合和过渡配合 3 种。

(1)间隙配合

间隙配合即具有间隙(包括最小间隙等于零)的配合。具有间隙配合时,孔的公差带在轴的公差带的上方,如图 2-1-12 所示。

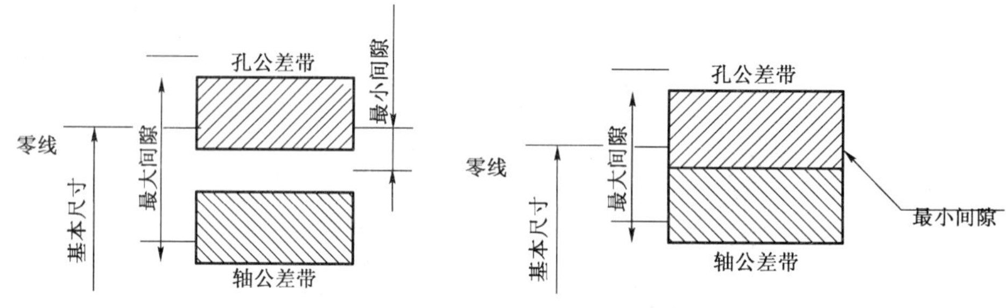

图 2-1-12　间隙配合

任意的内径尺寸总比任意的外径尺寸大。

在间隙配合中:

X_{max}(最大间隙) $= L_{max} - L_{min} = E_s - e_i$

X_{min}(最小间隙) $= L_{min} - L_{max} = E_i - e_s$

(2)过盈配合

过盈配合即具有过盈(包括最小过盈等于零)的配合。过盈配合时,孔的公差带在轴的公差带的下方,如图 2-1-13 所示。

任意的内径尺寸总比任意的外径尺寸小。

在过盈配合中:

Y_{max}(最大过盈) $= L_{min} - L_{max} = E_i - e_s$

Y_{min}(最小过盈) $= L_{max} - L_{min} = E_s - e_i$

(3)过渡配合

过渡配合即具有间隙或过盈的配合。过渡配合时孔与轴公差带相互重叠,如图 2-1-14 所示。

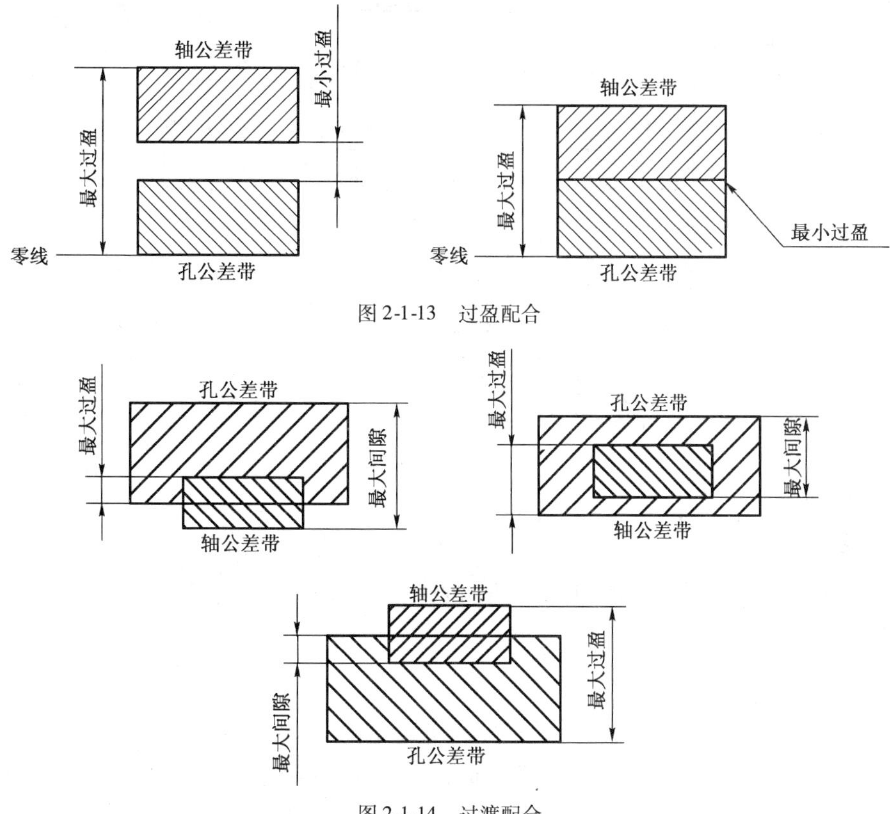

图 2-1-13　过盈配合

图 2-1-14　过渡配合

在成批合格产品中任取一副零件装配起来,有的可能产生间隙,有的则可能产生过盈。

在过渡配合中:

Y_{max}(最大过盈) $= L_{min} - L_{max} = E_i - e_s$

X_{max}(最大间隙) $= L_{max} - L_{min} = E_s - e_i$

3. 尺寸公差的标注

(1)零件图标注(图 2-1-15)

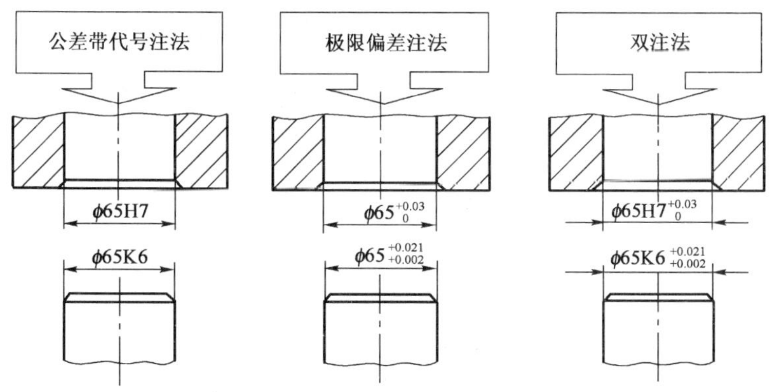

图 2-1-15　零件图尺寸公差标注

(2)装配图标注(图 2-1-16)

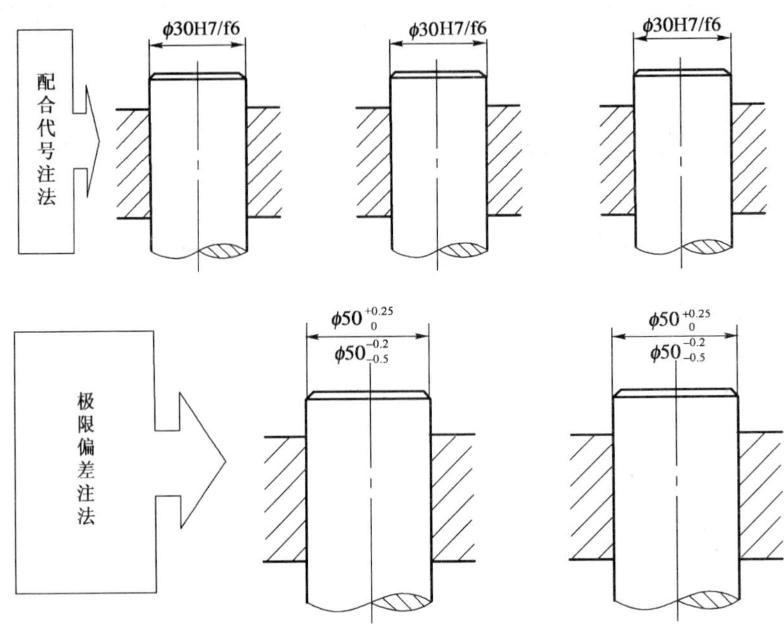

图 2-1-16　装配图尺寸公差标注

4. 形位公差

(1)基本概念

零件在加工过程中,除了产生尺寸误差外,还会出现形状和相对位置的误差。如在加工时,表面不平,属于形状误差;表面与轴线不垂直,属于位置误差。又如,加工轴时出现轴线微量弯曲,轴两端粗细不一的现象,属于零件的形状误差;阶梯轴在加工后,轴线有微量偏移,不在同一直线上,造成了位置上的不准确,属于位置误差。

形状和位置误差过大会影响机器的使用,对精度要求高的零件,不仅要保证尺寸精度,还必须控制形状和位置的误差。对形状和位置误差的控制是通过设定形状和位置公差来实现的,只要零件的实际形状和实际位置在公差范围内,就被认为是合格的。

形状和位置公差简称形位公差,是指零件的实际形状和实际位置对理想形状和理想位置所允许的最大变动量。

(2)形位公差的代号

形位公差一共有两类 14 项,见表 2-1-8。

形位公差的特征项目及符号　　表 2-1-8

公　差	特 征 项 目	符　号	基 准 要 求
形状	直线度	—	无
	平面度	⏥	无
	圆度	○	无
	圆柱度	⌭	无

续上表

公差		特征项目	符号	基准要求
形状或位置	轮廓	线轮廓度	⌒	有或无
		面轮廓度	⌓	有或无
位置	定向	平行度	//	有
		垂直度	⊥	有
		倾斜度	∠	有
	定向	位置度	⌖	有或无
		同轴度	◎	有
		对称度	⌯	有
	跳动	圆跳动	↗	有
		全跳动	⌰	有

(3)形位公差标注

形位公差采用框格标注,这是国家标准中规定的基本形式。框格用细实线绘出,水平或垂直放置,框格可分成两格或多格,框格内从左到右填写形位公差符号、公差数值和有关符号、基准代号的字母和有关符号。框格高为图纸中数字高的两倍($2h$),框格中的字母和数字高应为h,框格一端用带指引线的箭头指向公差带的宽度方向或直径方向,如图2-1-17所示。

基准代号由基准符号、圆圈、连线和字母组成。基准符号用加粗的短划线表示;基准代号的圆圈用细实线绘制,其直径与框格的高度相同;圆圈内填写大写的拉丁字母,字母高度应与图样中尺寸数字的高度相同。无论基准代号在图样中的方向如何,圆圈内的字母都应水平书写,如图2-1-18所示。

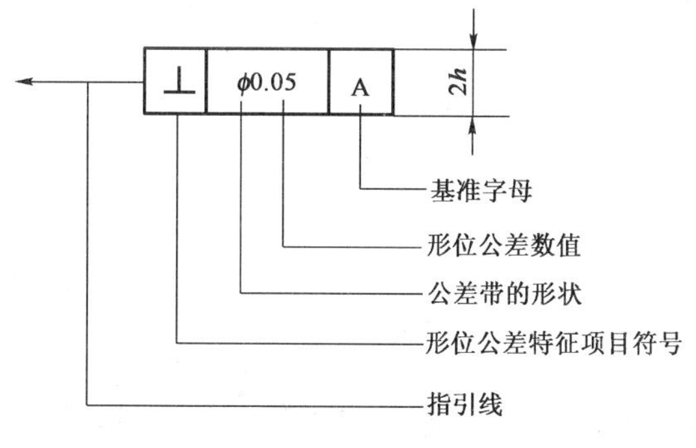

图2-1-17　形位公差框格

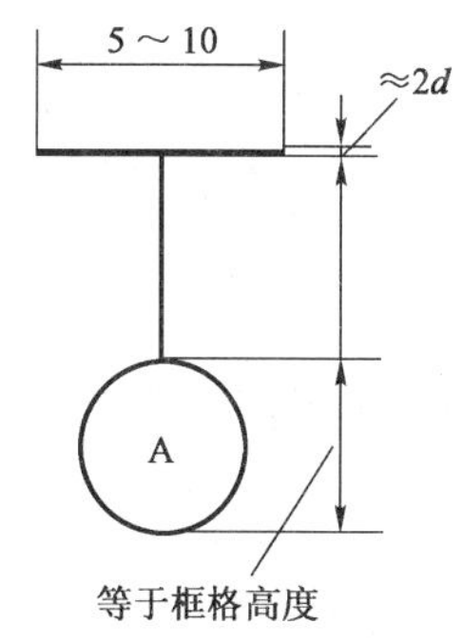

图2-1-18　形位公差基准代号

当被测要素是表面或素线时，从框格引出的指引线箭头，应指在该要素的轮廓线或其延长线上；当被测要素或基准要素是轴线时，应将箭头或基准符号与该要素的尺寸线对齐。

具体标注如表 2-1-9 所示。

形位公差的标注 表 2-1-9

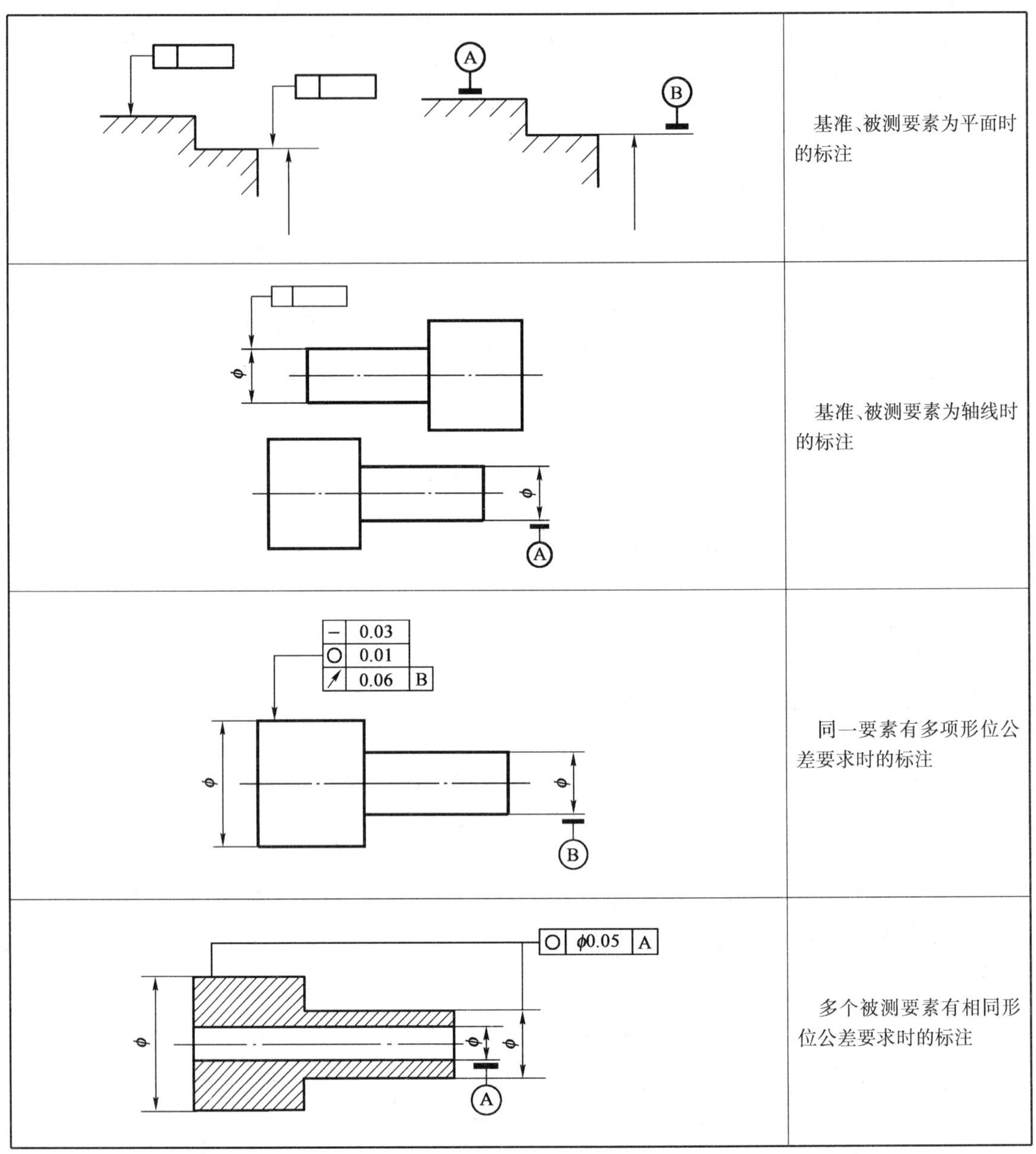

模块三 机械传动基础知识

1. 带传动

带传动是摩擦传动的另一种形式。带传动由主动带轮、从动带轮和传动带组成（图 2-1-19），工作时依靠带与带轮之间的摩擦或啮合来传递运动和动力。带传动按传动带的截面形状不同分为平形带、三角带、圆形带、多楔带、同步齿形带。

带传动的传动比计算方法如下：

$$i_{12} = \frac{n_1}{n_2} = \frac{D_2}{D_1} \tag{2-1-1}$$

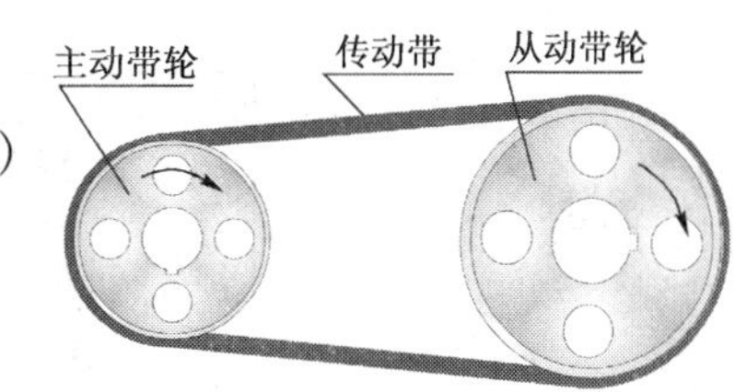

图 2-1-19　带传动组成

式中：i_{12}——传动比；

n_1——主动带轮转速；

n_2——从动带轮转速；

D_1——主动带轮直径；

D_2——从动带轮直径。

由上式可知，带轮的转速与其直径成反比。

由于带传动长期在拉力的作用下，带的长度增加，张紧力减小，传动能力降低，为了保证带传动的正常工作能力，必须调整带的张紧度。调整方法如图 2-1-20 所示。

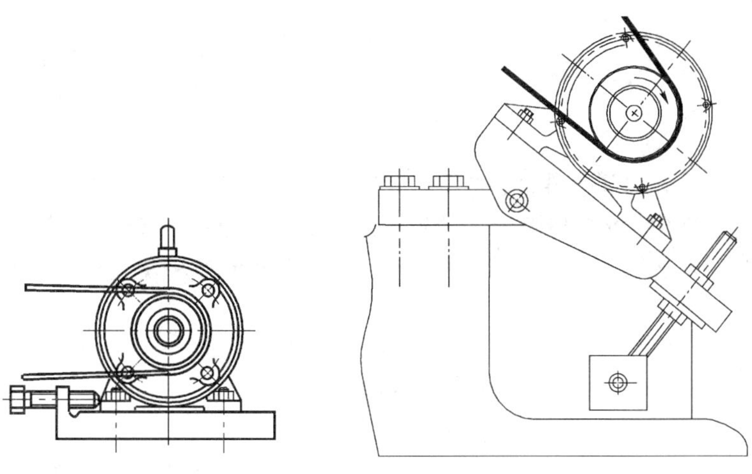
图 2-1-20　带传动张紧装置

2. 齿轮传动

齿轮传动可用于传递任意两轴间的运动和动力，是现代机械中应用最广的一种机械传动方式。齿轮传动的传动比是主动齿轮转速 n_1 与从动齿轮转速 n_2 的比值，也等于两齿轮齿数 z_1、z_2 的反比，用 i 表示，即

$$i = \frac{n_1}{n_2} = \frac{z_2}{z_1} \tag{2-1-2}$$

齿轮啮合形式见表 2-1-10。

齿轮啮合形式　　表 2-1-10

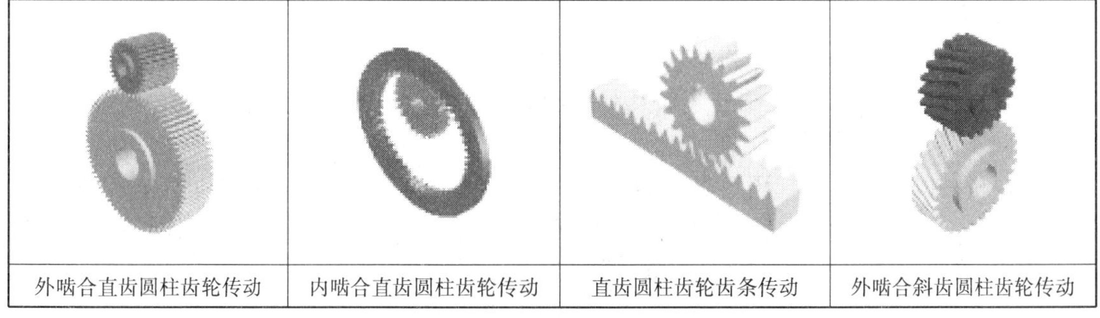

外啮合直齿圆柱齿轮传动	内啮合直齿圆柱齿轮传动	直齿圆柱齿轮齿条传动	外啮合斜齿圆柱齿轮传动

续上表

斜齿圆柱齿轮齿条传动	人字齿轮传动	直齿圆锥齿轮传动	曲齿圆锥齿轮传动
准双曲面齿轮传动	交错轴斜齿轮传动	蜗杆传动	

3. 链传动

链传动是一种具有中间挠性件(链条)的啮合传动,由主动链轮、从动链轮和中间挠性件(链条)组成,通过链条的链节与链轮上的轮齿相啮合传递运动和动力,如图 2-1-21 所示。链传动一般多用于要求平均传动比准确,中心距较大的两平行轴间及工作条件恶劣不宜用带传动和齿轮传动的低速场合。

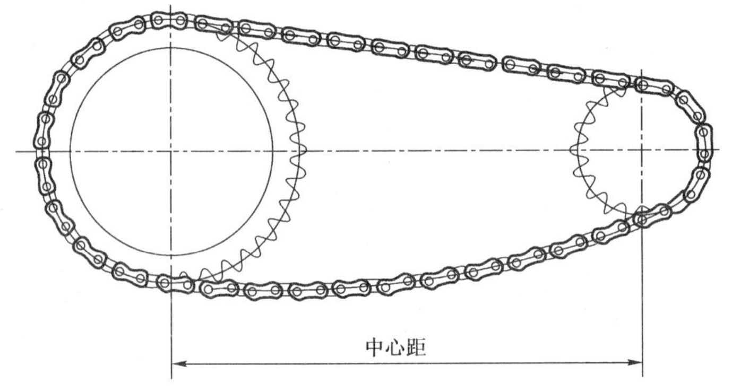

图 2-1-21　链传动

链传动的传动比计算与齿轮传动相同,即

$$i = \frac{n_1}{n_2} = \frac{z_2}{z_1}$$

4. 平面四杆机构

连杆传动是利用常用的低副传动机构进行的传动,连杆传动能方便地实现转动、摆动、移动等运动形式的转换。其中,以由 4 个构件组成的四杆机构应用最广泛,而且它是组成多杆机构的基础。

四杆机构的基本形式如图 2-1-22 所示。构件 *AD* 固定不动称为静件或机架,与机架相连的 *AB* 杆和 *CD* 杆称为连架杆,与机架相对的 *BC* 杆称为连杆。其中,能做整周回转运动的连架杆称为曲柄,只能在小于 360°的范围内摆动的连架杆称为摇杆。

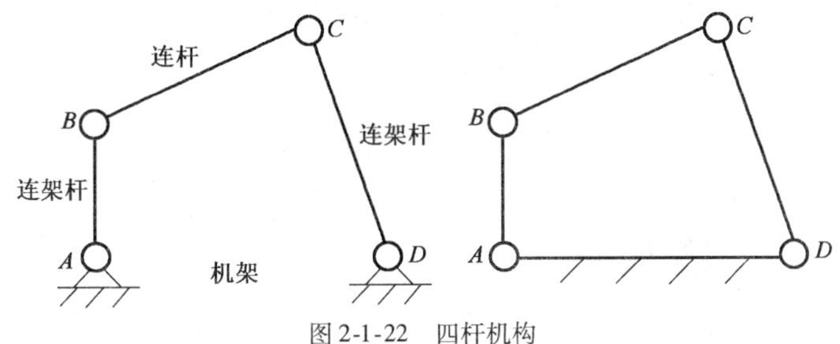

图 2-1-22　四杆机构

曲柄滑块机构是由四杆机构中的曲柄摇杆机构演变而成的。内燃机中的曲柄连杆机构也是曲柄滑块机构的应用，将滑块（相当于活塞）的往复直线运动转换为曲柄（曲轴）的转动，如图 2-1-23 所示。

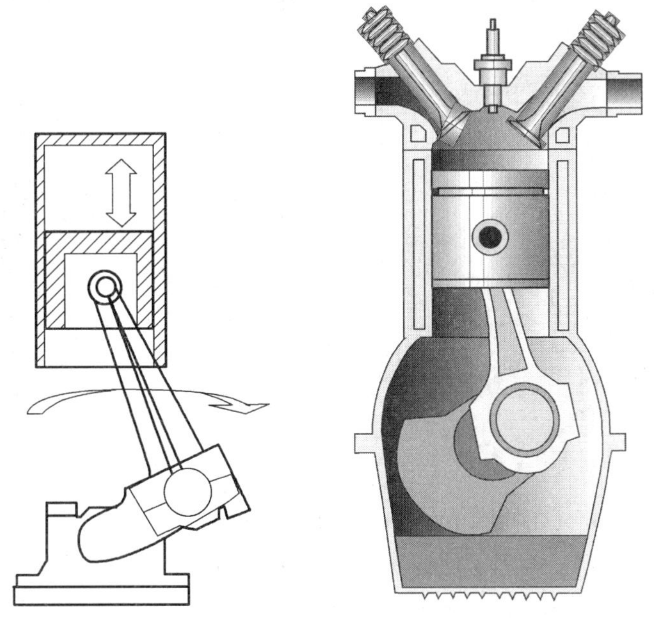

图 2-1-23　曲柄滑块机构的应用——曲柄连杆机构

5. 常用零件（轴、轴承、键）

（1）轴

轴的用途主要是支承旋转运动的零件和传递动力，所以轴是机器中的重要零件。按轴的结构形状可分为光轴和阶梯轴。阶梯轴在一般机械中应用较广，如减速器中的轴，它各截面直径不同，强度相近，便于安装固定，如图 2-1-24、图 2-1-25 所示。

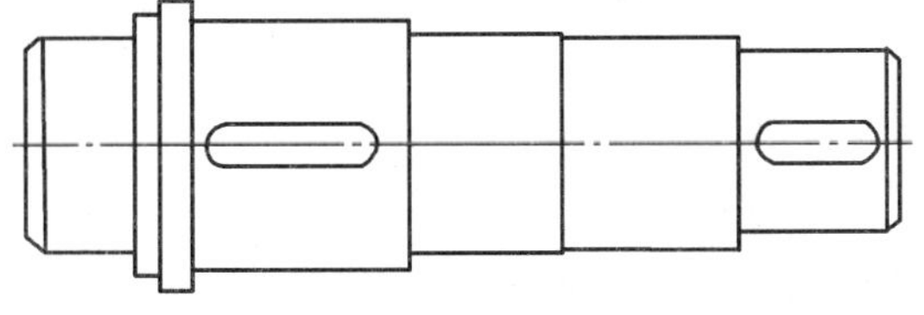

图 2-1-24　阶梯轴

安装在轴上的零件，要牢固可靠并相对固定（轴向固定和周向固定）。

轴上零件的轴向固定——为了使零件在轴上有确定的轴向位置，防止零件轴向移动，并能承受轴向力，采用的轴向固定方式有：用轴肩（轴环）固定、轴端挡圈固定、用圆螺母固定零件、用圆锥销、紧定螺钉和弹性挡圈固定等方式,如图 2-1-26 所示。

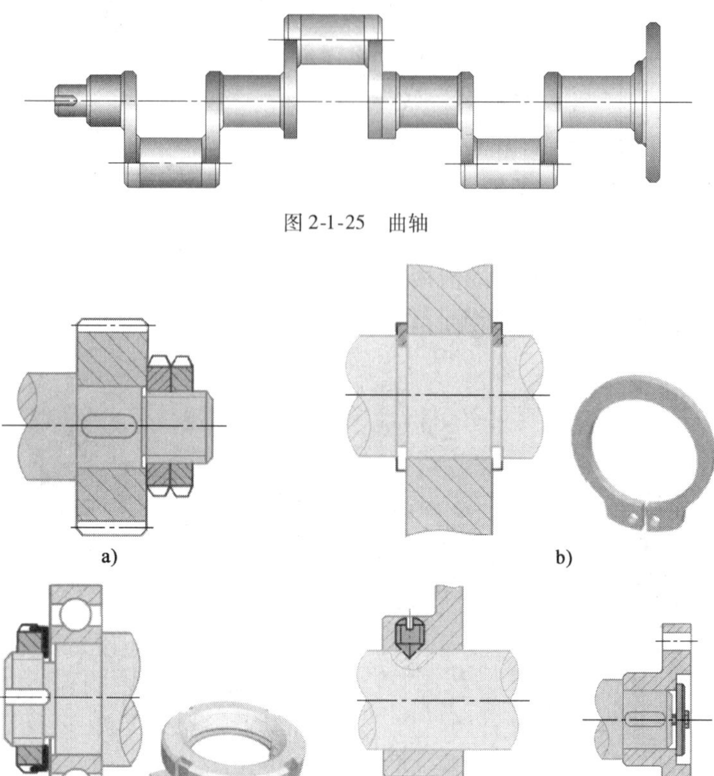

图 2-1-25　曲轴

图 2-1-26　轴向固定方法

a)圆螺母固定;b)弹性挡圈固定;c)止动垫圈固定;d)紧定螺钉固定;e)轴端挡圈固定

轴上零件的周向固定——为了保证零件传递转矩和防止零件与轴产生相对转动,大多数采用键或过盈配合的固定形式。汽车上常用键和花键连接。

(2)轴承

轴承的作用是支承轴和轴上的零件,并要保持轴线的旋转精度,同时减少相对转动引起的摩擦与磨损。按轴承工作时的摩擦种类分,有滑动轴承和滚动轴承两大类。

①滑动轴承。滑动轴承分为整体式滑动轴承、剖分式滑动轴承和调心式滑动轴承,如图 2-1-27 ~ 图 2-1-29 所示。

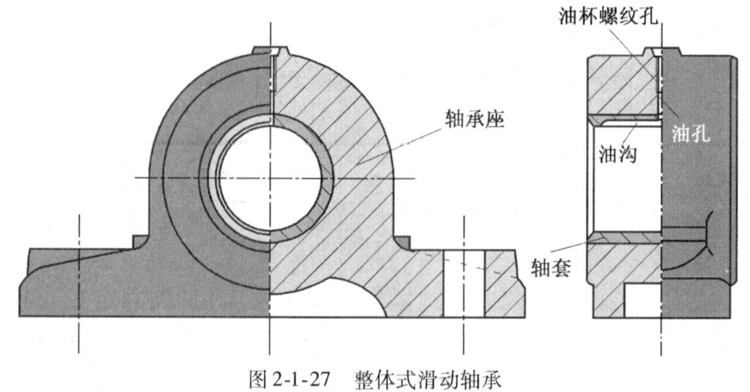

图 2-1-27　整体式滑动轴承

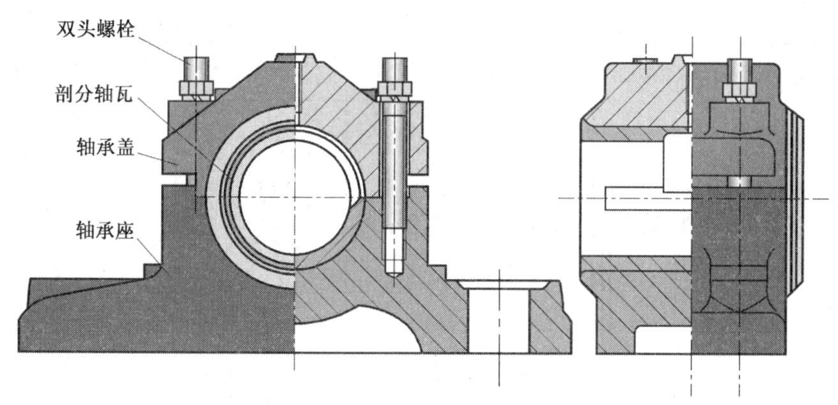

图 2-1-28　剖分式滑动轴承

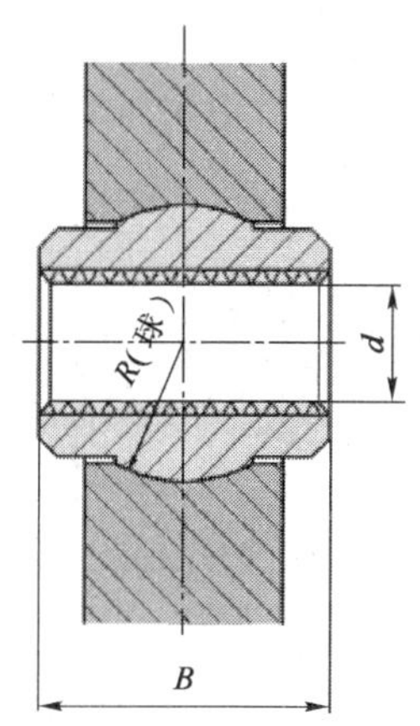

图 2-1-29　调心式滑动轴承

②滚动轴承。滚动轴承由内圈 1、外圈 2、滚动体 3 和保持架 4 组成。国家标准把滚动轴承分为 10 种基本类型，见表 2-1-11。

滚动轴承的分类　　　　表 2-1-11

轴承类型	轴承类型简图	类型代号	标准号	特　　性
调心球轴承		1	GB/T 281	主要承受径向荷载，也可同时承受少量的双向轴向荷载；外圈滚道为球面，具有自动调心性能，适用于弯曲刚度小的轴
调心滚子轴承	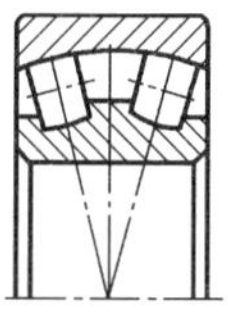	2	GB/T 288	用于承受径向荷载，其承载能力比调心球轴承大，也能承受少量的双向轴向荷载；具有调心性能，适用于弯曲刚度小的轴

续上表

轴承类型	轴承类型简图	类型代号	标准号	特性
圆锥滚子轴承	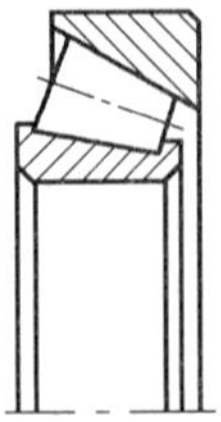	3	GB/T 297	能承受较大的径向荷载和轴向荷载;内外圈可分离,故轴承游隙可在安装时调整;通常成对使用,对称安装
双列深沟球轴承	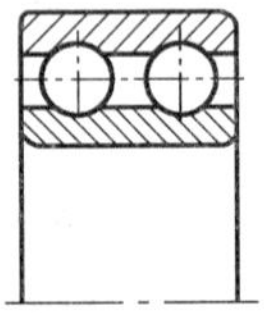	4	—	主要承受径向荷载,也能承受一定的双向轴向荷载;比深沟球轴承具有更大的承载能力
推力球轴承	单向 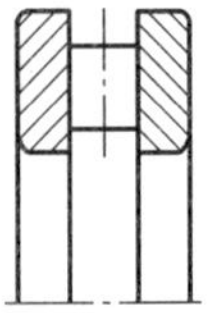	5 (5100)	GB/T 301	只能承受单向轴向荷载,适用于轴向力大而转速较低的场合
推力球轴承	双向 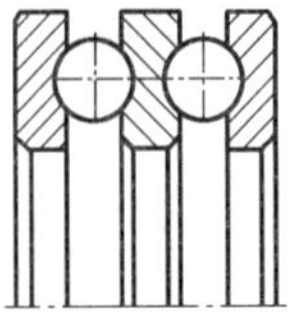	5 (5200)	GB/T 301	可承受双向轴向荷载,常用于轴向荷载大、转速不高处
深沟球轴承	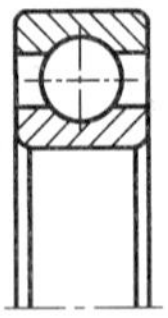	6	GB/T 276	主要承受径向荷载,也可同时承受少量双向轴向荷载;摩擦阻力小,极限转速高,结构简单,价格便宜,应用最广泛
角接触球轴承	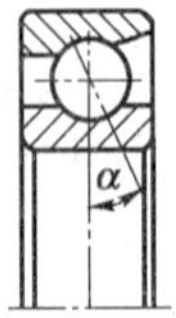	7	GB/T 292	能同时承受径向荷载与轴向荷载,接触角 α 有 15°、25°、40°三种;适用于转速较高、同时承受径向和轴向荷载的场合

续上表

轴承类型	轴承类型简图	类型代号	标准号	特性
推力圆柱滚子轴承		8	GB/T 4663	只能承受单向轴向荷载，承载能力比推力球轴承大得多，不允许轴线偏移；适用于轴向荷载大而不需调心的场合
圆柱滚子轴承	外圈无挡边圆柱滚子轴承	N	GB/T 283	只能承受径向荷载，不能承受轴向荷载；承受荷载能力比同尺寸的球轴承大，尤其是承受冲击荷载能力大

滚动轴承代号是用字母加数字来表示轴承结构、尺寸、公差等级、技术性能等特征的产品符号。国家标准《滚动轴承　代号方法》（GB/T 272—93）规定，轴承的代号由三部分组成，即前置代号＋基本代号＋后置代号。

基本代号是轴承代号的基础。前置代号和后置代号都是轴承代号的补充，只有在遇到对轴承结构、形状、材料、公差等级、技术要求等有特殊要求时才使用，一般情况下可部分或全部省略。

基本代号表示轴承的基本类型、结构和尺寸。它由轴承类型代号、尺寸系列代号、内径代号构成。轴承类型代号用数字或字母表示不同类型的轴承。尺寸系列代号由两位数字组成，前一位数字代表宽度系列（向心轴承）或高度系列（推力轴承），后一位数字代表直径系列。尺寸系列表示内径相同的轴承可具有不同的外径，而同样的外径又有不同的宽度（或高度），从而满足各种不同要求的承载能力。内径代号表示轴承公称内径的大小，用数字表示。

例：

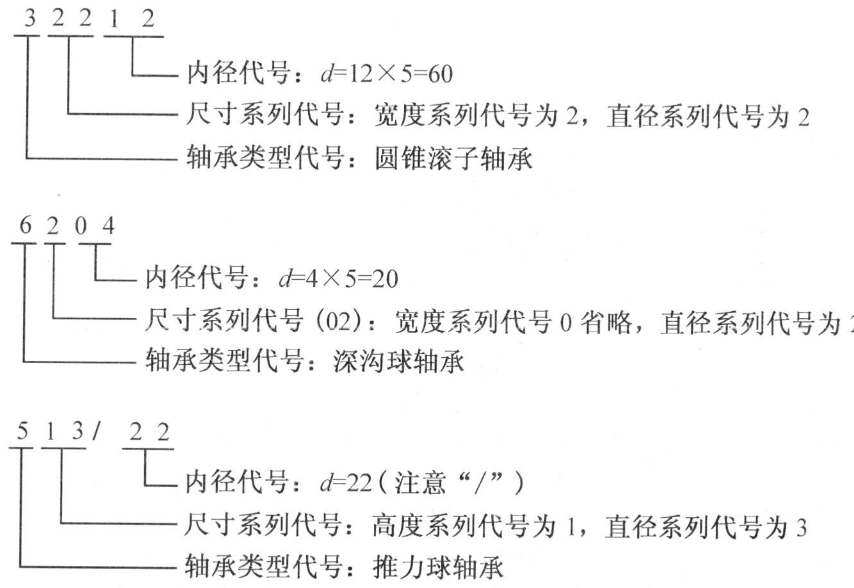

(3)键(图 2-1-30)

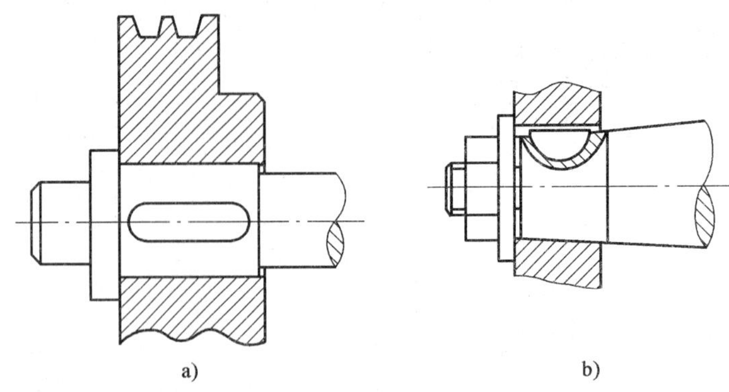

图 2-1-30　平键连接与半圆键连接

a)皮带轮与轴的平键连接;b)内燃机中锥轴与轮毂的半圆键连接

键连接属可拆连接,主要用来连接轴与轴上的零件,以周向固定和传递转矩。键连接的结构简单、工作可靠、拆装方便。根据形状不同,键连接可分为:

①平键连接。根据工作情况不同,分为普通平键和导向平键,如图 2-1-31 ~ 图 2-1-33 所示。

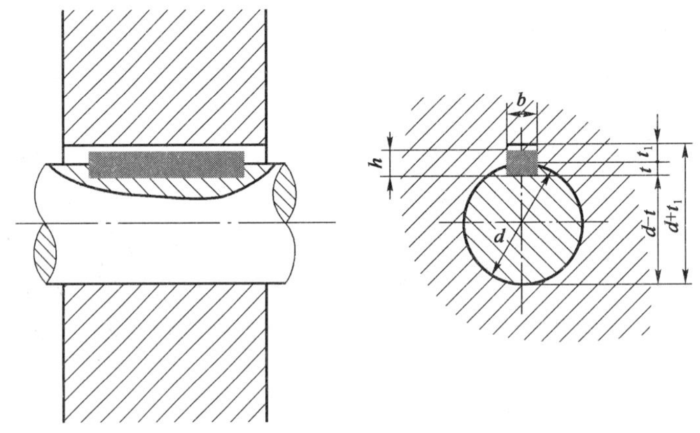

图 2-1-31　键和键槽的剖面尺寸

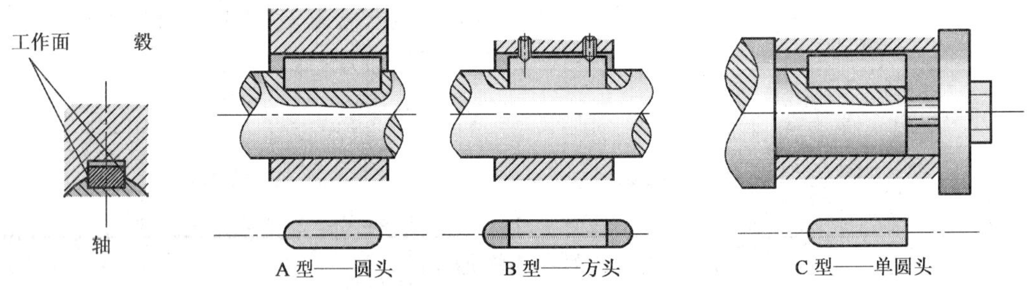

图 2-1-32　平键连接类型

②半圆键连接,如图 2-1-34 所示。

③楔键和切向键连接,如图 2-1-35、图 2-1-36 所示。

④花键连接,如图 2-1-37 所示。

花键连接按齿形不同分为矩形花键和渐形线花键。

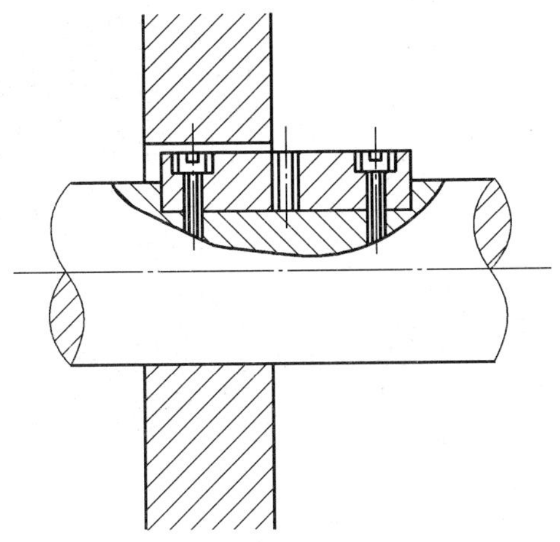

图 2-1-33　导向键连接

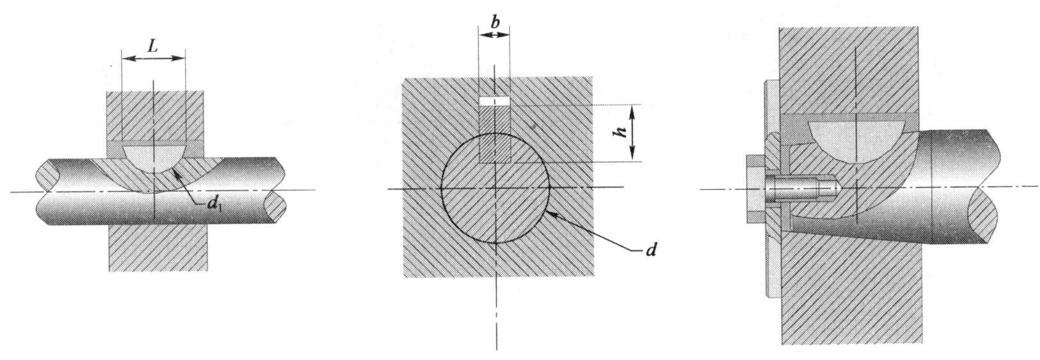

图 2-1-34　半圆键连接

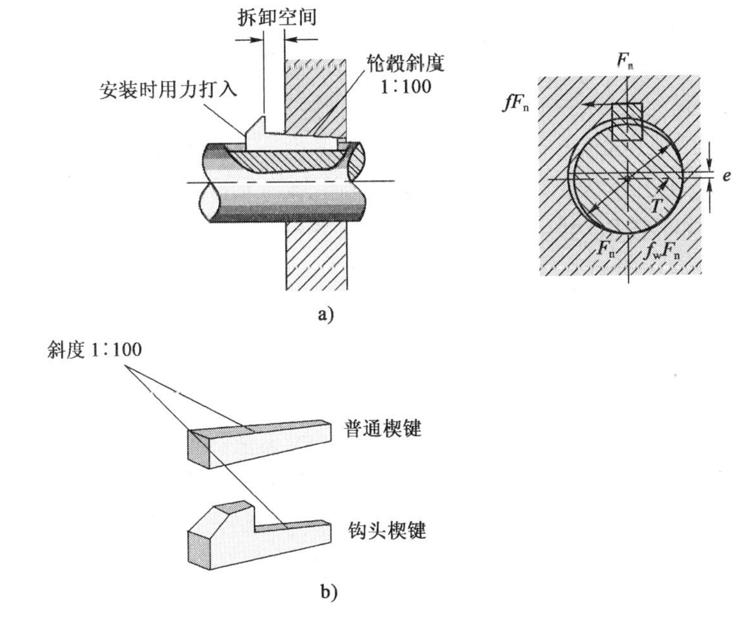

图 2-1-35　楔键连接

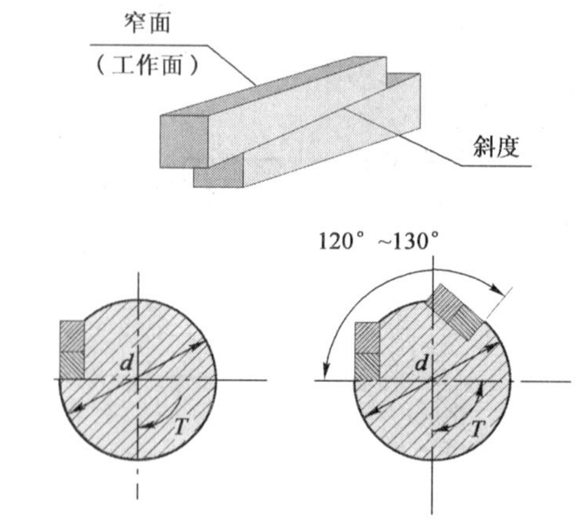

图 2-1-36　切向键连接

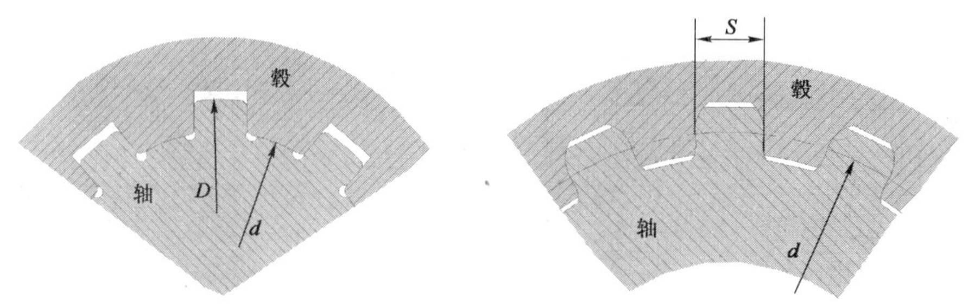

图 2-1-37　花键连接

课题二　电工与电子基本知识

模块一　直流电路的基本知识

1. 基本直流电路

(1)构成:电源、用电设备、开关、连接导线。

(2)电路图:无电流工作状态,用标准符号表示各分体元件及它们相互关联和电流流经路线。电路图的特点是:不按比例绘制,所表示的电气部件的位置和外形与实际有所不同,阅读电路图时应由上到下或由左到右,如图 2-1-38 所示。

(3)基本电量及单位:电压 U(伏特 V)、电流 I(安培 A)、电阻 R(欧姆 Ω) $=U/I$、电功率 $P=UI$(瓦特 W)、电功 $W=Pt$(焦耳 J)。

2. 直流电路定律

(1)欧姆定律 $I=U/R$ 表示电流、电压和电阻之间的关系。电路中的电流取决于电压和电阻,电阻不变时,电压越高,电流越大;电压不变时,电阻越高,电流越小。

(2)串联电路中若干个负载(电阻)与电源串接构成回路,并有如下规律:通过所有电阻的电流相等,即 $I=I_1=I_2=I_3$;总电阻等于各分电阻之和,即 $R=R_1+R_2+R_3$;总电压等于负载上各电压之和,即 $U=U_1+U_2+U_3$;电路中只要一个元件被损坏时,整个串联电路将会断电,如图 2-1-39 所示。

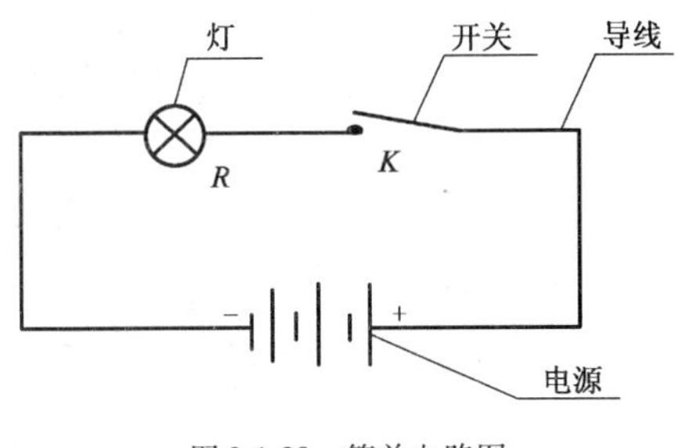

图 2-1-38　简单电路图

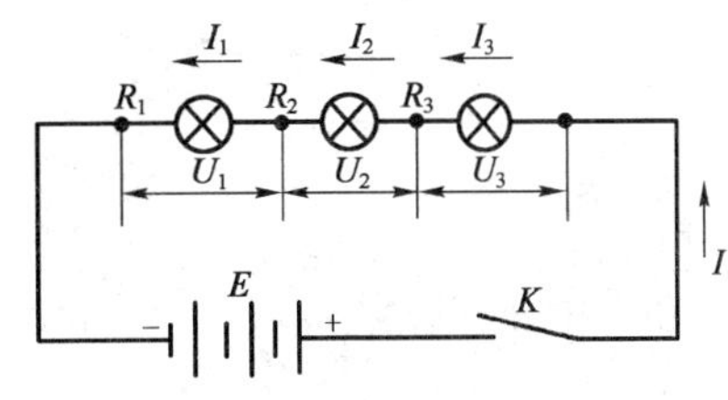

图 2-1-39　串联电路

(3)并联电路中若干个负载(电阻)与电源并联构成回路,并有如下规律:各负载相互独立,随意开闭,互不影响;总电流等于各分电流之和,即 $I = I_1 + I_2 + I_3$;总电阻小于每个分电阻,即 $R = R_1 R_2 R_3 / (R_1 + R_2 + R_3)$;施加在各负载上的电压相等且等于总电压,即 $U = U_1 = U_2 = U_3$,如图 2-1-40 所示。

(4)电流经过每个电阻时,电阻两端都存在电压降。

(5)断路,即电路中有断开处。

(6)短路,即电流绕过负载的现象。

3. 车辆上的直流电路特点

(1)单线制与搭铁:车上的钢结构件充当使电流返回蓄电池的导线。

(2)线路符号与电路图:用标准符号表示电路原理和接线关系,被认为是一张用来找寻流经电路电流的路线图。

(3)双电源:蓄电池与发电机共同向用电设备供电,如图 2-1-41 所示。

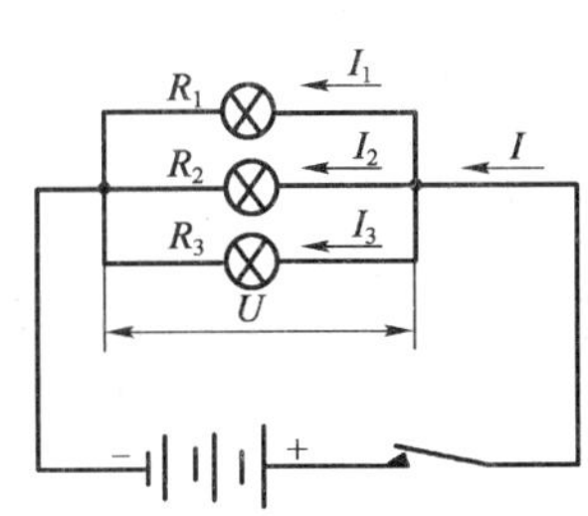

图 2-1-40　并联电路

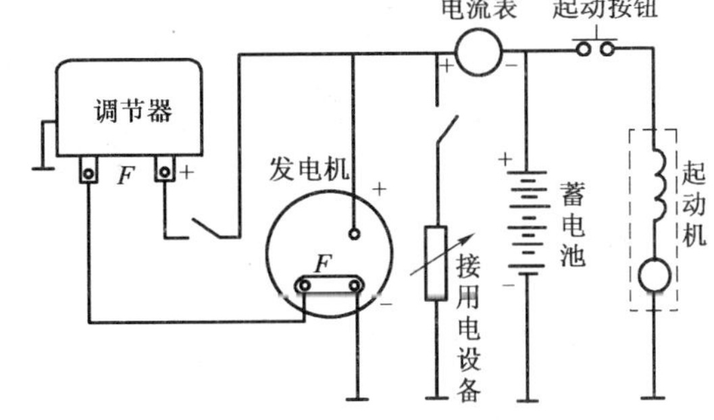

图 2-1-41　车辆直流电路示意图

4. 压路机上基本电气设备组成及作用

(1)电源系统:由蓄电池、发电机主电压调节器组成。其主要作用是向全车用电设备提供低压直流电能。当发动机以较高的转速运转时,通过皮带传动使发电机高速转动将机械能转换为电能,向用电设备供电以及向蓄电池充电,发动机停机或启动时就得靠蓄电池来供电。

蓄电池是储能器,充电时将电能转变为化学能来储存,放电时则将化学能转变为电能。车用蓄电池是由正极板(活性物质二氧化铅)、负极板(活性物质纯铅)隔板、电解液(由 37.5% 浓硫酸和 62.5% 蒸馏水配制)及壳体等组成,放电时生成水和硫酸铅,电解液密度下降;充电时还原成活性物质二氧化铅、活性物质铅和硫酸,电解液密度升高(充足时电解液密度达 1.28kg/L),如图 2-1-42、图 2-1-43 所示。

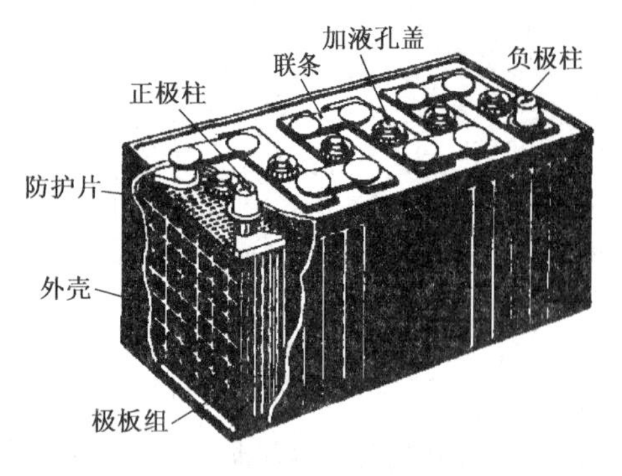

图 2-1-42　蓄电池结构简图

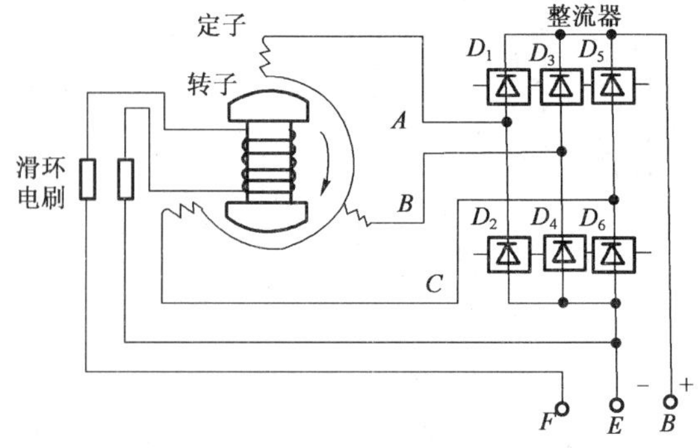

图 2-1-43　硅整流发电机工作原理图

(2)起动系统:由直流电动机(起动机)及起动控制装置组成。其作用是启动发动机。起动机是由电动机(将电能转变为机械能)、传动机构和电磁开关三部分组成。当接通起动开关后,电磁开关接通电动机与蓄电池之间的电路,传动机构使起动机驱动齿轮与发动机飞轮齿环啮合,从而带动发动机曲轴达到启动所必需的转速,如图 2-1-44 所示。

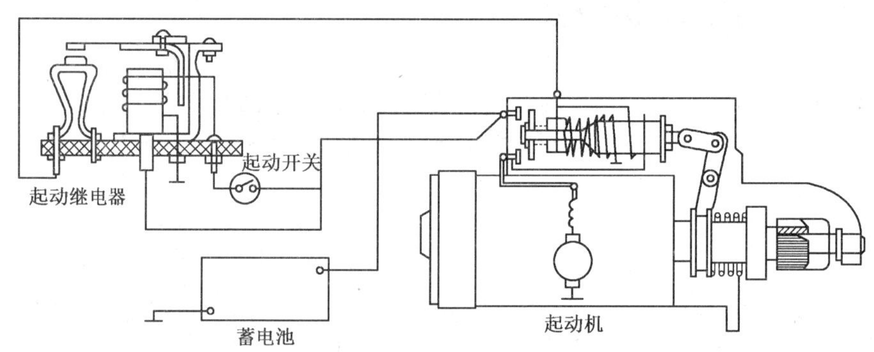

图 2-1-44　起动系统工作原理图

(3)仪表与信号系统:监测和指示发动机及液压传动系统工作状态并报警。仪表通电并与传感器元件相接即可,报警一般采用指示灯或电蜂鸣器,当监测对象达到报警限时即接通相应线路进行报警,主要包括充电电流监测、机油压力监测、温度监测、油量监测、制动指示、转向指示、运转时间指示等。

(4)照明系统:保证机械夜间施工照明。由于施工机械工作装置和作业特点不同,其照明灯的数量、要求和安装位置也不相同,但基本上是由电源、控制开关和照明灯所组成的。

模块二　电磁的基本知识

1. 发电机工作原理

导体在磁场内运动,切割磁力线,则导体内将产生电压,这个过程被称为导体的运动感应过程。感应电压的方向取决于导体的运动方向与磁场方向,其电流方向可通过右手定则来确定。感应电压的大小正比于下列各参数:导体在磁场内的运动速度、导体的有效长度、磁场强度。

交流电压的产生:环形导线两端分别与滑环相连,当该导线在磁场内转动时,便会感应出电压。由于在转动过程中环形导线切割的磁力线不同,因此感应电压的大小一直在变化。与此同时,感应电压的方向也在随之改变。这样的电压称为交流电压,相对应的电流称为交流电流。交流电压的一个周期由一个负半波和一个正半波组成,每秒钟内周期个数称为频率。发电机工作原理见图 2-1-45。

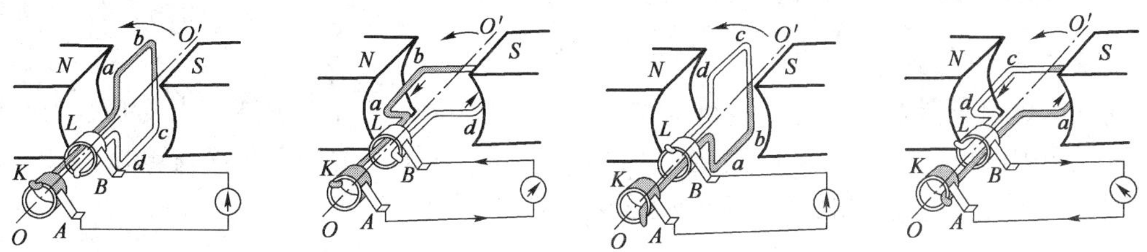

图 2-1-45　发电机工作原理图

2. 起动机工作原理

通电的导线在其周围将形成磁场。如果将该通电导线放置在另一个马蹄形磁铁的磁场内,则这两种磁场将合成一个总磁场。在导线左侧,两种磁场的磁力线方向相反,相互抵消,总的磁场强度减弱;在导线右侧,两种磁场的磁力线方向相同,总的磁场强度增强。电磁力作用在导线上,使之朝着磁场减弱的方向运动。

如果将通电导线绕制成可旋转的线圈,则该线圈上将产生一个力矩,使得线圈旋转到水平位置。为了使线圈能连续旋转,则每转过 180°就必须改变一次线圈中电流方向。这项任务由换向器来完成。换向器由两块半圆环状且互相绝缘的弓形铜环构成,弓形铜环分别连接线圈的两个线端。两个炭刷在弓形铜环表面上滑动,并与电源相连接。换向器能够给正对 N 极或 S 极的线圈有效边一个不变的电流方向。这样线圈两条有效边上的作用力将使得线圈总是以相同的转动方向旋转。为了使电动机的输出转矩均匀平稳,直流电机内布置了许多组线圈。各线圈分别与换向器的弓形铜环相连接,线圈都被绕制在电枢上,为了产生励磁磁场,在电动机的定子内的布置了励磁线圈。起动机工作原理见图 2-1-46。

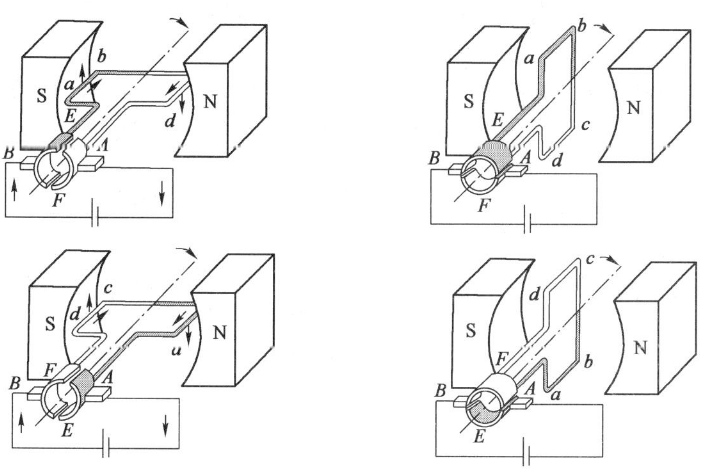

图 2-1-46　起动机工作原理图

3. 继电器工作原理

继电器是一种用小电流控制另一个大电流的电气装置,由一个铁芯和绕在铁芯外面的线圈、触点开关、回位弹簧组成。当电流通过线圈时,线圈产生磁场引起线圈中的铁芯的移动或移动机械杆,从而带动开关闭合。例如,起动继电器的磁场线圈电流由起动开关控制,起动机的电磁开关电流由继电器触点开关控制。当启动时,闭合起动开关,线圈通电产生磁场,从而移动触点开关闭合，电流通过起动机电磁开关，如图 2-1-44 所示。

模块三 交流电路的基本知识

1. 交流电的产生

当三组线圈分别以 120°的间隔布置时，转动线圈则会在各绕组中感应出正弦型的电压，而且各线圈中的电压相位差为 120°，连接各相电压便构成了所谓的三相交流电压，相应的电流被称为三相交流电流，如图 2-1-47 所示。

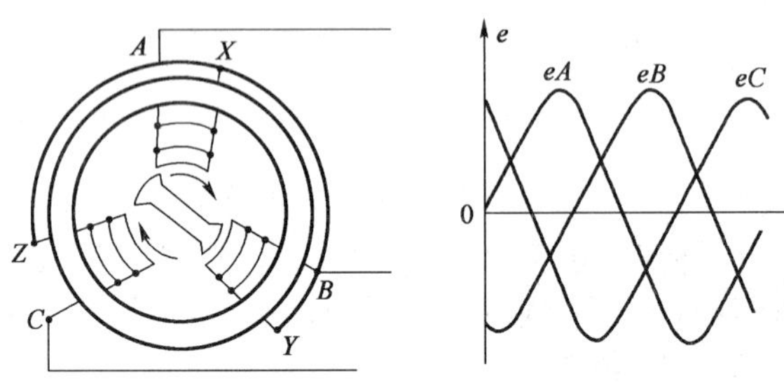

图 2-1-47 三相交流发电机工作原理图

从一个所谓的三相交流发电机内必须引出 6 个接线柱，如果将各绕组的端头相互连接，形成星形电路接法，则可以减少接线柱的数量，从发电机内只须引出 3 个接线柱。发电机的线电压 U 与相电压 U_P 相差 1.73 倍，线电流 I 与相电流相等。

2. 正弦交流电的表达公式

交流电电压、电流瞬时值表达式：$I = I_m \sin\omega t$，$U = U_m \sin\omega t$。图 2-1-48 是根据电压瞬时值表达式画出的图像。从图像上可很直观地看出交流电的最大值、周期、某一时刻电压的大小。据此可计算出电压的有效值、交流电的频率。此图像是日常照明交流电图像，最大值为 311V，有效值 220V，周期 0.02s，频率 50Hz。

交流电在一周期内电压、电流的最大值分别为 U_m、I_m。根据电流热效应的规定，让交流电和恒定电流通过相同阻值电阻，如果在相同时间内产生热量相等，就把这一恒定电流的数值叫做这一交流电的有效值。交流电电流、电压的最大值和有效值的关系是：$I_{有} = \frac{I_m}{\sqrt{2}} = 0.707 I_m$，$U_{有} = \frac{U_m}{\sqrt{2}} = 0.707 U_m$。在三相四线电路中，相线与中线的电压为相电压，任意两相线间的电压为线电压，线电压是相电压的 $\sqrt{3}$ 倍。流过各相负载的电流为相电流，流过相线中的电流为线电流，如图 2-1-49 所示。

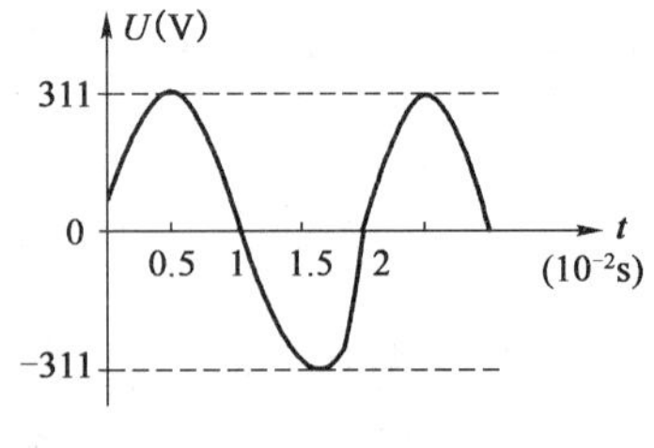

图 2-1-48 交流电波形

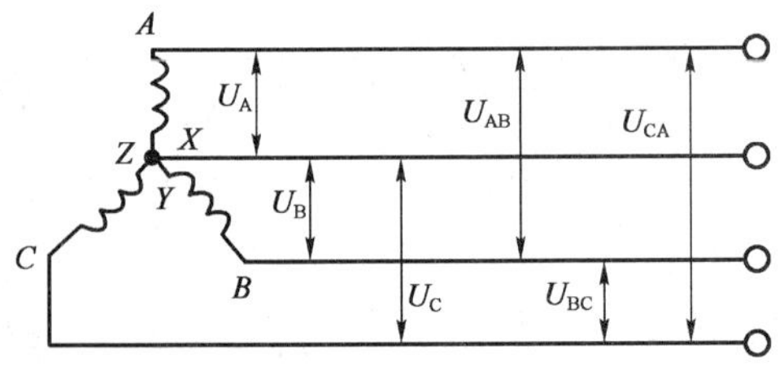

图 2-1-49 三相四线电路

1. 半导体二极管的表示符号、类型及其应用(整流电路、消弧电路、稳压电路、发光电路)

二极管由一个 P 型半导体层与一个 N 型半导体层组成。二极管的特性是电流只能在一个方向通过。在阻挠方向,二极管相当于一个开启的触点;在导通方向,二极管相当于一个闭合的触点。根据二极管的特性,可将其用于整流电路、消弧电路、稳压电路、发光电路,如图 2-1-50、图 2-1-51 所示。

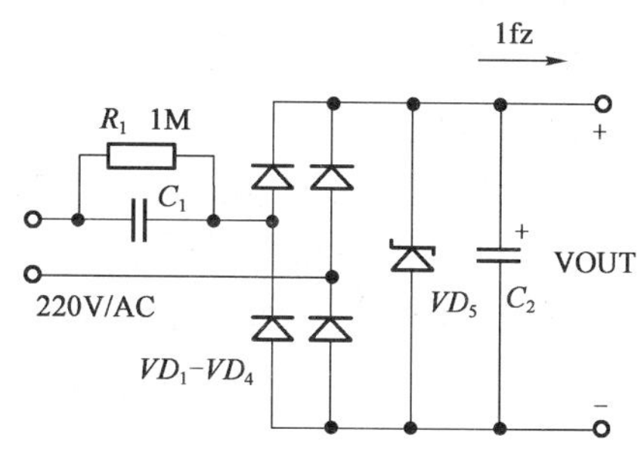

图 2-1-50 二极管整流、稳压电路原理图

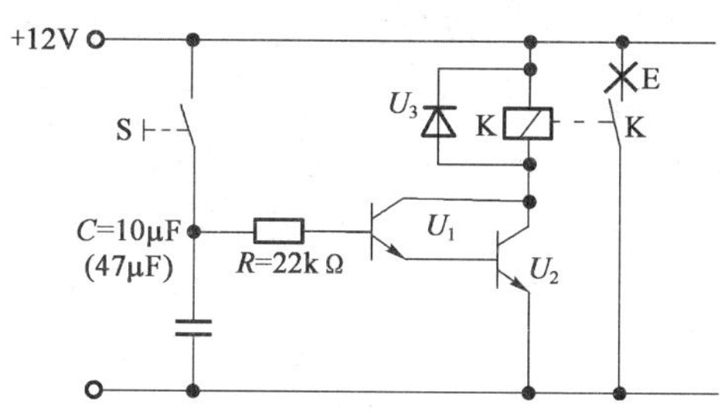

图 2-1-51 二极管消弧电路原理图

2. 半导体三极管的表示符号、类型及应用(开关电路、放大电路)

三极管由三个半导体层组成,根据 PN 结的结合顺序不同可分为 PNP 三极管、NPN 三极管。三极管上有三个接线柱,分别是发射极 E、基极 B、集电极 C,当发射极与基极之间作用 U_{eb} 时,第一个截止层导通,在基极电流 I_b 及集电极与发射极之间的电压 U_{ec} 的作用下,第二个截止层的截止功能被解除。

三极管可作为开关工作,三极管的开和关可通过基极来控制。当基极与发射极之间的电压 $U_{eb}>0.7V$ 时,三极管导通,如果中断基极电流,则三极管被截止。

三极管也可作为放大器工作。通过很小的基极电流 I_B(控制电流)能够控制很大的集电极电流 I_C(工作电流),集电极电流与基极电流之比称为电流放大倍数,如果单级三极管放大电路的放大倍数不够,则可将二极或多级三极管放大电路串接起来,如图 2-1-52 所示。

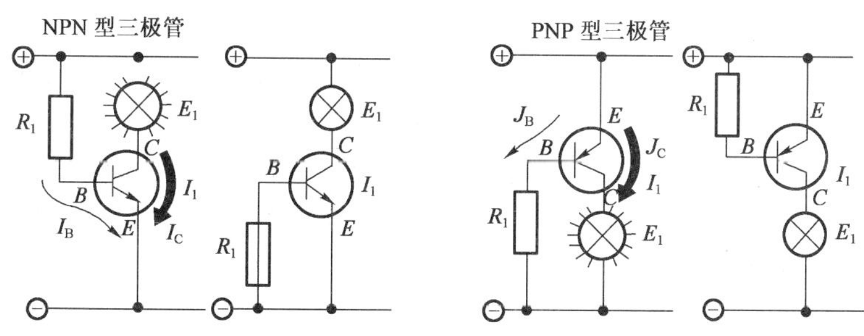

图 2-1-52 三极管理开关与放大电路原理图

3. 电阻的表示符号、类型及应用(限压电阻、分压电器)

电阻分为固定值电阻、可变值电阻、热敏电阻(电阻值随温度变化)、光敏电阻(电阻值随光照强度变化)。车辆电路中有些电子元件只需较小的工作电压,如果直接与蓄电池电压相连,势必烧坏元件,为了减小电流,通常在电路中串联一个附加电阻(限压电阻)。将两个电阻

串接，则总电压 U 在两个电阻上的分电压分别为 U_1 和 U_2，分压比等于其电阻值之比。应用分压电路可保证负载在特定额定电压下工作，如图 2-1-53 所示。

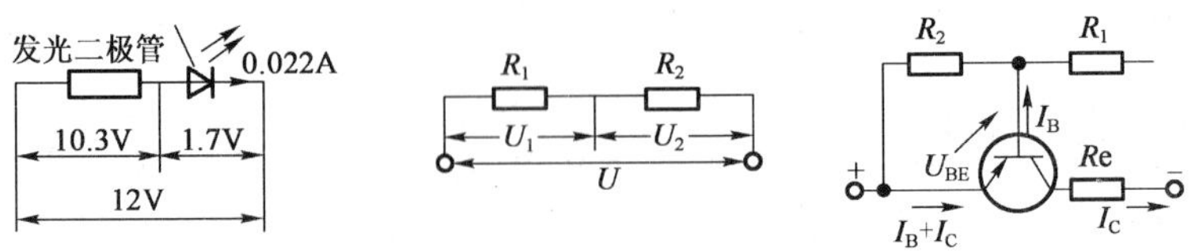

图 2-1-53　电阻限压和分压电路原理图

4. 电容器的表示符号及应用（RC 串联电路、RC 并联电路）

电容器由两块金属板或金属片所构成，两片之间通过绝缘层（介质）相隔离。电容器用于储存电荷，其储存能力被称为电容量，电容的单位为法拉（F）。当电容器的两端加上直流电压时，短时间内有一个充电电流流过，一旦电容器被充满，就会隔断直流。放电时的放电电流与充电电流方向相反，电阻与电容串联，组成 RC 串联电路，是一个限时器，其充电与放电时间长短正比于电阻与电容的大小。电阻与电容并联，组成 RC 并联电路，可用于给脉动直流电压滤波，避免峰值电压损坏敏感器件，如图 2-1-54 所示。

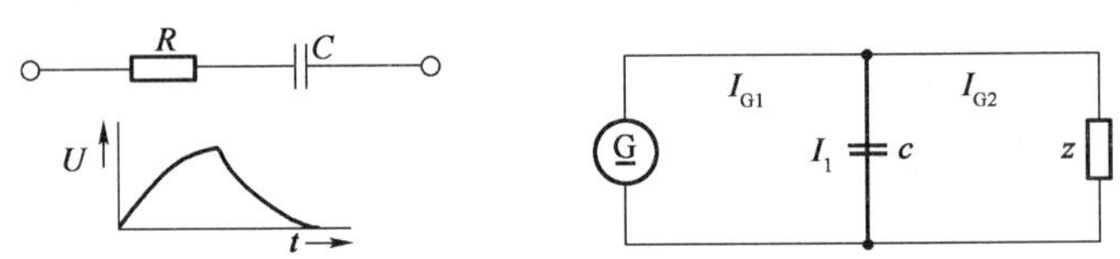

图 2-1-54　电阻与电容串联、并联电路原理图

课题三　液压与液力传动基本知识

模块一　液压传动的基本知识

1. 液压传动基本原理与组成

传动是将发动机的动力通过不同方式变为工作装置各种不同的运动形式，如齿轮传动、皮带传动、链传动被称为机械传动。

液压传动是以液体为工作介质，利用密闭工作容积内液体压力能传递机械能。发动机输入给液压泵转速和转矩 n、M（机械能）—液压泵产生液体的流量和压力 Q、P（液体的压力能）—液体的压力能输入给液压油缸或马达—液压油缸或马达产生力、转速或转矩 F、n、M（机械能）。施工机械的行走系统和工作装置广泛应用于液压传动。例如，推土机的工作铲的升降、装载机的铲斗的升降与翻转、挖掘机的行走等，都是将发动机的部分动力通过液压传动系统进行能量传递、转换和驱动的，如图 2-1-55 所示。

（1）液压传动基本工作原理。液压千斤顶原理即帕斯卡定律（$F_1/A_1 = F_2/A_2$），即油液内压力处处相等原理。液压千斤顶就是用小油缸将手动的机械能转变为液体压力能，用大油缸将液体压力能转换为顶起重物的机械能，如图 2-1-56 所示。

（2）液压传动过程。发动机驱动液压泵转动，并输入转速 n 和转矩 M；液压泵将机械能变为液体压力能液体流量 Q 和压力 P；通过控制阀和油管的传递，借助于执行元件液压油缸或马达将液体的压力能转换为机械能力 F、转速 n 和转矩 M。

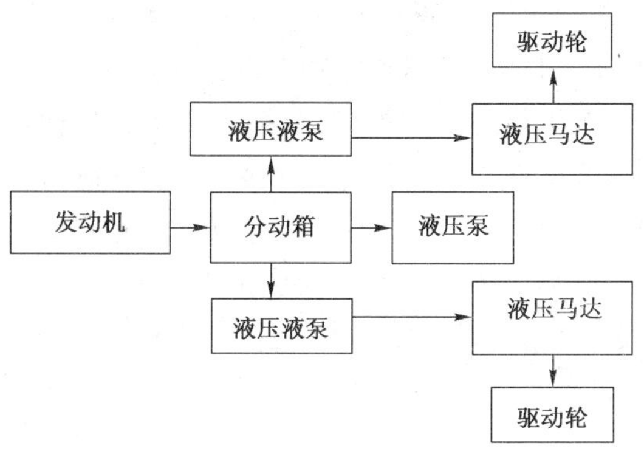

图 2-1-55　液压传动路线框图

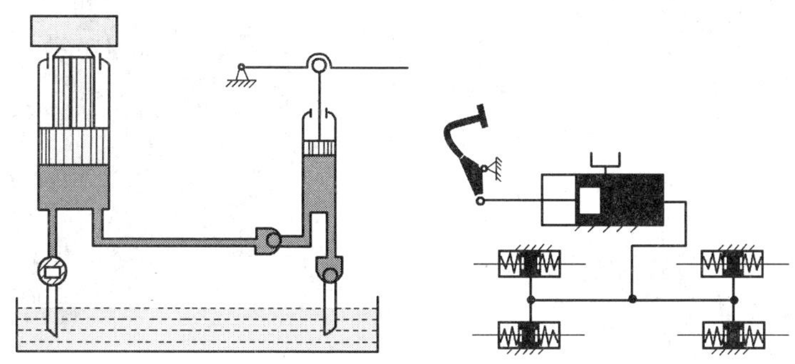

图 2-1-56　液压传动原理图

(3)液体压力。$P = F/A$(N/m^{2}或 Pa),表压力 = 绝对压力 - 大气压力,其描述比大气压力大或小。当表压力比大气压力大时,称为正压力;当表压力比大气压力小时,称为负压或真空度。标准大气压力 = 1.03kg/cm^2 = 1bar = 10^{5}N/m^2 = 0.1MPa。

(4)液体流量。单位时间内流过管道或油缸某一截面的油液体积 $Q = vA$(液体流速与截面积的积,单位为 m^3/t),液压系统流量 $Q = qn$ = 液压泵排量 × 驱动转速(q 的单位为 L/r,n 的单位为 r/min),流量大小取决于液压泵的大小、转速和容积效率(内漏量)。

(5)液压系统压力。液压系统中压力的大小取决于外荷载,也就是取决于油液运动时所遇到的阻力。卸载工况压力:油泵—管路—油箱,系统中压力很小,为克服沿程液阻力。空载工况:系统压力为沿程液阻力 + 工作装置重力。负荷工况压力:油缸的牵引力 $P \geq$ 负荷引起的工作阻力 + 运动副间的摩擦阻力 + 回油管路中的回油阻力。

(6)液压传动系统的组成。动力元件——液压泵;控制元件——压力、流量和方向控制阀;执行元件——液压油缸或液压马达;辅助元件——油箱、滤清器、油管等,如图 2-1-57 所示。

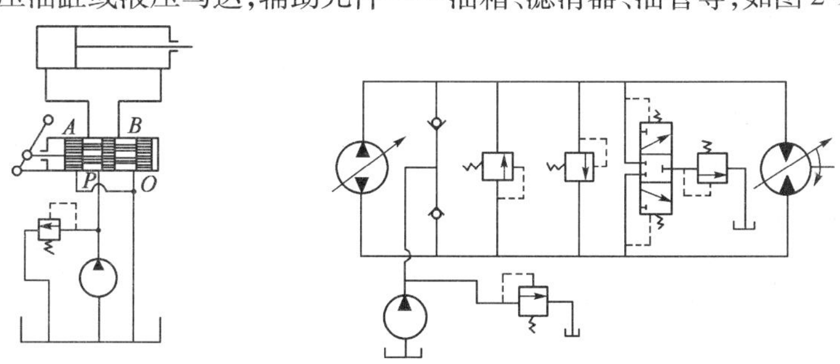

图 2-1-57　液压传动系统基本组成及符号

（7）液压系统主要元件作用及工作原理。液压系统主要元件有液压泵与液压马达、液压油缸、液压控制阀（方向控制阀、压力控制阀、流量控制阀）等。

液压泵的作用是将机械能转换为液体的压力能，输入的是转速 n 和转矩 M，输出的是压力 P 和流量 Q。液压泵是利用密封容积大小交替变化进行吸油和压油，输油量与密封容积的变化率和变化次数成正比（结构尺寸及及驱动转速），输油压力取决于外界负载。液压泵类型按结构可分为齿轮泵、叶片泵、柱塞泵；按排量可分为定量泵和变量泵；按额定压力可分为低压泵、中压泵和高压泵。液压泵的主要参数为额定压力 P（与外载荷有关）和额定流量 Q（与驱动转速有关），如图 2-1-58、图 2-1-59 所示。

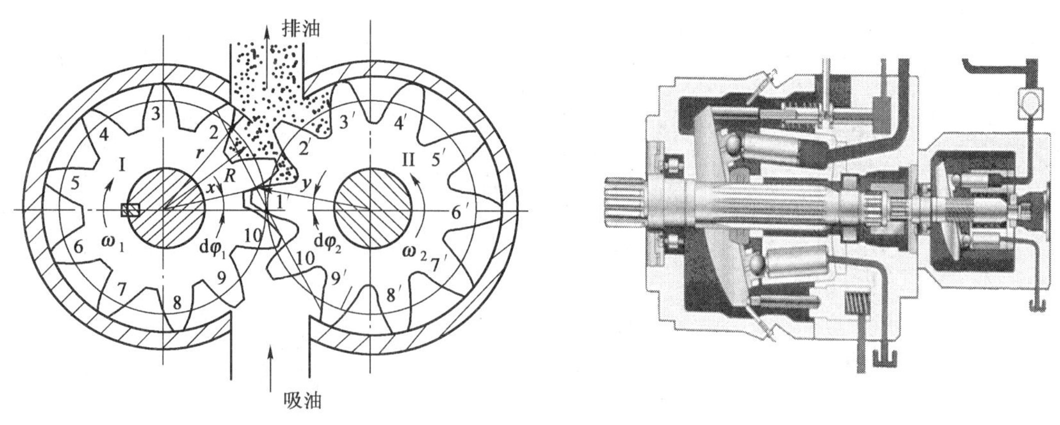

图 2-1-58　齿轮泵工作原理图

图 2-1-59　柱塞泵工作原理图

液压系统中的控制元件可分为压力、流量和方向控制阀。压力控制阀是利用油压力对阀芯产生推力与弹簧弹力平衡在不同的位置上，以控制阀口的开度来实现压力控制，压力控制阀可分为溢流阀（限制最高压力防止系统过载）、减压阀（减少支路压力）、顺序阀（控制两个执行元件的先后动作）和限速阀（限制负载的下降速度）。流量控制阀是依靠改变通流面面积的大小来调节流量，可分为节流阀、调速阀、同步阀。方向控制阀是控制液流方向，可分单向阀、液控单向阀、转动换向阀（靠转动阀芯改变液流方向）、滑动换向阀（靠阀杆在阀体内轴向移动改变液流方向）。换向阀的操纵分为手动、电磁、先导、随动。

液压系统中的执行元件可将油液的压力能转换为机械能，是驱动工作装置动作的装置。液压油缸可将油液的压力能转换为力 F 和速度 v，液压马达可将油液的压力能转换为转速 n 和转矩 M。图 2-1-60 为液压缸的结构示意图。

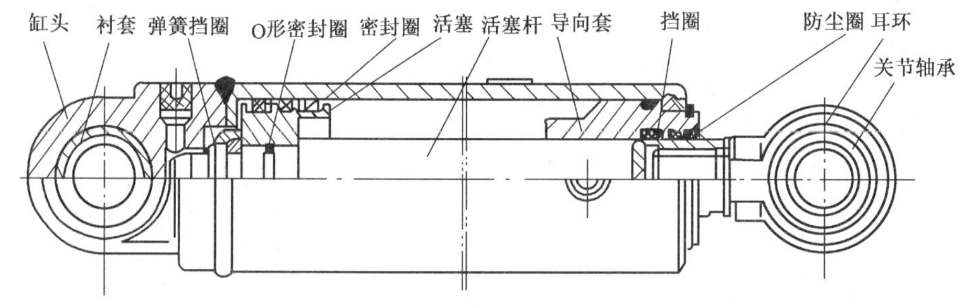

图 2-1-60　液压油缸结构图

1. 液力传动的定义

以液体为工作介质，利用液体的动能来传递机械能。

2. 液力变矩器的组成

在发动机与变速器之间装一个由泵轮、涡轮、导轮组成的内部充满油液的液力变矩器，泵轮与发动机连接，涡轮与变速器输入轴连接，单向自由机构的导轮安装在泵轮与导轮之间，如图 2-1-61 所示。

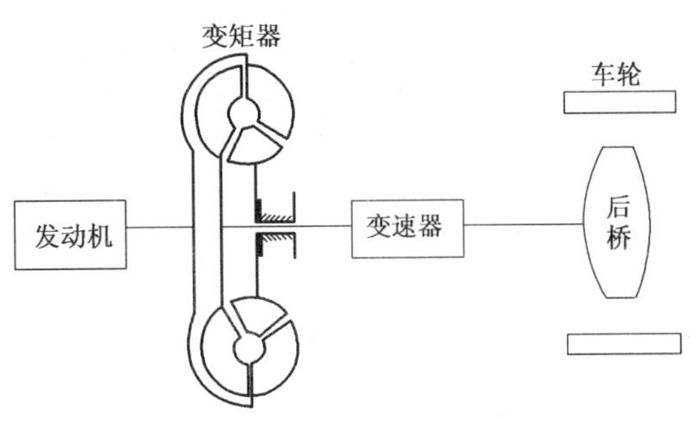

图 2-1-61 液力变矩器工作原理简图

3. 液力传动特点

(1)自动适应外阻力的变化，无级变更其输出轴的转矩与转速。

(2)泵轮与涡轮之间不是刚性连接，而是通过液力传递动力，能低速行驶或起步，并能避免车辆超载时发动机熄火。

(3)由于变矩器本身是一个无级变速器，可简化变速器挡位及换挡次数。

(4)传动效率低，造价高。

4. 液力变矩器工况

(1)起步。涡轮的转速为 0，液流沿叶片流出涡轮并冲向导轮，经导轮叶片的导向作用反向流回泵轮，经液流的循环冲击作用，涡轮开始转动。此时，涡轮扭矩升高到最大值，相当于发动机扭矩的 2 ~2.5 倍，但效率很低。

(2)速度上升。随着涡轮的转速上升，液流不再全部冲向导轮叶片，变矩比下降。

(3)速度继续上升。当泵轮与涡轮的转速接近相等时，液流流向导轮叶片的反侧，导轮脱离锁止自由旋转，变矩比为 1:1。

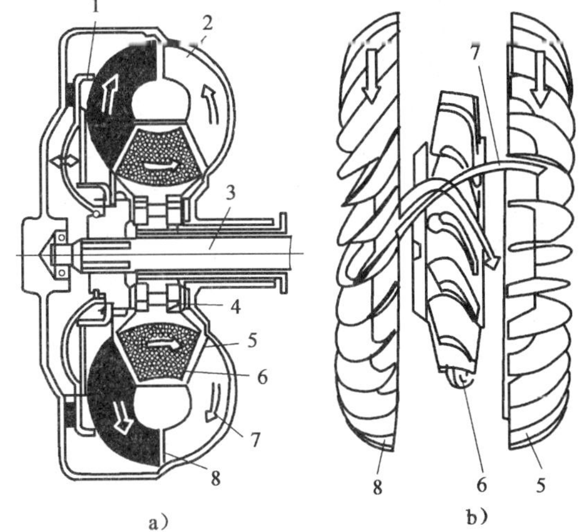

图 2-1-62 液力变矩器组成

1-锁止离合器;2-变矩器壳;3-变速器 I 轴;4-单向离合器;5-泵轮;6-导向轮;7-工作油液(油束);8-涡轮

(4)变矩器锁止。当泵轮与涡轮转速接近时，变矩器锁止离合器将泵轮与涡轮锁止为一体，相当于直接传动。

(5)结论。泵轮与导轮转速差愈高，则经涡轮叶片折回冲向导轮叶片的液流愈多，扭矩升高愈明显，如图 2-1-62 所示。

5. 液力变矩器液压油补偿系统

(1)组成。油箱—滤清器—油泵—进油压力阀—散热器—变矩器进口—变矩器—变矩器出口—出油压力阀—油箱。

(2)功用。散热、保持变矩器内有一定的压力(防止产生气蚀)、滤清。

6. 液力机械传动组成

液力机械传动组成如图 2-1-63 所示。

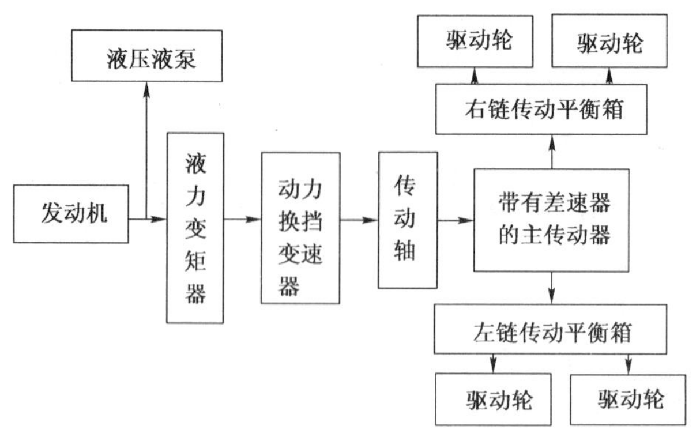

图 2-1-63　液力机械传动路线框图

课题四　钳工基本知识

模块一　钳工常用设备基本知识

1. 钻床

钻床是主要用钻头在工件上加工孔的机床。钻床有台式钻床(简称台钻)、立式钻床(简称立钻)、摇臂钻床等类型。

台式钻床简称台钻,是可安放在作业台上,主轴垂直布置的小型钻床。它结构简单,操作方便,常用于小型工件钻、扩孔,直径在 12mm 以下。台式钻床的主要结构如图 2-1-64 所示。

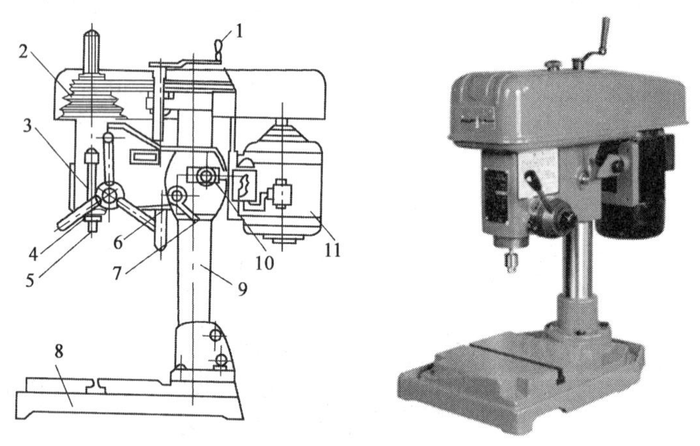

图 2-1-64　台式钻床

1-机头升降手柄;2-V 带轮;3-头架;4-紧螺母;5-主轴;6-进给手柄;7-紧手柄;8-底座;9-立柱;10-紧固手柄;11-电动机

2. 砂轮机

砂轮机是用来刃磨各种刀具、工具的常用设备,由电动机、砂轮机座、托架和防护罩等部分组成,如图 2-1-65 所示。

3. 千斤顶

千斤顶是顶举重物的轻小型起重设备。千斤顶以人力驱动为主,起重量范围大,顶举高度一般不超过 400mm,广泛应用于设备检修和安装。按结构特征可分为齿条千斤顶、螺旋千斤顶和液压千斤顶 3 种,如图 2-1-66 所示。

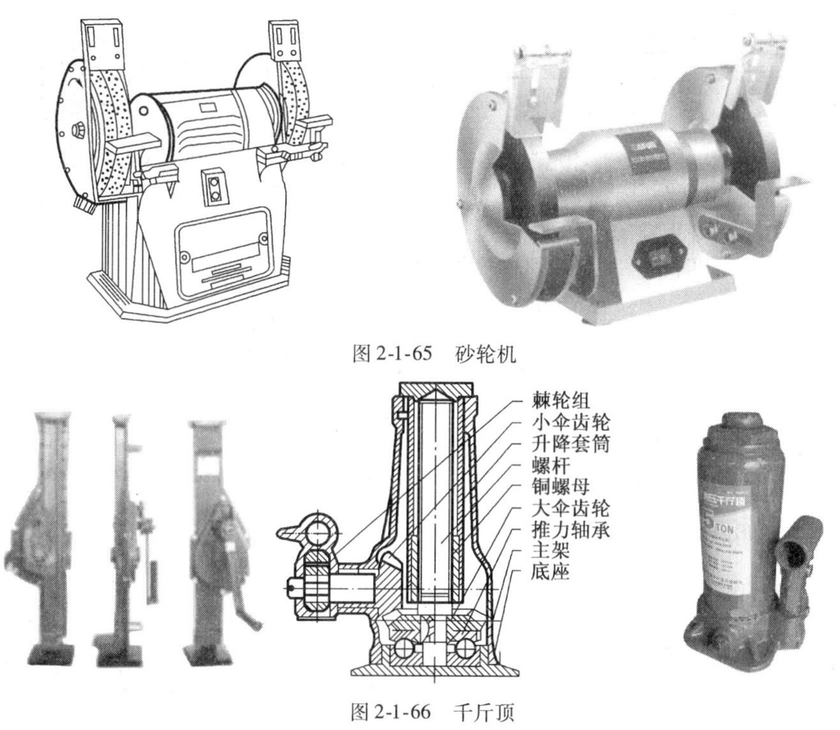

图 2-1-65　砂轮机

图 2-1-66　千斤顶

模块二　钳工工具、量具、仪表的名称、规格、用途和使用方法

1. 钳工常用工具

(1)扳手

扳手是利用杠杆原理拧转螺栓、螺钉、螺母和其他螺纹紧持螺栓或螺母的开口或套孔固件的手工工具,是机械制造行业中装配工作不可缺少的工具之一,同时也是各种修理工作中的常用工具。按其结构的不同,可分为呆扳手、梅花扳手、两用扳手和套筒扳手,另外还有敲击扳手等特殊用途的扳手,如图 2-1-67 所示。

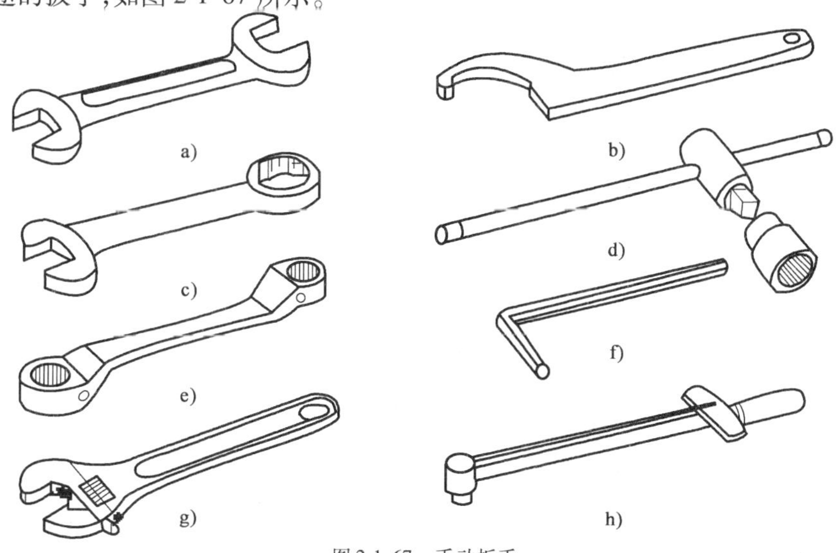

图 2-1-67　手动扳手

a)呆扳手;b)钩形扳手;c)两用扳手;d)套筒扳手;e)梅花扳手;f)内六角扳手;g)活扳手;h)扭力扳手

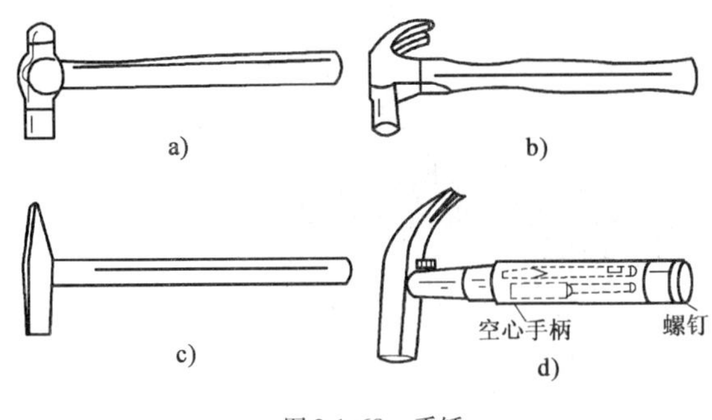

图 2-1-68　手锤
a）圆头锤；b）羊角锤；c）斩口锤；d）什锦锤

（2）锤

锤是用于敲击或锤打物体的手工工具。锤由锤头和握持手柄两部分组成。锤的使用极为普遍，形式、规格很多。常见的有圆头锤、羊角锤、斩口锤和什锦锤等，如图 2-1-68 所示。

（3）螺钉旋具

螺钉旋具是一种用以拧紧或旋松各种尺寸的槽形机用螺钉、木螺丝以及自攻螺钉的手工工具，又称螺丝刀、旋凿、改锥。它的主体是韧性的钢制圆杆（旋杆），其一端装配有便于握持的手柄，另一端镦锻成扁平形或十字尖形的刀口，以与螺钉的顶槽相啮合，施加扭力于手柄便可使螺钉转动。旋杆的刀口部分经过淬硬处理，耐磨性强，如图 2-1-69 所示。

（4）钳

钳是一种用于夹持、固定加工工件或者扭转、弯曲、剪断金属丝线的手工工具。钳的外形呈 V 形，通常包括手柄、钳腮和钳嘴 3 个部分，如图 2-1-70 所示。

图 2-1-69　螺钉旋具

图 2-1-70　手钳子

（5）拉拔器

拉拔器是用来拉拔轴上零件或轴承的一种工具。主要用于拉拔为过盈配合的零件，如图 2-1-71 所示。

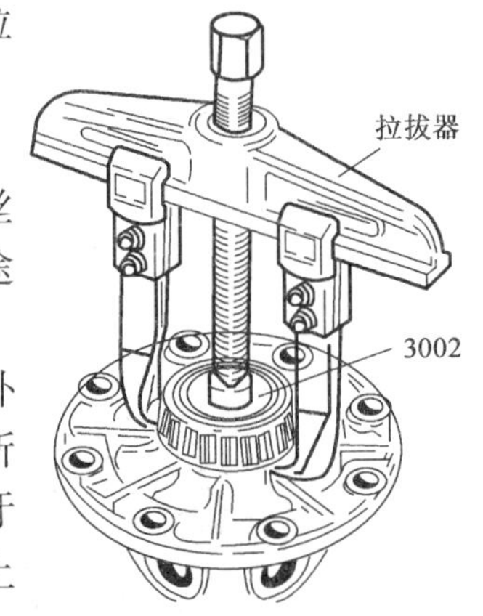

图 2-1-71　拉拔器

（6）丝锥与板牙

①丝锥。一种加工内螺纹的刀具，沿轴向开有沟槽，又称螺丝攻。丝锥根据其形状分为直槽丝锥和螺旋槽丝锥。丝锥按其用途的不同，分为手丝锥和机用丝锥，如图 2-1-72 所示。

②板牙。板牙是加工或修正外螺纹的螺纹加工工具。板牙按外形和用途分为圆板牙、方板牙、六角板牙和管形板牙，如图 2-1-73 所示。其中，以圆板牙应用最广，规格范围为 M0.25 ~ M68mm。板牙可装在板牙扳手中用手工加工螺纹，也可装在板牙架中在机床上使用。板牙使用方法与丝锥相近。

（7）錾子与冲

錾子是錾削时的加工工具，錾削是用手锤打击錾子对金属工件进行切削加工的方法，钳工常用的錾子有阔錾（扁錾）、狭錾（尖錾）、油槽錾和扁冲錾 4 种。阔錾用于錾切平面，切割和去毛刺，狭錾用于开槽，油槽錾用于切油槽，扁冲錾用于打通两个钻孔之间的间隔，如图 2-1-74、图 2-1-75 所示。

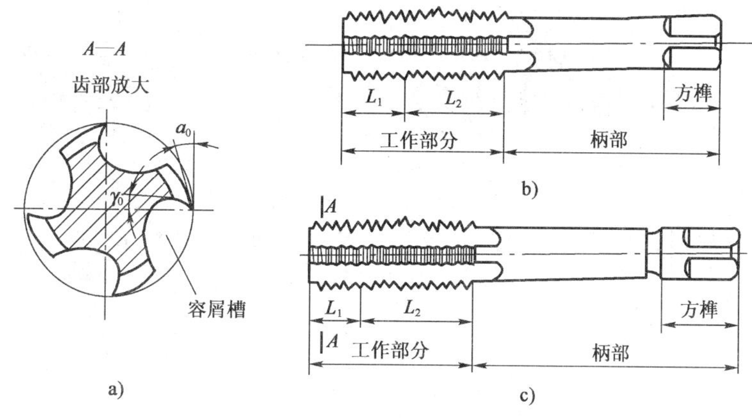

图 2-1-72 丝锥

样冲用于在工件所划的加工线条上打样冲眼，作为加强界限标志或作为划圆弧或钻孔时的定位冲心打眼。它一般用工具钢制成，尖端处淬硬。

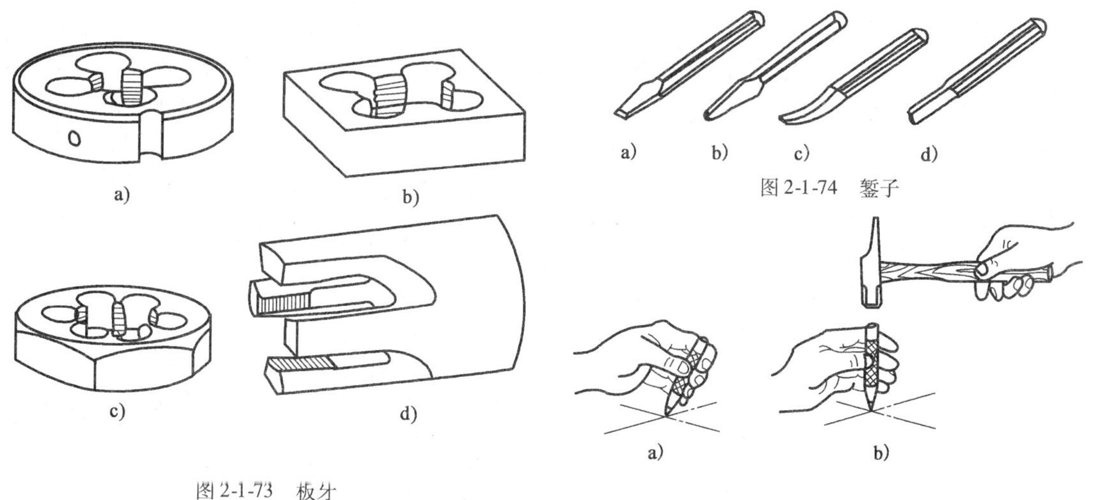

图 2-1-74 錾子

图 2-1-73 板牙

a)圆板牙；b)方板牙；c)六角板牙；d)管形板牙

图 2-1-75 点冲

(8)锯

锯是一种用于切割钢材、木料等的手工工具，如图 2-1-76 所示。手锯由锯弓和锯条组成，锯弓的作用是用来安装并张紧锯条，锯条是用来直接锯削材料或工件的工具。锯条一般由渗碳钢冷轧制成，经热处理淬硬方能使用，锯条的长度以两端装夹孔的中心距来表示，手锯常用的锯条长度为 300mm。锯齿的粗细以锯条每 25mm 长度内的锯齿数来表示。

(9)锉

锉是一种用于对金属等材料进行锉削、修整或磨光等表面加工的手工工具。钳工锉按其断面形状又可分为扁锉(板锉)、方锉、三角锉、半圆锉和圆锉 5 种。锉刀的规格分尺寸规格和齿纹粗细规格两种。每种锉刀都有其主要的用途，应根据工件表面形状和尺寸大小来选用，其具体选择如图 2-1-77 所示。

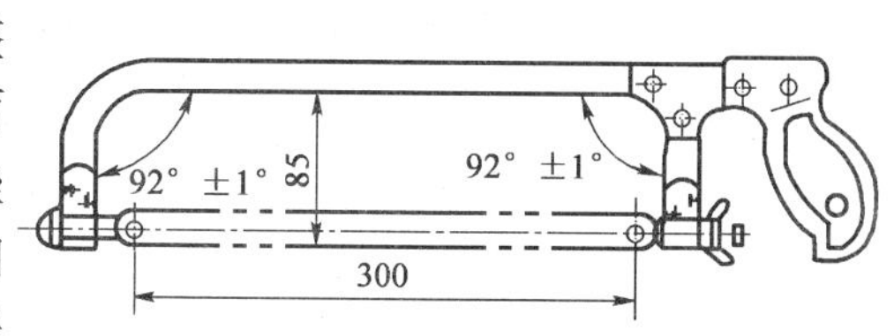

图 2-1-76 钢锯

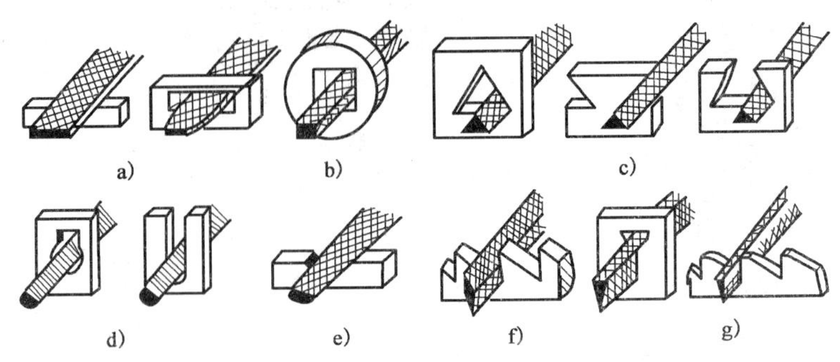

图 2-1-77　锉刀的选用

2. 钳工常用量具及仪表

(1)扭力扳手

扭力扳手是一种在工作时能显示扭矩的扳手,详细介绍见扳手部分。

(2)千分尺

千分尺是测量中最常用的精密量具之一。千分尺的种类较多,按其用途的不同可分为外径千分尺、内径千分尺、深度千分尺、内测千分尺和螺纹千分尺等。千分尺的测量精度为0.01mm。

外径千分尺的读数方法是:先读出固定套管上露出刻线的整毫米及半毫米数,再看微分筒哪一刻线与固定套管的基准对齐,读出不足半毫米的小数部分,最后将两次读数相加,即为工件的测量尺寸,如图 2-1-78、图 2-1-79 所示。

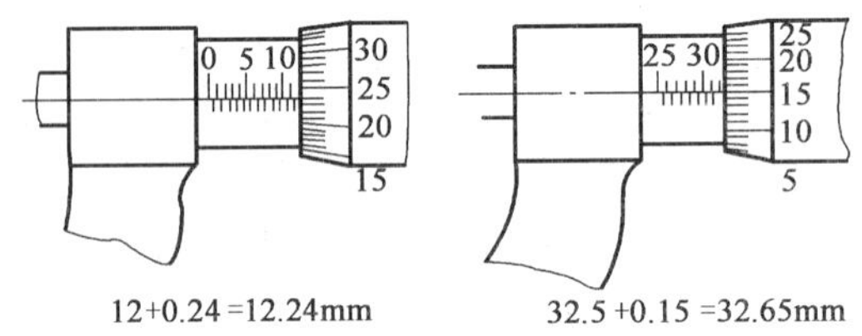

图 2-1-78　千分尺的读数方法

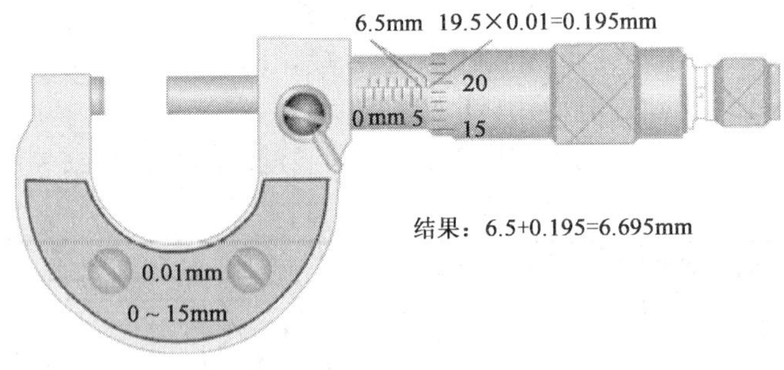

图 2-1-79　千分尺认读

(3)游标卡尺

游标卡尺可用来测量长度、厚度、外径、内径、孔深和中心距等。游标卡尺的精度有

0.1mm、0.05mm、0.02mm 三种。

①游标卡尺的结构。图 2-1-80 所示为三用游标卡尺，它由尺身、游标、内量爪、外量爪、深度尺和紧固螺钉等部分组成。

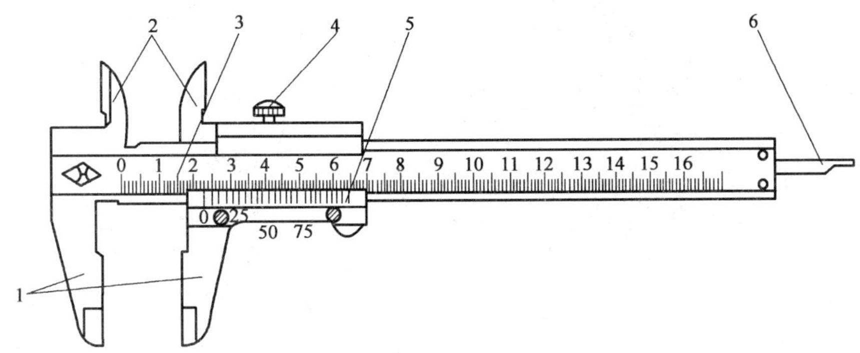

图 2-1-80 三用游标卡尺

1-外量爪；2-内量爪；3-尺身；4-紧固螺钉；5-游标；6-深度尺

②游标卡尺的读数方法。首先在尺身上读出位于游标零线左边最接近的整毫米数值，再看游标尺从零线开始第几条刻度与尺身某一刻线对齐，用游标上与尺身刻线对齐的刻线格数乘以游标卡尺的测量精度值，读出小数部分，最后将整毫米与小数相加就是测得的实际尺寸，如图 2-1-81 所示。

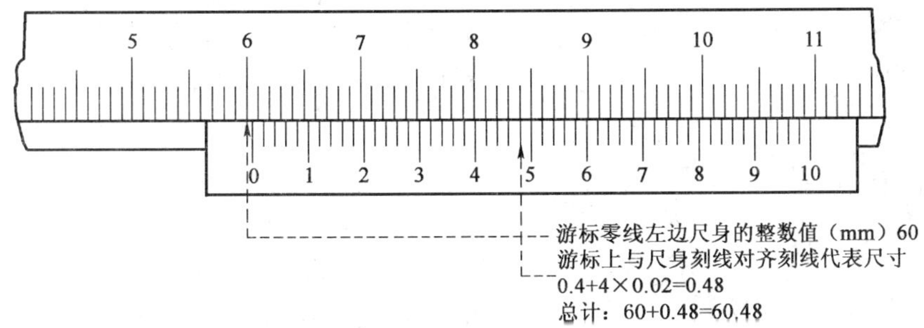

图 2-1-81 游标卡尺识读

(4)百分表

百分表是一种指示量仪，测量精度为 0.01mm。当测量精度为 0.001mm 或 0.005mm 时，称为千分表。

①钟面式百分表的结构，如图 2-1-82 所示。

②百分表的读数方法。百分表的测量精度为 0.01mm。使用百分表进行测量时，首先使长指针对准零位，测量时长针转过的格数即为测量尺寸。

(5)塞尺

塞尺是用来检验两个结合面之间间隙大小的片状量规。

塞尺如图 2-1-83 所示，有两个平行的测量平面，其长度有 50mm、100mm、200mm 等多种。塞尺有若干个不同厚度的片，可叠合起来装在夹板里。

使用塞尺时，应根据间隙的大小选择塞尺的片数，可用一片或数片重叠在一起插入间隙内。厚度小的塞尺片很薄，容易弯曲和折断，插入时不宜用力太大。用后应将塞尺擦拭干净，并及时合到夹板中。

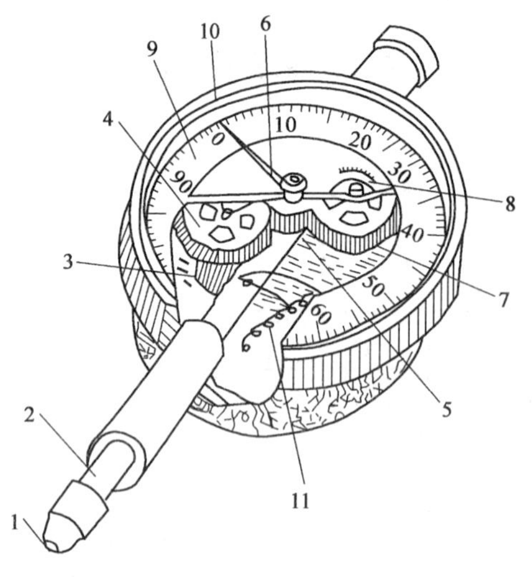

图 2-1-82　钟面百分表的结构图

1-测头;2-齿杆;3-小齿轮;4、7-大齿轮;5-中间小齿轮;6-长指针;8-短指针;9-表盘;10-表圈;11-拉簧

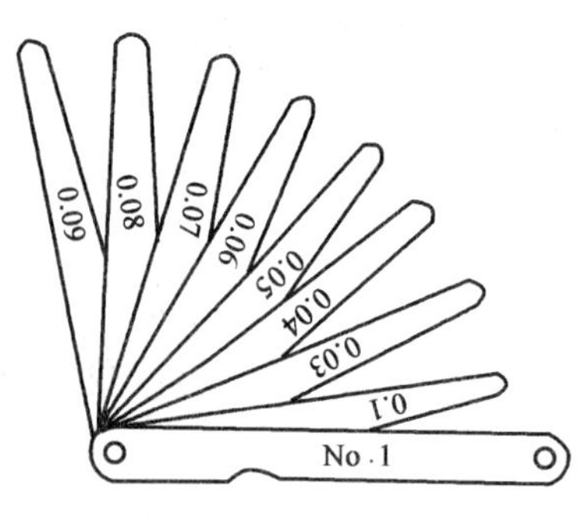

图 2-1-83　塞尺

(6)压力表

压力表是用于计量流体(气体、液体)压力的仪表,如图 2-1-84 所示。

压力表按其测量精确度,可分为精密压力表和一般压力表。精密压力表的测量精确度等级分别为 0.1、0.16、0.25、0.4 级;一般压力表的测量精确度等级分别为 1.0、1.6、2.5、4.0 级。

图 2-1-84　压力表

压力表按其指示压力的基准不同,分为一般压力表、绝对压力表和差压表。一般压力表以大气压力为基准;绝压表以绝对压力零位为基准;差压表测量两个被测压力之差。

压力表按其测量范围,分为真空表、压力真空表、微压表、低压表、中压表及高压表。真空表用于测量小于大气压力的压力值;压力真空表用于测量小于和大于大气压力的压力值;微压表用于测量小于60 000Pa 的压力值;低压表用于测量 0 ~ 6MPa 的压力值;中压表用于测量 10 ~ 60MPa 的压力值;高压表用于测量 100MPa 以上的压力值。

汽缸压力表是用来检查汽缸内气体压力大小的量具。根据汽缸压力大小,可以了解汽缸垫、气门和活塞环的密封性。汽缸压力表的测量范围有 0 ~ 1MPa 和 0 ~ 1MPa 两种。

课题五　筑路机械基本知识

模块一　筑路机械的种类和用途

1. 筑路机械的分类

筑路机械是指广泛应用于建筑、水利、矿山、筑路港口等建筑施工中的各种机械,包括有土方机械和专业用机械。土方机械主要包括铲运机、推土机、挖掘机、装载机;专用机械主要包括平地机、翻斗车、沥青混凝土摊铺机和压路机等机械,如图 2-1-85 ~ 图 2-1-90 所示。各种机械都属于自行式机械,主要由发动机、底盘、液压传动系统、工作装置组成,都具有自行行驶和完成特殊施工作业项目的功能。

图 2-1-85　推土机

图 2-1-86　挖掘机

图 2-1-87　装载机

图 2-1-88　沥青混凝土摊铺机

图 2-1-89　压路机

图 2-1-90　平地机

2. 筑路机械的总体构造

筑路机械虽然因机种和类型不同,其总体构造也各有特点,但是基本上都可划分为动力装置(发动机)、底盘和工作装置三大部分。

图 2-1-91 为轮式机械传动系统简图。

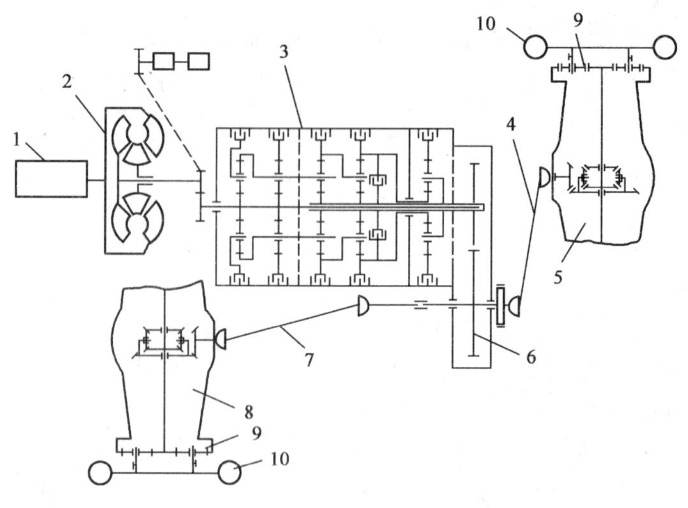

图 2-1-91　轮式施工机械传动简图

1-发动机;2-液力变矩器;3-变速器;4、7-万向传动装置;5、8-驱动桥;6-分动箱;9、10-最终传动与车轮

(1)柴油机

柴油机是内燃机的一种,由于其经济性与动力性较汽油机好,故被施工机械广泛采用,其功用是将供给的燃油燃烧而转变为机械能(转速 n 和转矩 M),并通过传动系与行驶系驱动机械行驶,通过液压传动系统驱动工作装置进行作业。

(2)底盘

底盘的功用是将发动机的动力进行适当的转化与传递,使之适合机械行驶和作业的需要。底盘是整机的基础,所有部件或总成都安装在底盘上。底盘一般由传动系统(将发动机的动力进行适当改变后传给驱动轮)、行驶系统(支承和保证机械行驶)、转向系统(保证机械行驶时转向)和制动系统(控制机械的行驶速度,使之按需要减速或停车,确保安全)等组成。

(3)工作装置

工作装置是施工机械进行各种作业的装置。各种施工机械的工作装置因作业特点不同,其构造也不同,但都是由发动机的动力通过液压传动系统的传递由液压执行元件(液压油缸和液压马达)驱动的。

3. 筑路机械主要用途

人们设计和制造各种施工机械是为了完成不同施工作业,减轻人的劳动强度和提高施工质量及效率。不同的施工机械由于作业特点不相同,其功能和构造也不相同。平地机的工作装置是刮土铲,用于路基和场地的精度较高的平整作业;推土机的工作装置是推土铲,行驶过程中通过操纵推土铲可完成推运、开挖、回填土石方以及其他散粒物料的作业;装载机的工作装置是铲斗,通过操作铲斗,可完成各种土方和散粒物料的装卸作业;挖掘机的工作装置是挖掘铲斗,用于挖掘沟渠、基坑并与车辆配合装运物料;沥青混凝土摊铺机的工作装置是熨平板,可将拌制好的沥青混合料均匀地摊铺在路面层上,并保证摊铺层的宽度、厚度、路面拱度、平整度和密实度符合技术要求;压路机的工作装置是碾压轮,通过碾压轮的重力和振动压实各种筑路材料,提高被压实材料的密实度;翻斗车的工作装置是料斗,可自行运输和翻卸各种物料。

在工业生产中，通常把钢铁材料称为黑色金属，而把其他的金属材料称为有色金属。通常所指的钢铁材料是钢和铸铁的总称，是指所有的铁碳合金。下面依次对这些金属材料进行介绍。金属材料分类如图 2-1-92 所示。

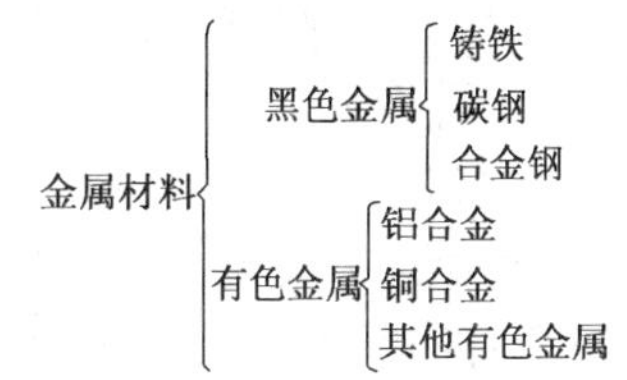

图 2-1-92 金属材料的分类

1. 铸铁

铸铁是历史上使用得较早的材料，也是最便宜的金属材料之一，它具有很多优点。比如，在汽车发动机中，铸铁占 80%。同钢一样，铸铁也是以 Fe、C 元素为主的铁基材料，但是它含碳量很高(碳含量大于 2.11%)。铸铁成型制成零件毛坯只能用铸造方法，不能用锻造或轧制方法。

铸铁中碳元素按主要存在方式不同可分为两大类：一类是白口铸铁(断口呈现白色)；另一类是灰口铸铁(断口呈现黑灰色)。介于白口铸铁与灰口铸铁之间的称为麻口铸铁。由于白口铸铁的脆性很大，又特别坚硬，在工业上很少作为零件使用，只有少数的部门采用，如农业上用的犁，除此之外多作为炼钢的原料使用。作为原料时，通常称其为生铁。

工业上使用的铸铁很多，按石墨的形态和组织性能可分为普通灰口铸铁、蠕墨铸铁、球墨铸铁、可锻铸铁和特殊性能铸铁等。

灰口铸铁是价格最便宜、应用最广泛的一种铸铁，在各类铸铁的总产量中，灰口铸铁占 80% 以上。灰口铸铁的牌号用“灰铁”两字汉语拼音的第一个字母“HT”后面加最低抗拉强度值表示。如 HT150 表示灰口铸铁，最低抗拉强度为 150MPa。

石墨呈球状分布的铸铁，称为球墨铸铁。球墨铸铁的牌号用“QT”加两组数字(分别表示最低抗拉强度和最低延伸率)表示。

蠕墨铸铁是近年来发展起来的一种新型工程材料。它是由液体铁水经变质处理和孕育处理随之冷却凝固后所获得的一种铸铁。通常采用的变质元素(又称蠕化剂)有稀土硅铁镁合金、稀土硅铁合金、稀土硅铁钙合金或混合稀土等。蠕墨铸铁的牌号用“RuT”加最低抗拉强度值表示。

可锻铸铁是由白口铸铁经长时间石墨化退火而获得的一种高强度铸铁，又称玛钢。与灰口铸铁相比，可锻铸铁的强度和韧性有明显提高。可锻铸铁牌号中的“KT”表示“可铁”二字汉语拼音的大写字头，“H”表示“黑心”，“Z”表示珠光体基体。牌号后面的两组数字分别表示最低抗拉强度和最低延伸率。

工业上除了要求铸铁有一定的机械性能外，有时还要求其具有较高的耐磨性、耐热性以及耐蚀性。为此，在普通铸铁的基础上加入一定量的合金元素，制成特殊性能铸铁(合金铸铁)。它与特殊性能钢相比，熔炼简便，成本较低。缺点是脆性较大，综合机械性能不如钢。

2. 钢

碳素钢(简称碳钢)是含碳量大于 0.0218% 而小于 2.11% 的铁碳合金。由于碳钢具有较好的机械性能和工艺性能，并且产量大、价格较低，因此在机械工程上应用十分广泛。但碳钢也有某些不足之处，如淬透性较低、回火抗力较差、屈强比低。碳钢的强度潜力虽经热处理，仍不能充分地发挥，为了适应现代工业和科学技术的不断发展，合金钢得以发展。

合金钢是在碳钢的基础上添加某些合金元素，用以保证一定的生产和加工工艺以及所要求的组织与性能的铁基合金。合金钢用量虽少,但却非常重要。合金钢有较好的性能,但也有不少缺点,最主要的是由于含有合金元素,其生产和加工工艺比碳钢差,也比较复杂,价格也较为昂贵。因此,在应用碳钢能够满足要求时,一般不使用合金钢。

钢的种类繁多,为了便于生产、使用和研究,可以按照化学成分、冶金质量和用途对钢进行分类。

(1)按化学成分分类

按钢材的化学成分,可分为碳素钢和合金钢两大类。

碳素钢按含碳量多少,可分为低碳钢(C% ≤0.25%)、中碳钢(C% =0.25% ~0.60%)和高碳钢(C% >0.6%)三类。

合金钢按合金元素的含量,又可分为低合金钢(合金元素总量 <5%)、中合金钢(合金元素总量为 5% ~10%)和高合金钢(合金元素总量 >10%)三类。

合金钢按合金元素的种类,可分为锰钢、铬钢、硼钢、铬镍钢、硅锰钢等。

(2)按冶金质量分类

按钢中所含有害杂质硫、磷的多少,可分为普通钢(S% ≤0.055%、P% ≤0.045%),优质钢(S%、P% ≤0.040%)和高级优质钢(S% ≤0.030%、P% ≤0.035%)三类。

此外,按冶炼时脱氧程度,可将钢分为沸腾钢(脱氧不完全)、镇静钢(脱氧较完全)和半镇静钢三类。

(3)按用途分类

按钢的用途,可分为结构钢、工具钢、特殊钢三大类。

结构钢又分为工程构件用钢和机器零件用钢两部分。工程构件用钢包括建筑工程用钢、桥梁工程用钢、船舶工程用钢、车辆工程用钢。机器用钢包括调质钢、弹簧钢、滚动轴承钢、渗碳和渗氮钢、耐磨钢等。这类钢一般属于低、中碳钢和低、中合金钢。

工具钢分为刃具钢、量具钢、模具钢。主要用于制造各种刃具、模具和量具,这类钢一般属于高碳、高合金钢。

特殊性能钢分为不锈钢、耐热钢等。这类钢主要用于各种特殊要求的场合,如化学工业用的不锈耐酸钢、核电站用的耐热钢等。

(4)按金相组织分类

按钢退火态的金相组织,可分为亚共析钢、共析钢、过共析钢 3 种。

按钢正火态的金相组织可分为珠光体钢、贝氏体钢、马氏体钢、奥氏体钢 4 种。

在给钢的产品命名时,往往把成分、质量和用途几种分类方法结合起来,如碳素结构钢、优质碳素结构钢、碳素工具钢、高级优质碳素工具钢、合金结构钢、合金工具钢、高速工具钢等。

为了方便管理和使用,每一种合金钢都应该有一个简明的编号。世界各国钢的编号方法不一样。钢编号的原则主要有两条:

①根据编号可以大致看出该钢的成分。

②根据编号可大致看出该钢的用途。

我国的钢材编号是采用国际化学元素符号和汉语拼音字母并用的原则,即钢号中的化学元素采用国际化学元素符号表示,如 Si、Mn、Cr、W 等。其中,只有稀土元素,由于其含量不多,种类不少,不易一一分析出来,因此用"Re"表示其总含量。而产品名称、用途和浇铸方法等则采用汉语拼音字母表示。具体的编号方法如下:

(1)普通碳素结构钢

普通碳素结构钢的牌号以“Q＋数字＋字母＋字母”表示。其中，“Q”字是钢材的屈服强度“屈”字的汉语拼音首字母，紧跟后面的是屈服强度值，再其后分别是质量等级符号和脱氧方法。例如，Q235AF 即表示屈服强度值为 235MPa 的 A 级沸腾钢。

牌号中规定了 A、B、C、D 四种质量等级，A 级质量最差，D 级质量最好。

按脱氧制度，沸腾钢在钢号后加“F”，半镇静钢在钢号后加“b”，镇静钢则不加任何字母。

（2）优质碳素结构钢与合金结构钢

优质碳素结构钢与合金结构钢编号的方法是相同的，即以“两位数字＋元素＋数字＋…”的方法表示。钢号的前两位数字表示平均含碳量的万分之几，沸腾钢、半镇静钢以及专门用途的优质碳素结构钢应在钢号后特别标出。合金元素以化学元素符号表示，合金元素后面的数字则表示该元素的含量，一般以百分之几表示。凡合金元素的平均含量小于 1.5% 时，钢号中一般只标明元素符号而不标明其含量。如果平均含量分别≥1.5%、≥2.5%、≥3.5%、…时，则相应地在元素符号后面标以 2、3、4、…如为高级优质钢，则在其钢号后加“高”或“A”。钢中的 V、Ti、Al、B、Re 等合金元素，虽然它们的含量很低，但在钢中能起相当重要的作用，故仍应在钢号中标出，如 45 钢表示平均含碳量为 0.45% 的优质碳素结构钢；20CrMnTi 表示平均含碳量为 0.20%，主要合金元素 Cr、Mn 含量均低于 1.5%，并含有微量 Ti 的合金结构钢；60Si2Mn 表示平均含碳量为 0.60%，主要合金元素 Mn 含量低于 1.5%，Si 含量为 1.5%～2.5% 的合金结构钢。

（3）碳素工具钢

碳素工具钢的牌号以“T＋数字＋字母”表示。钢号前面的“碳”或“T”表示碳素工具钢，其后的数字表示含碳量的千分之几，如平均含碳量为 0.8% 的碳素工具钢，其钢号为“碳 8”或“T8”。

含锰量较高者，在钢号后标以“锰”或“Mn”，如“碳 8 锰”或“T8Mn”。若为高级优质碳素工具钢，则在其钢号后加“高”或“A”，如“碳 10 高”或“T10A”。

（4）合金工具钢与特殊性能钢

合金工具钢的牌号以“一位数字（或没有数字）＋元素＋数字＋…”表示。其编号方法与合金结构钢大体相同，区别在于含碳量的表示方法，当碳含量≥1.0% 时，则不予标出。如平均含碳量＜1.0% 时，则在钢号前以千分之几表示它的平均含碳量，如 9CrSi 钢表示平均含碳量为 0.90%，主要合金元素为铬、硅，含量都小于 1.5%。又如，Cr12MoV 钢表示含碳量为 1.45%～1.70%（大于 1.0%），主要合金元素为 11.5%～12.5% 的铬，0.40%～0.60% 的钼和 0.15%～0.30% 的钒。而对于含铬量低的钢，其含铬量以千分之几表示，并在数字前加“0”，以示区别，如平均 Cr＝0.6% 的低铬工具钢的钢号为“Cr06”。

在高速钢的钢号中，一般不标出含碳量，只标出合金元素含量平均值的百分之几，如“钨 18 铬 4 矾”（W18Cr4V，简称 18－4－1），“钨 6 钼 5 铬 4 矾 2”（W6Mo5Cr4V2，简称 6－5－4－2）等。

特殊性能钢的牌号和合金工具钢的表示相同，如不锈钢 2Cr13 表示含碳量为 0.20%，含铬量为 12.5%～13.5%，但也有少数例外。例如，耐热钢 20Cr3W3NbN 其编号方法和结构钢相同，但这种情况极少。

（5）专用钢

这类钢是指某些具有专门用途的钢种。它是以其用途名称的汉语拼音第一个字母表明该钢的类型，以数字表明其含碳量，化学元素符号表明钢中含有的合金元素，其后的数字表明合金元素的大致含量。

例如，滚珠轴承钢在编号前标以“G”字，其后为铬(Cr)+数字，数字表示铬含量平均值的千分之几，如“滚铬 15”(GCr15)。这里应注意牌号中铬元素后面的数字是表示含铬量为1.5%，其他元素仍按百分之几表示，如 GCr15SiMn 表示含铬为 1.5%，Si、Mn 含量均小于1.5%的滚动轴承钢。

又如，易切钢前标以“Y”字，Y40Mn 表示含碳量约 0.4%，含锰量小于 1.5%的易切钢；20G 表示含碳量为 0.20%的锅炉用钢；16MnR 表示含碳量为 1.6%，含锰量小于 1.5%的容器用钢。

3. 有色金属

与钢铁等黑色金属材料相比，有色金属具有许多优良的特性，是现代工业中不可缺少的材料，在国民经济中占有十分重要的地位。例如，铝、镁、钛等具有相对密度小、比强度高的特点，因而广泛应用于航空、航天、汽车、船舶等行业；银、铜、铝等具有优良导电性和导热性的材料，则广泛应用于电器工业和仪表工业；铀、钨、钼、镭、钍、铍等是原子能工业所必需的材料……随着航空、航天、航海、石油化工、汽车、能源、电子等新型工业的发展，有色金属及其合金的地位将会越来越重要。下面主要介绍工业上广泛使用的铝合金、铜合金和轴承合金等有色金属的性能特点，为合理选用材料打下基础。

(1)铝及其合金

纯铝是一种银白色的轻金属，其熔点为 660℃，其密度小(只有 $2.72g/cm^3$)，导电性好，仅次于银、铜和金，导热性好，比铁几乎大 3 倍。纯铝化学性质活泼，在大气中极易与氧作用，在表面形成一层牢固致密的氧化膜，从而阻止进一步氧化，使其在大气和淡水中具有良好的抗蚀性。纯铝在低温下，甚至在超低温下，都具有良好的塑性和韧性，在 -253 ~ 0℃ 其塑性和冲击韧性不降低。

纯铝具有一系列优良的工艺性能，如易于铸造，易于切削，也易于通过压力加工制成各种规格的半成品。因此，纯铝主要用于制造电缆电线的线芯和导电零件、耐蚀器皿和生活器皿以及配制铝合金和做铝合金的包覆层。由于纯铝的强度很低，其抗拉强度仅有 $90 \sim 120MPa/m^2$，所以一般不宜直接作为结构材料和制造机械零件。

纯铝按其纯度，可分为高纯铝、工业高纯铝和工业纯铝。纯铝的牌号用“铝”字汉语拼音字首“L”和其后面的编号表示。

根据铝合金的成分、组织和工艺特点，可以将其分为铸造铝合金与变形铝合金两大类。变形铝合金是将铝合金铸锭通过压力加工(轧制、挤压、模锻等)制成半成品或模锻件，所以要求合金具有良好的塑性变形能力；铸造铝合金则是将熔融的合金直接浇铸成形状复杂的甚至是薄壁的成型件，所以要求合金具有良好的铸造流动性。

铸造铝合金按加入的主要合金元素的不同，分为 Al-Si 系、Al-Cu 系、Al-Mg 系和 Al-Zn 系 4 种合金。合金牌号用“铸铝”二字汉语拼音字首“ZL”后跟 3 位数字表示。第一位数表示合金系列：1 为 Al-Si 系合金，2 为 Al-Cu 系合金，3 为 Al-Mg 系合金，4 为 Al-Zn 系合金。第二、三位数表示合金的顺序号，如 ZL201 表示 1 号铝铜系铸造铝合金，ZL107 表示 7 号铝硅系铸造铝合金。

变形铝合金按照性能特点和用途，可分为防锈铝、硬铝、超硬铝和锻铝 4 种。防锈铝属于不能热处理强化的铝合金，硬铝、超硬铝、锻铝属于可热处理强化的铝合金。防锈铝用“LF”和跟在后面的顺序号表示，“LF”是“铝防”二字的汉语拼音字首。硬铝、超硬铝、锻铝分别用“LY”(铝硬)、“LC”(铝超)、“LD”(铝锻)和后面的顺序号来表示，如“LF5”表示 5 号防锈铝，LY11 表示 11 号硬铝，LC4 表示 4 号超硬铝，LD8 表示 8 号锻铝，其余类推。

(2)铜及其合金

铜及铜合金具有以下性能特点：

①有优异的物理化学性能。纯铜导电性、导热性极佳，许多铜合金的导电、导热性也很好；铜及铜合金对大气和水的抗腐蚀能力也很高；铜是抗磁性物质。

②有良好的加工性能。铜及某些铜合金塑性很好，容易冷、热成型；铸造铜合金有很好的铸造性能。

③有某些特殊的机械性能。如优良的减摩性和耐磨性（如青铜及部分黄铜）、高的弹性极限及疲劳极限（铍青铜等）。

④色泽美观。

由于具有以上优良性能，铜及铜合金在电气工业、仪表工业、造船工业及机械制造工业部门中获得了广泛的应用。但铜的储藏量较小，价格较贵，属于应节约使用的材料之一，只有在特殊需要的情况下，如要求有特殊的磁性、耐蚀性、加工性能、机械性能以及特殊的外观等条件下，才考虑使用。

纯铜是玫瑰红色金属，表面形成氧化铜膜后，外观呈紫红色，故常称为紫铜。纯铜主要用于制作电工导体以及配制各种铜合金。根据杂质的含量，工业纯铜可分为4种：T1、T2、T3、T4。“T”为铜的汉语拼音字头，其编号越大，代表纯度越低。

铜锌合金或以锌为主要合金元素的铜合金称为黄铜。黄铜具有良好的塑性和耐腐蚀性、良好的变形加工性能和铸造性能，在工业中有很强的应用价值。黄铜可分为普通黄铜和特殊黄铜两类。

普通黄铜分为单相黄铜和双相黄铜两种类型，从变形特征来看，单相黄铜适宜于冷加工，而双相黄铜只能热加工。常用的单相黄铜牌号有H80、H70、H68等，“H”为黄铜的汉语拼音字首，数字表示平均含铜量。

特殊黄铜的编号方法是：H＋主加元素符号＋铜含量＋主加元素含量。特殊黄铜可分为压力加工黄铜（以黄铜加工产品供应）和铸造黄铜两类。其中，铸造黄铜在编号前加“Z”。例如，HPb60-1表示平均成分为60% Cu，1% Pb，其余为Zn的铅黄铜；ZCuZn31Al2表示平均成分为31% Zn，2% Al，其余为Cu的铝黄铜。

青铜原指铜锡合金，但工业上习惯把铜基合金中不含锡而含有铝、镍、锰、硅、铍、铅等特殊元素组成的合金也叫青铜，所以青铜实际上包含锡青铜、铝青铜、铍青铜和硅青铜等。青铜也可分为压力加工青铜（以青铜加工产品供应）和铸造青铜两类。青铜的编号规则是：Q＋主加元素符号＋主加元素含量（＋其他元素含量），“Q”表示青的汉语拼音字头。如QSn4-3表示成分为4% Sn，3% Zn，其余为铜的锡青铜。铸造青铜的编号前加“Z”。

(3)滑动轴承合金

滑动轴承合金是指用于制造滑动轴承轴瓦及内衬的材料。常用的轴承合金按主要化学成分可分为锡基、铅基、铝基和铜基等。前两种称为巴氏合金，其编号方法为：ZCh＋基本元素符号＋主加元素符号＋主加元素含量＋辅加元素含量。其中，“Z”、“Ch”分别是“铸”造轴“承”的汉语拼音字首。例如，ZChSnSb11-6表示含11.0% Sb、6% Cu的锡基轴承合金。

模块三 常用燃油、润滑油(脂)、液压油、冷却液的基本知识

1. 燃油

目前，发动机使用的燃料有汽油和柴油两种。它们都是石油中蒸馏出来的碳氢化合物。

(1)汽油

汽油按辛烷值分为90号、93号、97号等牌号。汽油的选用应根据发动机压缩比的而定。压缩比低，应选用低牌号的汽油，压缩比高，则选用高牌号的汽油。汽油的性能主有挥发性(有利于低温启动，但也容易在夏季高温天气下在管路中产生气阻)和抗爆性(自燃温度，可用辛烷值评价)。

(2)柴油

汽车及工程机械使用的都是高速柴油机。柴油按质量分为优级品、一级品和合格品3个等级，每个等级的柴油按其凝点又可分为10号、0号、-10号、-20号、-35号、-50号6种牌号。10号柴油表示其凝点不高于10℃，依此类推。柴油的主性能为发火性(与汽油相比，柴油必须容易发火燃烧，其评价指标为：十六烷值，其值越高，发火性越好，一般为50~55)和耐寒性(低温下柴油中会析出石蜡，阻塞油路，故冬季要在柴油中加入添加剂防止石蜡析出)。

我国现行的柴油标准是以柴油的凝点作为划分柴油牌号的依据的。由于柴油的冷凝点最接近柴油的实际使用温度，因此，应根据当地的气温条件，选择具有相应冷凝点的柴油。如果选用冷凝点低于当地最低气温的柴油，就能保证柴油的正常使用。

2. 机油、齿轮油和润滑脂

对发动机机油的要求是凝点低，较大温度范围润滑性好，形成承载能力高、不易破坏的油膜，耐老化，无沉积物。其主要类型为矿物油、合成油。机油中添加剂的作用是：降低温度对性能的影响，降低凝点，改善润滑油膜的强度，抑制泡沫生成，延缓机油的老化过程，减少杂质沉积及对机件的腐蚀。

机油主要有如下两种分类方法：

(1)SAE级

根据机油的黏度划分，此标准只表明了机油的使用温度范围，不表明其润滑性能，如适合于冬季使用的10W、15W、20W和适合于夏季的20、30、40、50，还有多级的15W-40的环境温度，见表2-1-12。

不同牌号机油的使用温度 表2-1-12

黏度牌号	使用环境温度 T(℃)	黏度牌号	使用环境温度 T(℃)
40	0~40	10W/30	-25~30
30	-5~30	5W/30	-30~30
15W/40	-20~40	5W/20	-40~20

(2)API分类

发动机润滑油分汽油机润滑油和柴油机润滑油两种。汽油机润滑油和柴油机润滑油使用性能的侧重点润滑及添加剂配方不同，应区别使用。按机油的质量分类，汽机油分为SC、SD、SE、SF四个等级，柴机油分为CC、CD、CE、CF四个等级。

适时更换润滑油是发动机可靠润滑的保证。润滑油在使用过程中，由于污染、氧化等原因，质量会逐渐下降，同时也会有一些消耗，使数量减少，不断向润滑系中添加一些新油，只能弥补数量上的不足，而不能完全补偿润滑油性能的损失。随着时间的延长，润滑油的性能会变得越来越差，以致给发动机带来不良影响。例如，使发动机内沉积物急剧增多，动力性能下降，零件早期磨损，最终导致功能故障的产生。为了确保发动机长期正常运行，降低磨损，必须按规定及时更换润滑油。

3. 齿轮油

(1)要求

具有良好的油性(黏附性)和极压抗磨性(在齿面接触压力极高及滑动速度高的条件下能形成坚固油膜的能力),这些都取决于所加入的添加剂。

(2)分类

我国车辆齿轮油根据组成特性和作用要求分为CLC普通车辆齿轮油、CLD中负荷车辆齿轮油、CLE重负荷车轮齿轮油三个品种,分别相当于API分类的GL-3、GL-4、GL-5。其中,CLC用于手动变速器、螺旋伞齿轮的驱动桥。CLD用于手动变速器、螺旋伞齿轮使用条件不太苛刻的准双曲面齿轮的驱动桥。CLE用于使用条件苛刻的准双曲面齿轮及其他条件齿轮的驱动桥。

车辆齿轮油按100℃运动黏度和表观黏度为150 000mPa·s时最高使用温度规定,分为75W、75W /90、80W/90、85W/90、90、85W/140和140七个黏度等级(牌号)。

(3)选用

车辆齿轮油的选用原则主要根据驱动桥类型、工况条件、负荷及速度等确定油品使用的质量等级,根据最低环境使用温度和传动装置最高操作温度来确定油品黏度等级。

一般情况下,螺旋伞齿轮驱动选用GL-3;中等速度和负荷的单级准双曲面齿轮,齿面平均接触应力在1 500MPa以下,选用GL-4或GL-5车辆齿轮油;高速重载双曲线齿轮、齿面接触应力高达2 000 ~4 000MPa,滑动速度为10m/s,必须选用GL-5车辆齿轮油。

原则上,在气温低、负荷小的条件下,可选用黏度较小的车辆齿轮油;在气温较高、负荷较重的条件下,可选用黏度较大的油品。在环境温度不低于0℃的地区,可选90,85W/140;在环境温度不低于-20℃的地区,可选用85W/90,85W/140;在环境温度不低于-35℃的地区,须选用80W/90;环境温度达到-45℃的地区,须选用75W。

4. 润滑脂

(1)润滑脂

由润滑油、稠化剂和添加剂组合而成。

(2)工作条件

摩擦部位难以密封,低速、重负荷、冲击力较大。

(3)分类与选用

①钙基质润滑脂。使用温度为70 ~80℃。

②锂基质润滑脂(工作温度、速度、环境潮湿或水分)。使用温度超过100℃。

5. 制动液和液压油

(1)制动液

①工作要求。流动性好、高沸点(不产生气阻)、安定性好(寿命长)、不腐蚀橡胶制品。

②种类。醇型(植物油+酒精)、合成型(719、746)、矿物油型(有溶胀橡胶的作用)。

③选用。不能混用,不能混入水、防火、按规定添加或更换。

(2)液压油

①要求。抗乳化性和泡沫性清洁好和黏温性、润滑、抗氧化性好。

②分类与牌号。分为机械油、汽轮机油、普通液压油和专用液压油(抗磨、低凝等)。牌号如L-HM-22(类别—品种—黏度等级)

③液压油选用。施工机械使用的液压油多为L-HM-46抗磨液压油,选用液压油应根据机械制造厂家的机械使用说明书规定牌号选用,两种类型的液压油不能混加。

课题六　压路机基本组成及工作原理

模块一　柴油发动机的构造及工作原理

1. 柴油机的总体构造

柴油机主要包括两大机构和四个系统。

(1)两大机构

①曲柄连杆机构。把活塞在汽缸中的往复运动变为曲轴的旋转运动,以实现工作循环并输出动力,主要包括汽缸体、汽缸套、汽缸盖和油底壳。

②配气机构。其主要作用是定时地排除废气和吸进新鲜充量空气,正确完成各行程的工作。

(2)四个系统

①燃油供给系。柴油机燃油供给系统主要包括喷油器、喷油泵和调速器、输油泵、燃油滤清器及油箱等。它的作用是定时、定量地向燃烧室喷射柴油,同时根据工况自动调节供油量。

②润滑系。主要由机油泵、机油滤清器、油压表及有关油道组成。其作用是将机油送到各运动件的摩擦表面,以减少运动件的磨损与摩擦阻力,并具有冷却、密封、清洗及防锈等作用。

③冷却系。包括水泵、风扇、水散热器、机油散热器、调温器等。其作用是将受热零件的热量散发到大气中,以保持适宜的工作温度。

④起动系。其功用是借助于电力将静止的柴油机正常运转起来。

2. 柴油机的一般结构和基本术语

(1)柴油机的一般结构

柴油机的一般结构如图 2-1-93 所示。

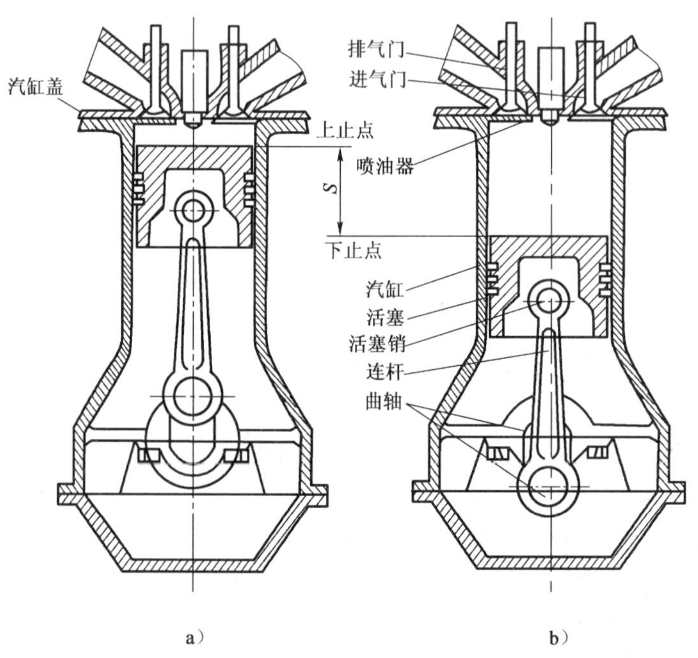

图 2-1-93　柴油机的结构

（2）常用的名词术语及定义

上止点：活塞在汽缸中运动，当活塞离曲轴中心最远时，活塞顶所处的位置。

下止点：活塞在汽缸中运动，当活塞离曲轴中心最近时，活塞顶所处的位置。

活塞行程：活塞从一个止点到另一个止点所经过的距离，用“S”表示。曲轴每转半圈（180°），活塞运动一个行程。

冲程：活塞从一个止点运动到另一个止点的动作或过程。

燃烧室容积：活塞处于上止点时，活塞顶与汽缸盖之间的空间容积，用“V_c”表示。

汽缸工作容积：活塞从一个止点移动到另一个止点时，所扫过的空间容积，用“V_h”表示。

汽缸总容积：活塞处于下止点时，活塞顶与汽缸盖之间的空间容积，用“V_a”表示。它等于燃烧室容积 V_c 与汽缸工作容积 V_h 之和。即 $V_a = V_c + V_h$。

压缩比：汽缸总容积 V_a 与燃烧室容积 V_c 之比值，用字母“ε”表示。

$$\varepsilon = V_a/V_c = (V_c + V_h)/V_c = 1 + V_h/V_c$$

压缩比表示活塞从下止点移动到上止点时，气体在汽缸内被子压缩的程度。各种类型的柴油机对压缩比的要求不同，一般柴油机的压缩比 $\varepsilon = 16 \sim 24$。

发动机总排量：多缸柴油机所有汽缸工作容积 V_h 之和。

3. 四冲程柴油机的工作过程

四冲程柴油机共有四个工作行程，即进行冲程、压缩冲程、做功冲程和排气冲程。

通过如图 2-1-94 所示的示功图可以知道汽缸内气体压力随容积变化的情况。

图中横坐标表示汽缸容积，纵坐标表示汽缸中气体的绝对压力，水平虚线表示绝对压力为一个大气压（98.1×10^3Pa）。V_c 和 V_h 分别表示燃烧室容积和汽缸工作容积。

（1）进气冲程[图 2-1-95a)]（图 2-1-94 中，$r—a$）

曲轴旋转带动活塞由上止点向下止点移动，这时排气门关闭，进气门打开。

进气行程开始时，活塞位于上止点（图 2-1-94，r 点），汽缸内残留有上一循环未排净的废气，因此汽缸内的压力稍高于大气压力。随着活塞的下移，汽缸内部容积增大，压力减小。当压力低于大气压力时，新鲜空气被吸入汽缸，直至活塞移至下止点。

进气终了时，汽缸内大气压力为（$78.5 \sim 93.2$）$\times 10^3$Pa（0.8～0.9 个大气压）。示功图上 $r—a$ 线表示进气过程汽缸内气体压力随容积变化的情况。

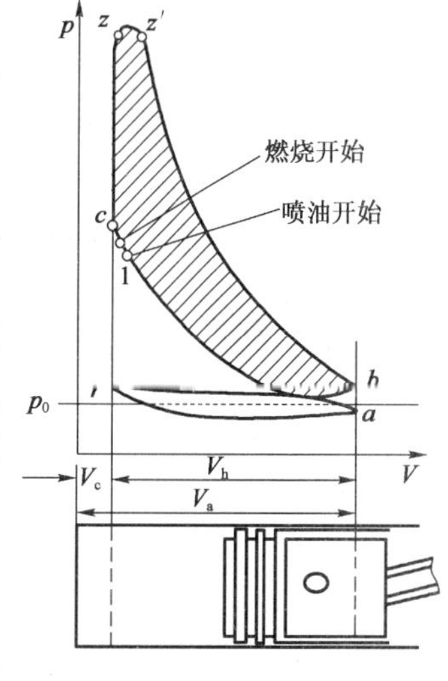

图 2-1-94　四冲程柴油机示功图

实际上柴油机的进气门都是在活塞到达上止点之前即打开，并且延迟到下止点以后才关闭，以便吸进更多的新鲜空气（进气角提前开启和延迟关闭的角度称为进气门的提前开启角和延迟关闭角。）

（2）压缩冲程[图 2-1-95b)]（图 2-1-94 中，$a—z'$）

曲轴继续旋转，活塞由下止点向上止点移动，这时进、排气门都关闭。汽缸内的气体被压缩，随着活塞的上行，气体的压力和温度不断升高。至压缩行程终了时，气体的压力达到（2 940～4 900）$\times 10^3$Pa（30～50 个大气压），温度达到 750～1 000K（477～727℃）。示功图上 $a—c$ 表示压缩行程中汽缸内气体压力随容积变化的关系。

为了充分利用燃料燃烧的热能，要求燃烧过程在活塞到达上止点后一定角度（8° ~ 10°）的位置完成，使气体充分膨胀做功。由于柴油喷入汽缸后要经过着火准备阶段，因此实际柴油机都在压缩行程结束前（10° ~ 35°）喷油。

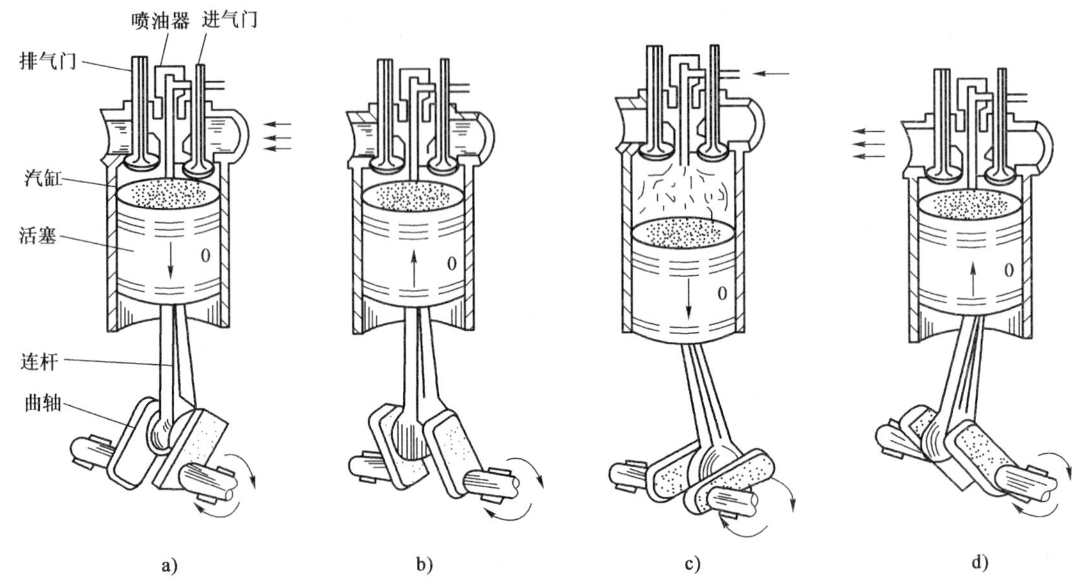

图 2-1-95　四冲程柴油机的工作过程

a）进气行程；b）压缩行程；c）做功行程；d）排气行程

（3）做功行程［图 2-1-95c）］（图 2-1-94 中，z'—b）

这时进、排气门都关闭。由于燃料燃烧放出大量的热能，使汽缸内气体压力急剧升高，最高压力达（5 900 ~ 8 800）$\times 10^3$ Pa（60 ~ 90 个大气压），温度达到 1 800 ~ 2 200K（1 527 ~ 1 927℃）。高温高压的气体迅速膨胀，推动活塞从上止点向下止点移动做功，并通过连杆使曲轴做旋转运动。

做功终了时，气体压力下降到（290 ~ 580）$\times 10^3$ Pa（3 ~ 6 个大气压），温度为 1 000 ~ 1 200K（727 ~ 927℃）。

示功图中 c—z'—z—b 线表示做功行程中汽缸内气体压力与容积的变化关系。曲线 c—z' 段表示燃料急剧燃烧，气体压力升高的程度。z 点表示最大爆发压力。

（4）排气行程（图 2-1-95d））（图 2-1-94 中，b—r）

曲轴继续旋转，活塞从下止点向上止点移动，此时进气门关闭，排气门打开。因为废气压力高于大气压力，且在活塞推动下，使废气经排气门排出。

排气行程终了时，汽缸内气体压力为（103 ~ 123）$\times 10^3$ Pa（1.05 ~ 1.25 个大气压），温度为 700 ~ 800K（427 ~ 527℃）。

实际柴油机的排气门都是在做功行程未结束，活塞到达下止点前即打开，在进气行程已经开始，活塞自上止点下行之后才关闭，使废气排除更彻底。其对应的提前开启角度及延迟关闭角度分别称为排气门提前开启角和延迟关闭角。

曲轴继续旋转，活塞从上止点向下止点移动，开始下一循环的进气行程。柴油机每完成进气、压缩、做功、排气四个冲程称为一个工作循环。

四冲程柴油机每完成一个工作循环，活塞往复 4 次，曲轴旋转两周，共 720°。

在柴油机四个冲程中，只有做功行程是由于燃料燃烧推动活塞下行，从而带动曲轴旋转向外输出功率做功;进气、压缩、排气三个行程则依靠做功行程中储存在飞轮中的转动惯量,依靠飞轮旋转的惯性带动活塞上下往复运动,从而消耗发动机的功率。

4. 柴油发动机型号编制规则

柴油机型号由表示以下四项内容的符号所组成:

(1)汽缸数

用阿拉伯数字表示。

(2)机型系列

用阿拉伯数字表示的汽缸直径(mm)和用汉语拼音文字的首位字母表示的完成一个工作循环的行程数。

(3)变型符号

表示该机型经过改型后,在结构和性能上有所改变。用数字表示改型顺序,与前面的符号用短横隔开。

(4)用途结构特点

必要时,在短横前可增加机器特征符号,表示柴油发动机的主要用途和不同结构特点,如图 2-1-96 所示。

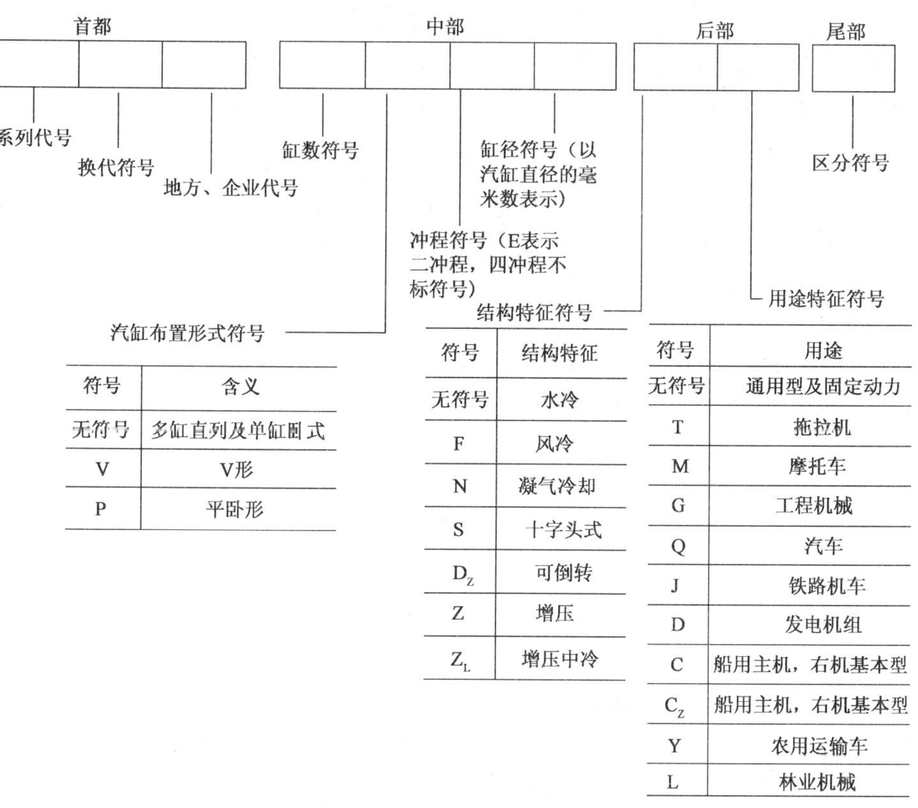

符号	含义
无符号	多缸直列及单缸卧式
V	V形
P	平卧形

符号	结构特征
无符号	水冷
F	风冷
N	凝气冷却
S	十字头式
D_Z	可倒转
Z	增压
Z_L	增压中冷

符号	用途
无符号	通用型及固定动力
T	拖拉机
M	摩托车
G	工程机械
Q	汽车
J	铁路机车
D	发电机组
C	船用主机，右机基本型
C_Z	船用主机，右机基本型
Y	农用运输车
L	林业机械

图 2-1-96 柴油机型号编制规则

图 2-1-97 为道依茨发动机型号。

柴油机编制型号举例:

①6120Q 柴油机——表示六缸、直列式、四行程、缸径 120mm、水冷、车用。

②12V135ZG 柴油机——表示十二缸、V 形排列、四行程、缸径 135mm、增压式、工程机

械用。

③4120F 柴油机——表示四缸、直列式、四行程、缸径 120mm、风冷、通用。

④YC6105QA1 柴油机——表示广西玉林柴油机厂生产、六缸、A1 配套车型、四行程、直列式、缸径 105mm、水冷、通用、第一种变型产品。

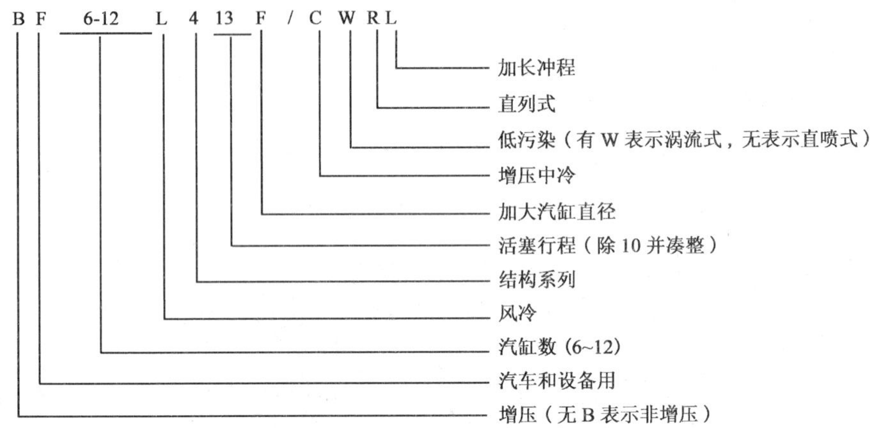

图 2-1-97　道依茨发动机型号

5. 曲柄连杆机构

曲柄连杆机构是柴油机的主要机构,其作用是将发动机中燃料燃烧产生的热能转变为机械能。

曲柄连杆机构的主要零件可分为三组:机体组、活塞连杆组、曲轴飞轮组。其中,机体组主要由汽缸体、汽缸盖、汽缸套、汽缸垫和上、下曲轴箱等组成;活塞连杆组由活塞、活塞环、活塞销和连杆等组成;曲轴飞轮组由曲轴和飞轮等组成。

由柴油机工作原理可知,曲柄连杆机构工作条件的特点是高温、高压、高速和化学腐蚀。

(1)机体组

①机体与下曲轴箱。机体是汽缸体、曲轴箱、机座、主轴承盖及飞轮壳等固定零件的总称,如图 2-1-98 所示。它是一个刚性构件,作为安装其他零部件的支承骨架。

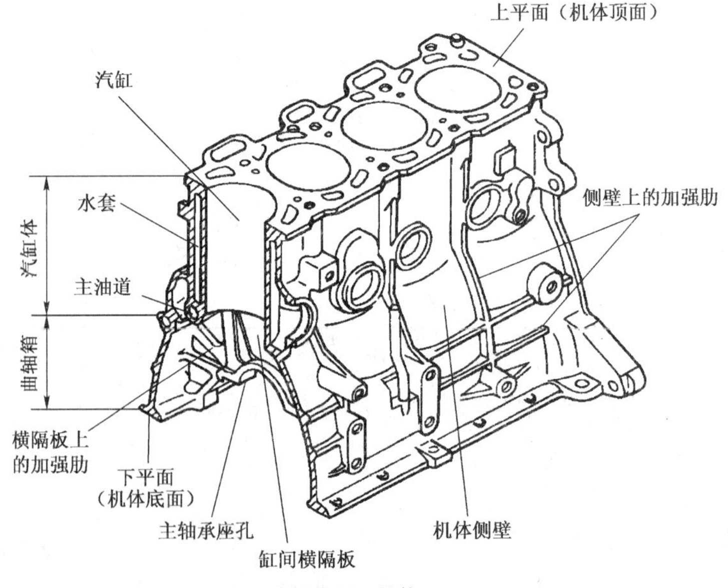

图 2-1-98　机体

机体受燃烧气体的压力、往复运动惯性力、旋转动动惯性力、螺栓预紧力等力的作用，受力复杂。对机体要求有足够的刚度和强度，以保证各主要运动件之间的正确安装位置。

机体主要有无裙式、龙门式、隧道式三种（图2-1-99）。

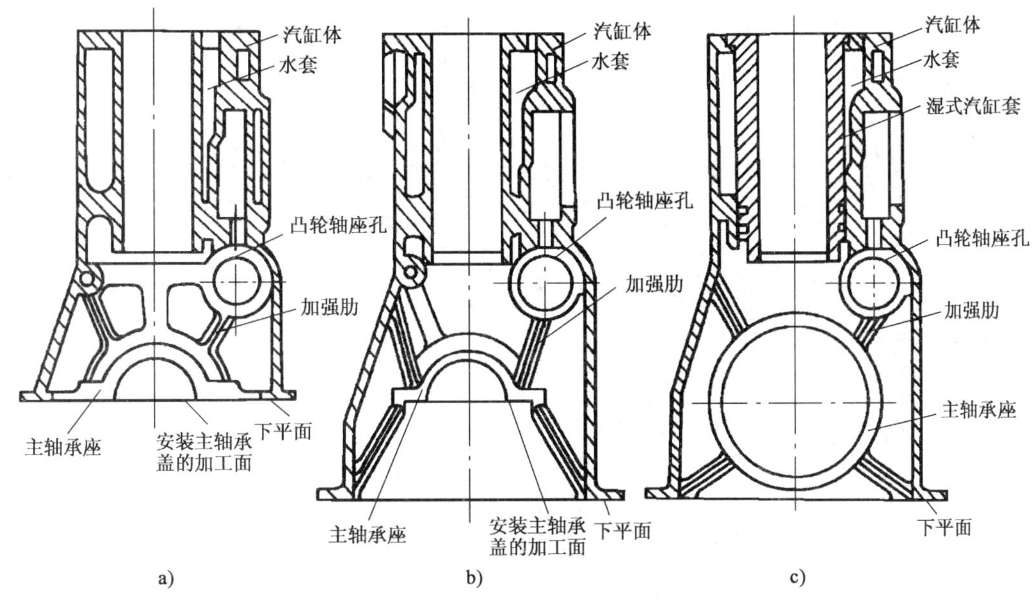

图2-1-99 机体的形式

a）无裙式；b）龙门式；c）隧道式

②汽缸与汽缸套（图2-1-100）。汽缸是燃烧室的组成部分，活塞在其间作往复运动。它的表面在工作时与高温高压的燃气以及温度较低的新鲜空气交替接触，使汽缸内部产生很大的机械应力和热应力。侧压力的作用和摩擦表面的高速运动，使汽缸壁容易磨损。

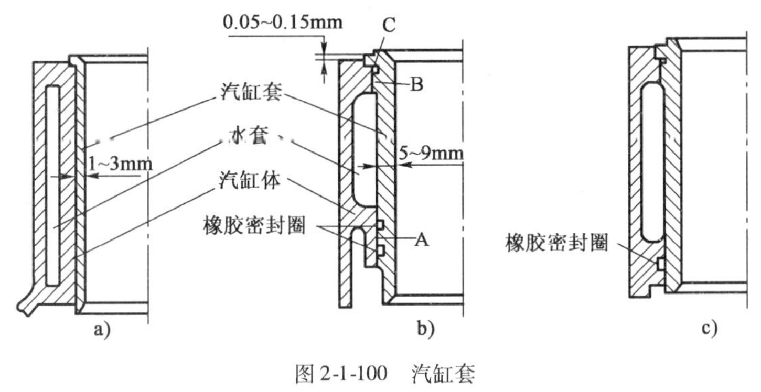

图2-1-100 汽缸套

水冷式柴油机的汽缸套分为干式、湿式两种。

a. 湿式汽缸套。外壁直接与冷却水接触，具有散热好、冷却均匀、加工容易、拆装方便等优点。

b. 干式汽缸套。汽缸套外壁不直接与冷却水接触，冷却水在机体密封空间内流动，不需要特殊的密封装置，具有不漏水、机体刚度强度好、结构紧凑等优点。但对汽缸套外壁必须精加工，以保证与缸体镗孔的良好配合，同时制造较难，散热性能较差，拆装要求较高。

③汽缸盖与汽缸垫。

a. 汽缸盖。汽缸盖用来密封汽缸，构成燃烧室。与高温高压燃气相接触，因此承受很大的热负荷与机械负荷。汽缸盖上装有喷油器、进排气道和进排气管。有的柴油机还装有预燃室和涡流室、冷却水腔和通道。汽缸盖结构形状复杂,温度分布很不均匀。要求汽缸盖具有足够的强度和刚度,冷却可靠,进排气道的流通阻力小,如图 2-1-101 所示。

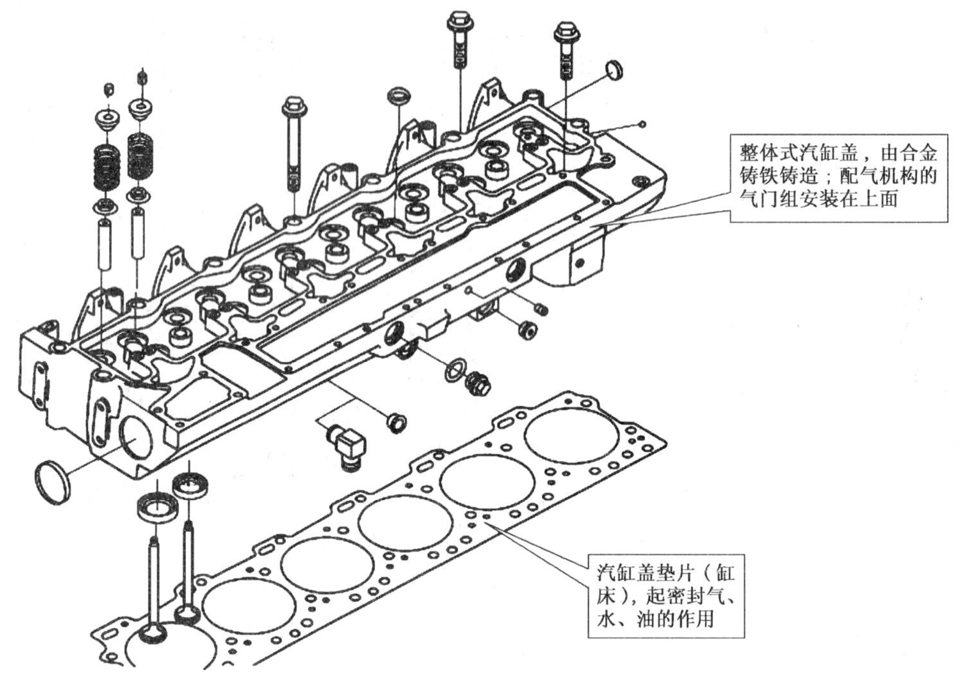

图 2-1-101　康明斯整体式汽缸盖

b. 汽缸垫。在汽缸盖与汽缸体之间装有汽缸垫,其作用是保证汽缸盖与汽缸体接触面的密封,防止燃气泄漏。汽缸垫在汽缸盖的压紧力作用下产生塑性变形,以此来补偿接合面的平面度,堵塞气体、液体泄漏的通路,如图 2-1-102 所示。

(2)活塞连杆组

活塞连杆组是曲柄连杆机构的三大组件之一,主要包括活塞、连杆、活塞销、活塞环等。其结构如图 2-1-103 所示。

①活塞。其作用是与汽缸盖、汽缸壁等零件共同构成燃烧室,承受汽缸内气体压力,并将此力经活塞销传给连杆。

活塞一般由铝合金制成,由顶部、头部、裙部、销座等 4 部分组成。其中,顶部用来构成燃烧室,并承受气体压力;头部用来安装活塞环;裙部用来引导活塞往复运动;销座用来安装活塞销。活塞与连杆通过活塞销连接。

图 2-1-104 所示为活塞顶面形状。

②活塞环。活塞环分为气环和油环两种。

气环是保证活塞与汽缸壁间的密封,并将活塞顶部的热量传给汽缸壁内冷却液或空气散热。油环是用来刮除汽缸壁上多余的润滑油,并使润滑油均匀分布在汽缸壁上,以改善汽缸与活塞的润滑条件,如图 2-1-105 所示。

③活塞销。活塞销为一钢制圆柱体,用来连接活塞与连杆小头,将活塞承受的气体压力传给连杆。在柴油机工作时,活塞销在连杆小头衬套内和活塞销座孔中做相对转动,为了防止销的轴向窜动刮伤汽缸壁,在活塞销座两端用卡环嵌在销座凹槽中进行轴向定位。

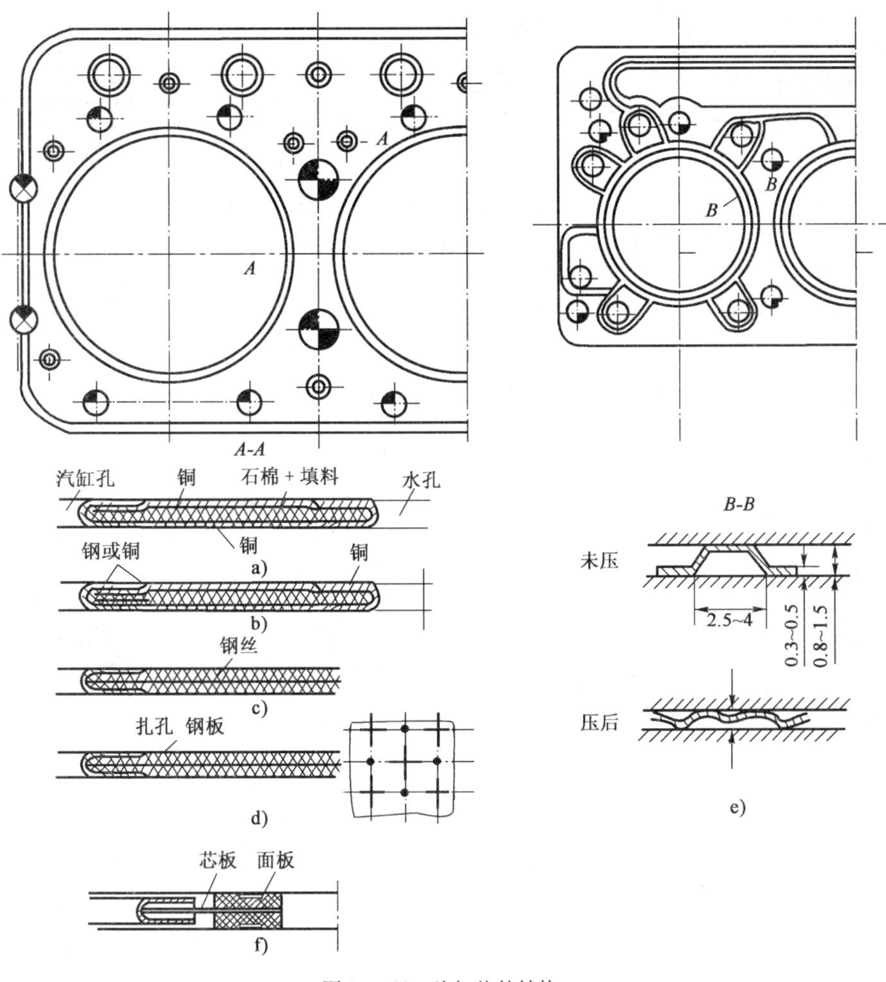

图 2-1-102 汽缸垫的结构

a)、b)、c)、d)金属-石棉板;e)冲压钢板;f)无石棉汽缸垫

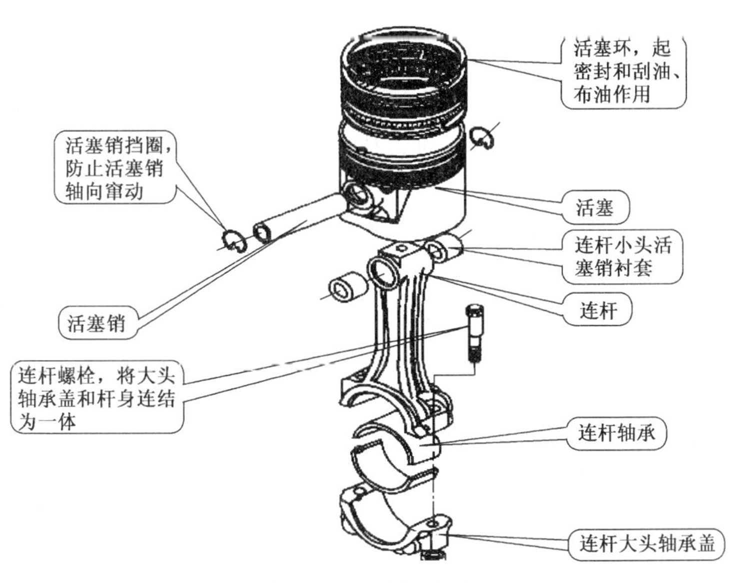

图 2-1-103 活塞连杆组

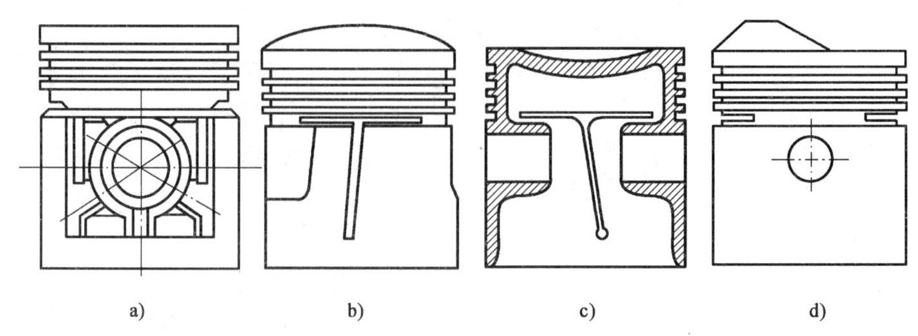

图 2-1-104 活塞顶面形状

a)平顶;b)凸顶;c)凹顶;d)成形顶

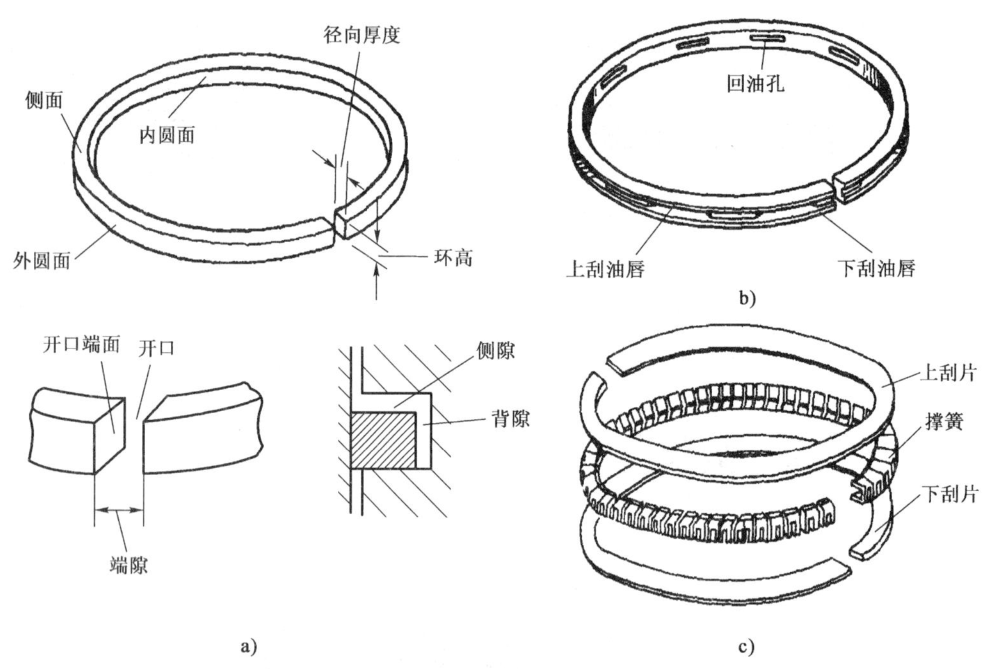

图 2-1-105 活塞环

a)气环;b)槽孔式油环;c)钢带组合油环

活塞销与座孔的配合,在常温下有一定的过盈,所以安装时活塞必须加热,趁热将表面擦净,用涂有机油的冷活塞销迅速穿入,并放入连杆小头,再装入卡环定位。

④连杆。连杆用来连接活塞和曲轴,并将活塞的往复运动转变为曲轴的旋转运动。

连杆由杆身、小头、大头三部分组成,如图 2-1-106 所示。

(3)曲轴飞轮组

其作用是将连杆传来的气体作用力转为扭矩,从而输出动力、储存能量,以克服非做功行程的阻力,使柴油机旋转平稳。

①曲轴。135 系列柴油机的曲轴是由耐磨铸铁制成,并为组合式结构,如图 2-1-107 所示。

a. 皮带盘。基本型柴油机共有三种不同结构形式的皮带盘,供拖动发电机及其他附件用。2135G 型柴油机的皮带盘带平衡块,除 6135G-1 型柴油机的皮带盘内孔也为圆锥面以外,其余直列机械型皮带盘的内孔均为圆柱面;而 V 形柴油机的皮带盘内孔均为圆锥面。需拆下皮带

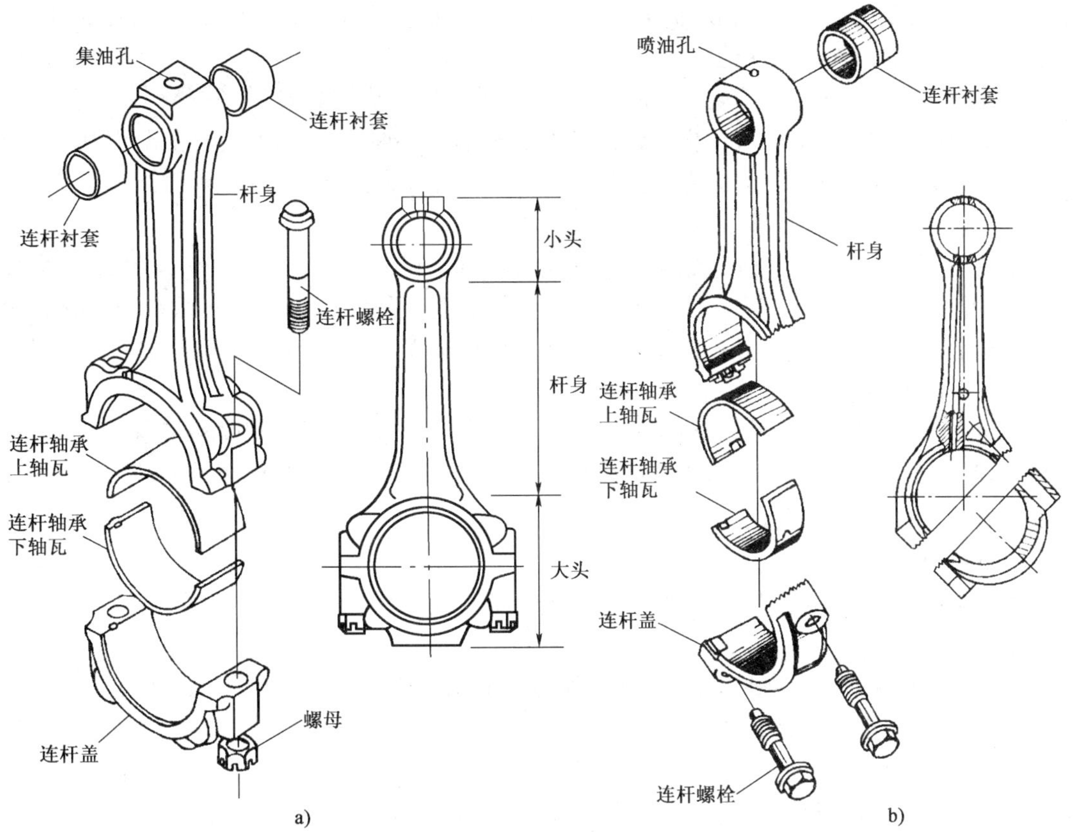

图 2-1-106　连杆

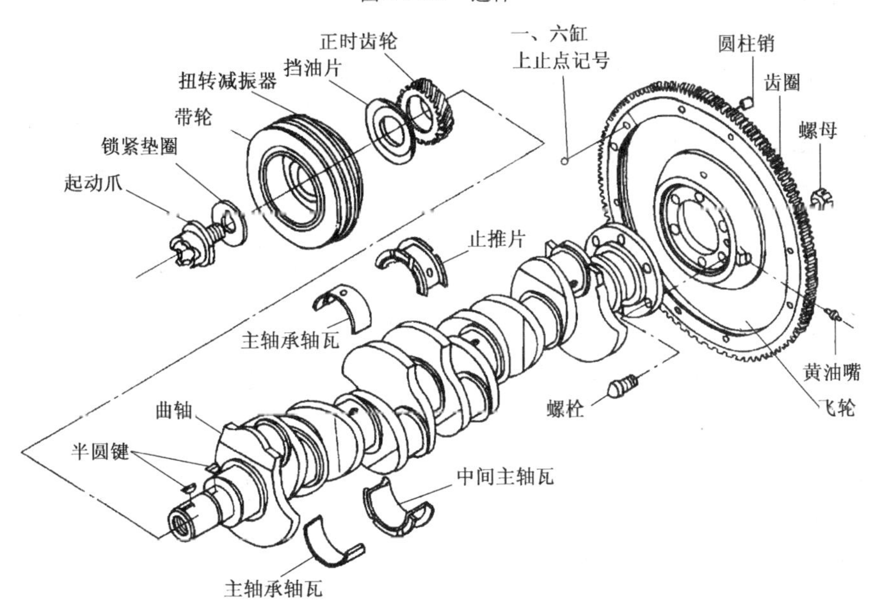

图 2-1-107　曲轴飞轮组

盘时，应利用拉模拉出，不可用撬棒硬撬，以免拉伤皮带盘。

b. 前轴。基本型柴油机有两种结构：一种是与皮带盘圆柱面配合键连接，用于 4、6 缸直列基本型柴油机；另一种是与皮带盘圆锥面配合，用于 12 缸 V 形柴油机及 6135G-1 型柴油机。

c. 曲拐。当柴油机检修需拆卸曲轴时，可以利用曲拐上的两个 M12 螺孔，拧入螺钉顶开相邻曲拐，并用专用工具把主轴承拆下。拆卸时每只曲拐上应作出顺序标记，以便重装时按原来位置装配，保证曲轴动平衡精度。

d. 输出法兰。输出法兰有两种，主要结构尺寸的区别是法兰的轴向长度不同。

②主轴承。主轴承采用单列向心短圆柱滚柱轴承。主轴承应尽量避免拆卸，否则易影响主轴承外圈与机体之间的配合公差，造成主轴承外圈周向游转。必须要更换主轴承时，应用专用工具拆装，特别注意不要漏装卡环。

主轴承内圈与曲轴主轴颈是过盈配合，若发现主轴承内圈有周向游转，则应及时进行维修或更换。

③飞轮。飞轮是一个具有很大转动惯量的铸铁圆盘，用螺钉紧固在曲轴后端的凸盘上，用来储存能量，克服阻力，使曲轴旋转均匀。飞轮与曲轴装配后要进行动平衡试验，以防止由于质量不平衡而引起柴油机的振动，并加速主轴承的磨损。

飞轮外圆有记号，如6135型柴油机飞轮上刻有定时零度线，与飞轮壳检视窗上的指针对准时，即可找准第一、六缸在上止点时的位置，以便进行配气机构和喷油泵的调整。飞轮外圈还装有启动齿圈，供启动时用。

6. 配气机构

配气机构的功用是按照柴油机每一汽缸内所进行的工作循环和做功顺序要求，定时开启和关闭各汽缸的进、排气门。

新鲜空气被吸进汽缸越多，柴油机发出的功率越大。新鲜空气充满汽缸的程度，用充气效率 η_v 来表示。所谓充气效率就是在进气行程中，实际进入汽缸内的新鲜空气的质量与标准状态下充满汽缸工作容积的新鲜空气的质量之比。充气效率越高，进入汽缸内的新鲜空气的质量越多，可燃混合气燃烧时可能放出的热量越大，柴油机发出的功率也越大。

(1)配气机构的组成及结构原理

气门式配气机构由气门组和气门传动组组成。

①按气门的布置形式，分为气门顶置式和气门侧置式。

②按凸轮轴的布置位置，分为凸轮轴下置式、凸轮轴中置式和凸轮轴上置式。

③按曲轴和凸轮轴的传动方式，可分为齿轮传动式和链条传动式。

6135型及6120型柴油机的配气机构为顶置气门—凸轮式配气机构，如图2-1-108所示。

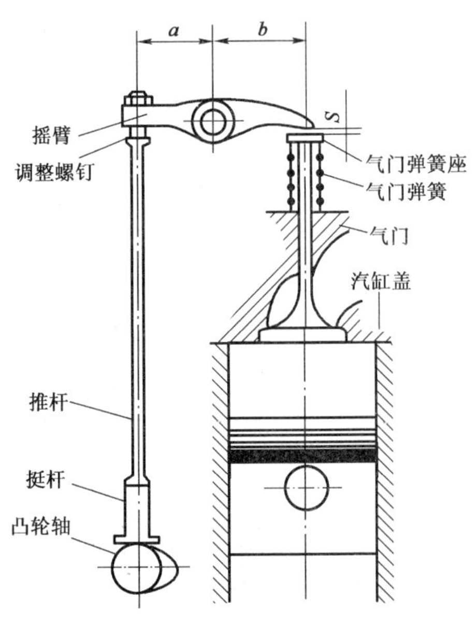

图2-1-108　顶置气门式配气机构

其进、排气门均布置在汽缸盖上。气门组由气门、气门导管、气门弹簧、弹簧座和锁片等组成。气门传动组由摇臂轴、摇臂、推杆、挺杆(柱)、凸轮轴和正时齿轮等组成。

柴油机工作时，凸轮轴是由曲轴通过正时齿轮驱动的。当凸轮的凸起部分顶起挺柱时，通过推杆调整螺钉，使摇臂摆动，在消除气门间隙 s 后，压缩气门弹簧，使气门开启。

需要指出的是，由于摇臂的两臂不等长，它们使摇臂绕着摇臂轴摆动时，左右两侧升程是不同的。当凸轮的凸起部分离开挺杆后，气门便在弹簧张力的作用下压紧在汽缸盖的气门座上，这时气门为关闭状态。

四冲程柴油机每完成一个工作循环，曲轴转两周（720°），各汽缸的进、排气门各开启一次，即凸轮轴只须转一周（360°）。因此，曲轴与凸轮轴的转速成比为2∶1。

（2）配气机构元件的结构

①气门组结构，如图2-1-109所示。

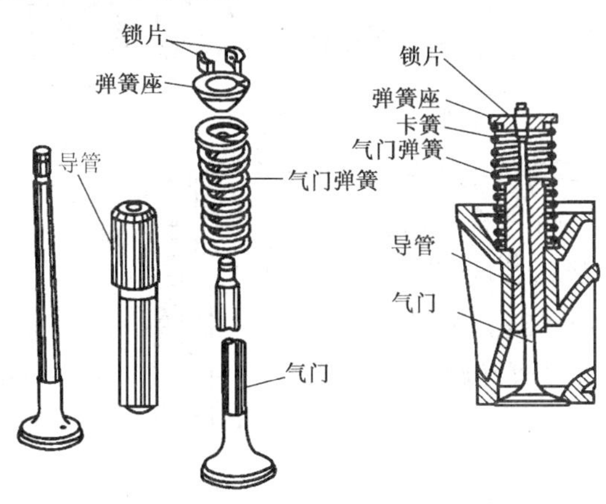

图2-1-109　柴油机气门组零件

气门组必须满足以下三个条件：

a. 气门与气门座配合锥面精密。

b. 气门导管对气门的导向正确，不使气门倾斜。

c. 气门弹簧要有足够的刚度和预紧力，且其两端面应与气门中心线垂直，保证气门关闭迅速、严密。

当气门座磨损凹痕或麻点现象比较严重时，可利用锥度铰刀进行修复，如图2-1-110所示。

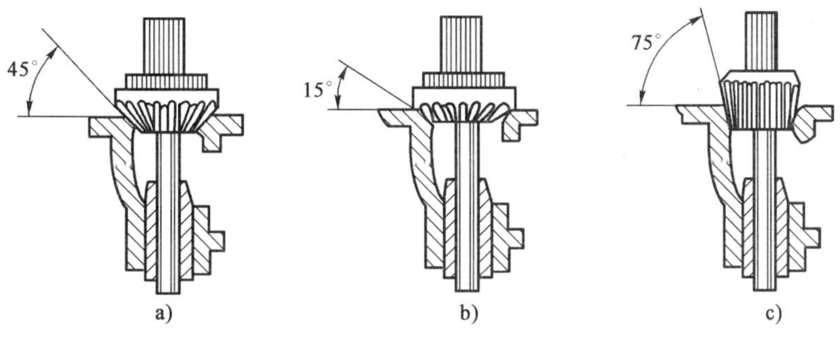

图2-1-110　气门座铰削过程

一般都用三种不同角度的铰刀。除了与气门座本身角度相同的铰刀外（45°或30°），还应有75°及15°铰刀两种。铰削时，首先用与气门座斜度相同的铰刀（45°或30°）将气门座表面薄的硬皮去掉，并消除磨损和腐蚀所产生的斑痕[图2-1-109a)]，然后再根据接触环带宽窄与上下位置选用15°或75°铰刀进行修正。若环带宽而偏上，则用15°铰刀进行修正[图2-1-109b)]；若环带宽面偏下，则用75°铰刀进行修正[图2-1-109c)]。反复进行多次，直到取得合格的宽度与位置。最后，用与气门斜度相同的细铰刀，进行一次光整。

②气门传动组结构

a. 凸轮轴。一般由曲轴通过正时齿轮驱动，为了使传动简化，凸轮轴多采用下置式，布置在接近曲轴的机体中部。凸轮之间的相互位置决定配气相位和工作顺序。图2-1-111所示的

6135G 型柴油机的凸轮轴，其旋转方向与曲轴相同，转速为曲轴的一半，各缸的工作次序为 1—5—3—6—2—4，故相继着火的两缸进气门（或排气门）的夹角为 60°（360°/6）。

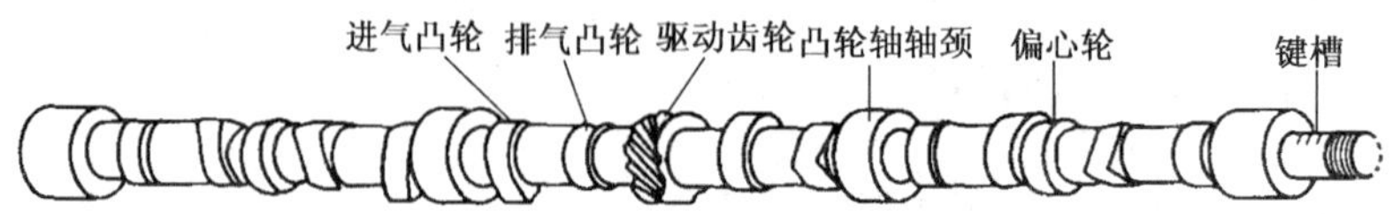

图 2-1-111　凸轮轴总成

b. 挺柱。用来将凸轮的运动传给推杆。挺柱的底面与凸轮接触，顶面呈凹球形与推杆接触。它的形式有菌形、杯形和滚轮形，如图 2-1-112 所示。

c. 推杆。多为细长杆，用无缝钢管或空心钢管制成。下端与挺柱接触，上端与摇臂调整螺钉接触。其结构如图 2-1-113 所示。

d. 摇臂。摇臂的推杆与气门的传动元件。它的作用是改变运动方向，驱动气门开启和关闭，如图 2-1-114 所示。

e. 摇臂轴。用来支承摇臂，兼作润滑油道。摇臂轴都是空心轴。通过摇臂支座固定在汽缸盖上。为了防止摇臂在轴上产生轴向移动，相邻两摇臂间装有弹簧。

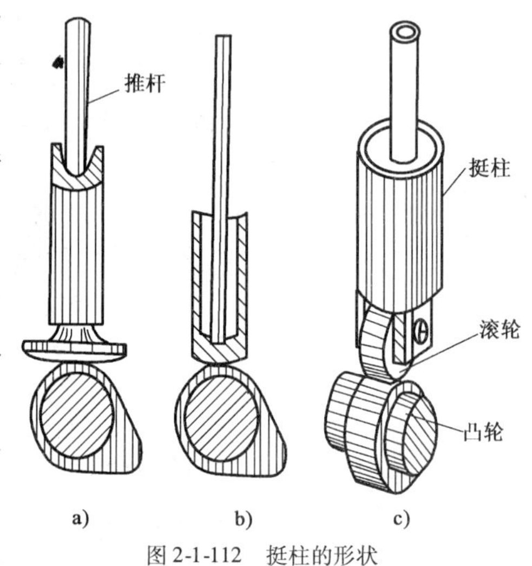

图 2-1-112　挺柱的形状

a）菌形；b）杯形；c）滚轮形

f. 正时齿轮。如图 2-1-115 所示，用来将曲轴的旋转运动传递给各辅助机构，如凸轮轴、喷油泵、机油泵等。其中，凸轮轴、喷油泵与曲轴的旋转保持严格的相对位置关系，一般都采用斜齿轮传动，并在齿轮端面上打上装配标记。安装时必须将标记对准，俗称“安装正时”。

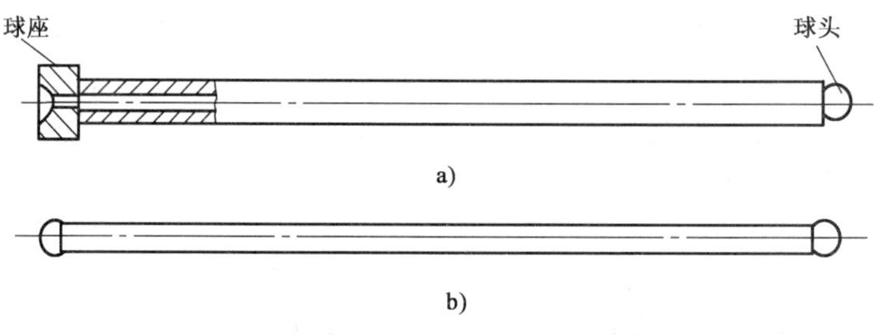

图 2-1-113　推杆

（3）配气机构的检查调整

①气门间隙。气门间隙是指当气门处于完全关闭状态时，气门杆尾端与摇臂之间的间隙。柴油机工作时，配气机构零件（特别是排气门）受热而伸长，如果传动件之间没有间隙或间隙过小，受热后气门被传动件顶住，使气门与气门座不能紧密配合。这样便会造成气门漏气，功率下降，排气管出现冒烟、冒火现象，造成气门烧蚀。反之，如果气门间隙过大，传动件之间会产生互相冲击，摇臂像小锤一样频繁地敲击气门杆顶端，造成气门弹簧振动，甚至断裂，并使各接触面磨损加剧，使气门开启高度和开启延续时间缩短，降低了进排气过程的质量。合理的间

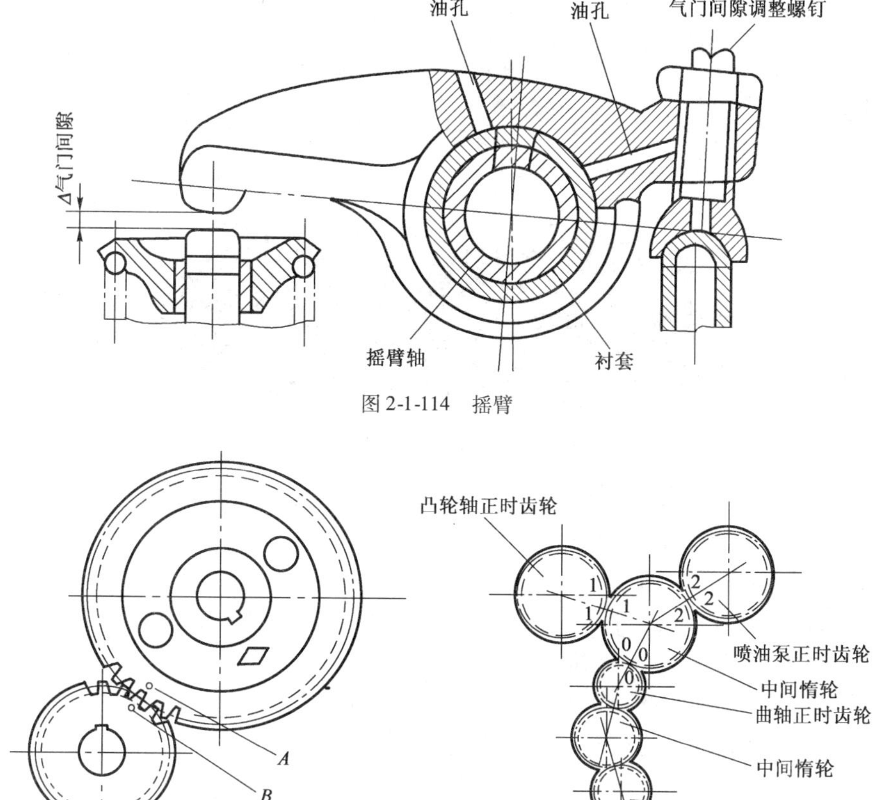

图 2-1-114　摇臂

图 2-1-115　正时齿轮

a)一对正时齿轮的传动;b)加中间惰轮的齿轮传动

A-凸轮轴正时齿轮的正时记号;B-曲轴齿轮的正时记号

隙是在保证气门关严的情况下尽可能小些。

由于排气门的工作温度较高,通常比进气门间隙大(0.05mm)。

②气门间隙调整。气门间隙在冷车和热车时是不一样的。冷车气门间隙是指柴油机未工作或未走热时的气门间隙。柴油机冷车气门间隙一般为:进气门间隙 0.25 ~0.30mm,排气门间隙 0.30 ~0.35mm。

一般热车气门间隙要比冷车气门间隙小 0.05mm 左右。气门间隙用塞尺检查,间隙不符合要求时应进行调整。

调整气门间隙时,松开摇臂上调整螺钉的紧固螺母,将塞尺中与所调整气门间隙相同厚度的塞尺片插入摇臂压头与气门脚之间,用螺丝刀旋转调整螺钉,并来回拉动塞尺。当感到拉动塞尺略有阻力时,将调整螺钉锁紧即可,如图 2-1-116 所示。

气门间隙必须在气门关闭状态下才允许调整。查找关闭状态的气门并予以调整的方法有逐缸检查调整法和两次检查调整两种方法。

a. 逐缸检查调整法。对于四行程的柴油机,当活塞处于压缩行程上止点时,进、排气门都在关闭状态,即进、排气门均可以调整。根据柴油机的工作顺序,依次找到各缸的压缩行程上止点,并将气门间隙调整到规定的要求,这种方法叫气门间隙逐缸调整法。

对于六缸柴油机来讲,当一缸处于压缩行程上止点时,六缸正处于排气行程上止点,由于

图 2-1-116　气门间隙调整

此时六缸的进气门提前开启,排气门需要延迟关闭,两个气门一个(进气门)处于开启过程中,一个(排气门)处于关闭过程中,这样可以从另一方面找到一个规律:调整一缸气门间隙时,只要观察六缸两个气门的动作即可判断此时是否为一缸压缩行程上止点——两个气门同时动作,则一缸为压缩行程上止点,此时一缸的两个气门间隙可调整;两个气门只有一个气门动作,则一缸不是压缩行程上止点,气门间隙不可调整。

由此推论,其他各缸的调整可以按"调一缸看六缸、调二缸看五缸、调三缸看四缸、调四缸看三缸、调五缸看二缸、调六缸看一缸"来进行,即由于一缸和六缸、二缸和五缸、三缸和四缸活塞在同一平面上,采用逐缸调整法调整气门间隙时,彼此相互作为参照,看相对应汽缸的气门动作来判断所要调整的汽缸内活塞是否处于压缩行程上止点。

b. 两次检查调整法。曲轴只需转动两次,即可将全部气门间隙检查调整完毕。这种方法叫两次检查调整法。现以六缸柴油机为例进行说明。各缸工作顺序为:1—5—3—6—2—4。相邻各缸开始(及结束)同名工作行程间隔角度为:$\varphi = 720°/6 = 120°$。气门排列顺序为排进进排、排进进排、排进进排。各缸之间具有如下关系:以压缩行程为例说明(以任意一个工作行程为例都可以)如表 2-1-13 所示。

各缸压缩行程开始角度及结束角度　　表 2-1-13

汽缸序号	一缸	五缸	三缸	六缸	二缸	四缸
开始角度	0°	120°	240°	360°	480°	600°
结束角度	180°	300°	420°	540°	660°	720° +60°

依照上表可画出相应的做功图,见图 2-1-117。

当一缸处于压缩行程上止点 180°时(表中贯穿左右的一条粗直线),各缸的工作状态如下:

一缸:正处在压缩行程上止点,进气门 2、排气门 1 均关闭,即 1、2 两个气门的间隙可调。

二缸:排气行程刚开始 60°,排气门 4 打开,进气门 3 关闭,即气门 3 的间隙可调。

三缸:进气行程刚开始 120°,进气门 6 打开,排气门 5 关闭,即气门 5 的间隙可调。

四缸:做功行程还有 60°才结束,进气门 7 关闭,排气门 8 提前开启,即气门 7 间隙可调。

五缸:压缩行程才开始 60°,进气门 10 延迟关闭,排气门 9 关闭,即气门 9 的间隙可调。

六缸:排气行程结束,进气行程开始,因为排气门 12 延迟关闭,进气门 11 提前开启,两个

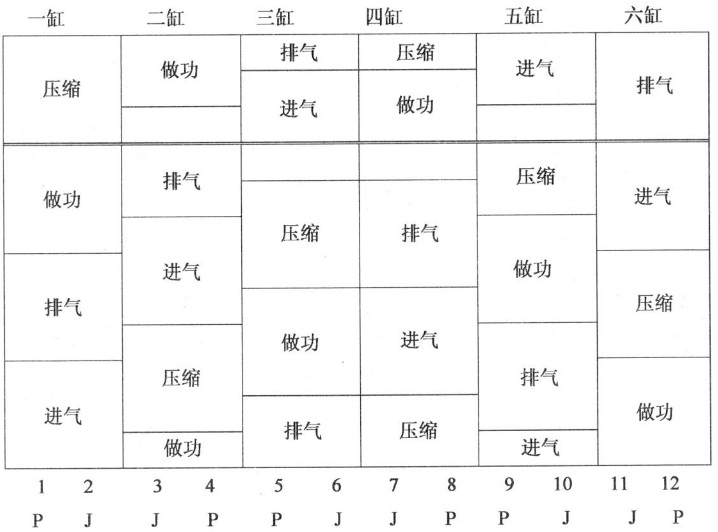

一缸	二缸	三缸	四缸	五缸	六缸
压缩	做功	排气	压缩	进气	排气
		进气	做功		
做功	排气			压缩	进气
排气	进气	压缩	排气	做功	压缩
进气	压缩	做功	进气	排气	做功
	做功	排气	压缩	进气	

1	2	3	4	5	6	7	8	9	10	11	12
P	J	J	P	P	J	J	P	P	J	J	P

图 2-1-117　六缸发动机做功图

P-排气门;J-进气门

气门均为开启状态,即气门 11、气门 12 的间隙不可调。

通过上述分析可知:当一缸处于压缩行程上止点时,气门 1、2、3、5、7、9 的间隙可调;同理,曲轴转过 360°,六缸处于压缩行程上止点时,余下的 6 个气门均处于关闭状态,其气门间隙可以调整。这样一来,通过转动曲轴两次即可将全部 12 个气门的间隙调整完毕。当一缸处于压缩行程上止点时,尽管有 6 个气门(4、6、8、10、11、12)处于开启状态,但是只有 4、6 两个气门因为分别处于排气行程、进气行程而完全开启,其开启动作明显。另外 4 个气门分别是:8-排气门提前开启角;10-进气门延迟关闭角;11-进气门提前开启角;12-排气门延迟关闭角。

这 4 个气门因其开启的幅度所对应的曲轴转角非常小,开启并不明显。这样可以总结出一个经验:当从柴油机前边向后边数,第 4、6 两个气门开启动作非常明显时,即可判定此时为一缸压缩行程上止点;同理,当从柴油机后边向前边数,反方向的第 4、6 两个气门开启动作非常明显时,即可判定此时为六缸压缩行程上止点。

用这种方法可以快速判断一缸、六缸的压缩行程上止点位置,从而提高气门间隙调整工作的准确性和工作效率。

③配气相位。正如前边的分析,柴油机实际工作过程中,进排气门开启与关闭,并不是在活塞处于上止点或下止点位置才开始的,而是提前开启和延迟关闭(通常所说的早开晚关)的,并要求有一定的适宜时间,以使换气过程更加完善。

通常都用曲轴转角来表示进排气门开关时刻,称为配气相位。各种类型的柴油机根据其结构特点和工作性能不同,配气相位也不相同。气门开闭提前或延迟时间大小都是通过生产实践经验和试验中确定的,每种型号的柴油机都有不同的要求,在使用过程中应严格按照使用说明书的要求进行调整,不得任意变动。

进气门提前开启角称为进气提前角,用字母 α 表示;进气门延迟关闭角称为进气迟后角,用字母 β 表示。进气过程持续角为 $180° + \alpha + \beta$。

同理,排气门提前角为 γ,排气门迟后角为 φ,排气过程持续角为 $180° + \gamma + \varphi$。

表示进排气门早开晚关时间可用一个简单图形来表示,如图 2-1-118 所示。

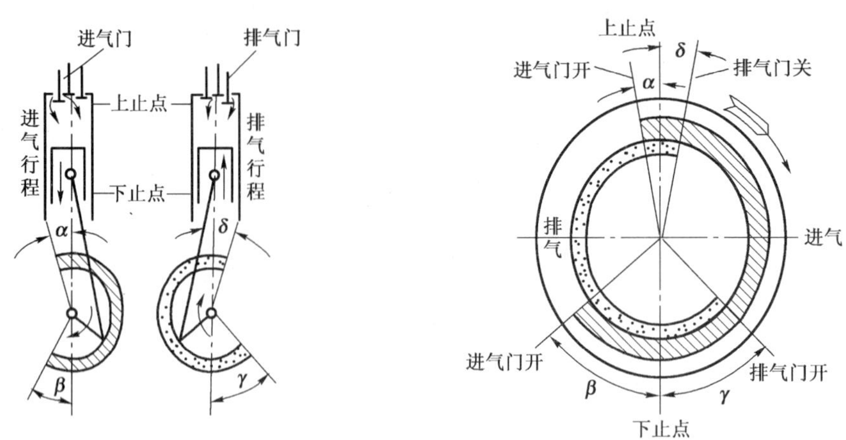

图 2-1-118 配气相位图

7. 柴油机供油系

柴油的黏度较大,而又不易蒸发,所以柴油机需要比较高的压缩比 ε 和喷油设备以产生很高的喷射压力,在压缩过程接近终了时,将柴油以雾状喷入燃烧室而与空气混合并燃烧。

(1)柴油机供油系的功用与组成

①功用。根据柴油机工作的要求,将具有一定压力的干净的适量柴油,在适当的时间,以良好的雾化质量喷入燃烧室,并使其与空气迅速而良好地混合和燃烧。

柴油机供油系的工作对柴油机的动力性、经济性、使用可靠性和环境污染有着重要的影响。

②组成。柴油机供油系主要由燃油供给、空气供给、混合气形成及废气排出四大装置组成。图 2-1-119 所示为燃油供给系统。

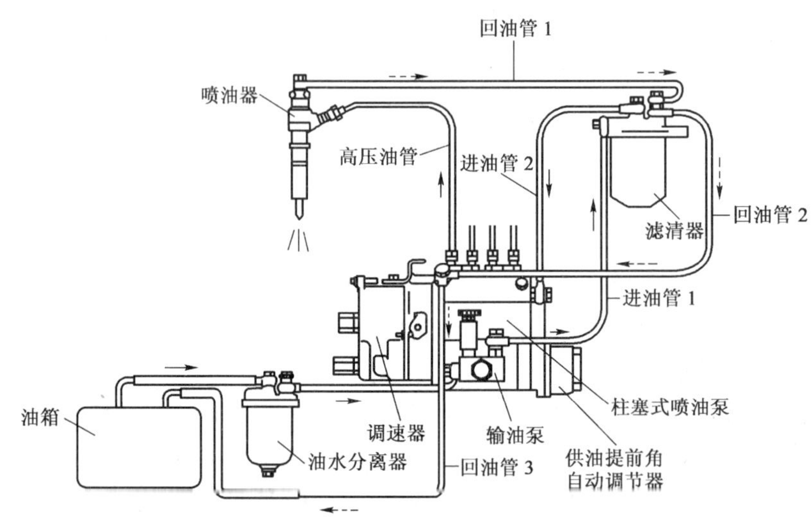

图 2-1-119 燃油供给系统

a. 柴油机燃油供给装置主要由柴油箱、输油泵、低压油管、柴油滤清器、喷油泵、高压油管、喷油器和回油管组成。其中,柴油箱、输油泵、低压油管、柴油滤清器构成了低压油路,喷油泵、高压油管及喷油器构成了高压油路。

b. 空气供给装置主要由空气滤清器、进气歧管和汽缸盖内的进气道组成。

c. 混合气形成装置是燃烧室。

d. 废气排出装置主要由汽缸盖内的排气道、排气歧管及排气消声器组成。

③柴油机供油系应满足的基本要求。为保证柴油机获得良好的工作性能,应满足如下 4 个方面的要求:

a. 供油量。应与柴油机工况相适应,各循环供油量应稳定,柴油机各缸供油量应均匀,且能随着负荷的变化而自动调节。

b. 供油时间。柴油应在恰当的时刻喷入燃烧室,而且喷油的延续时间也应在最有利的范围内,还应保证各缸的供油时间基本一致。

柴油机供油系的开始供油时间一般有两种表示方法,即供油提前角与喷油提前角。

供油提前角是指喷油泵开始向高压油管供油的时刻用活塞在上止点前相应的曲轴转角来表示。

喷油提前角是指喷油器开始向燃烧室喷射柴油的时间用活塞在上止点前相应的曲轴转角来表示。

c. 喷油质量。喷入的柴油油束应与燃烧室配合良好,油束的雾化、分散和射程应符合燃烧室的要求,还应喷射干脆,避免后滴现象。

d. 喷油规律。喷油过程中,每单位时间或单位喷油泵凸轮转角的喷油量随时间或喷油泵凸轮轴转角而变化的规律称为喷油规律。

④柴油燃烧过程分析。柴油在汽缸内燃烧是一个复杂的物理—化学变化过程。燃烧过程的完善程度直接影响着柴油机的做功能力、热效率和使用期限。

燃烧过程按其工作特征,分为 4 个阶段:

a. 第一阶段——着火延迟期(图 2-1-94 中,喷油开始至燃烧开始)。从柴油喷入燃烧室起,到开始着火为止。这段时间一般只有 0.004 ~ 0.005s。

压缩过程后,汽缸中的空汽压力和温度都有显著升高。活塞到达上止点前,向汽缸内喷入柴油,此时虽然汽缸内空气温度大大超过柴油的自燃温度,但柴油并不能马上着火,而要经过着火前的准备工作,使燃料与空气形成或燃混合气。这一阶段工作状况的好坏,对整个燃烧过程质量有重大影响。这一阶段进行时间应尽量缩短,否则会引起柴油机爆燃或燃烧不完全。

b. 第二阶段——速燃期(图 2-1-94 中,燃烧开始至 z' 点)。从柴油开始着火燃烧,到压力上升突然缓慢时止,其终点有时与最高爆发压力点重合。此阶段一般应在做功行程开始的上止点后 8° ~ 10°结束。

此时,活塞位于上止点附近,活塞顶上方汽缸容积很小,在着火延迟期喷入的柴油,经过物理化学准备,已形成相当数量的可燃混合气,一旦出现火焰中心,便迅速向四周传播,以很快的速度进行燃烧,使汽缸内的压力和温度迅速升高。

c. 第三阶段——缓燃期(图 2-1-94 中,z' 点至 z 点)。从压力急剧升高的终点 z' 至压力开始急剧下降的 z 点。此时,燃烧是在汽缸容积不断增加的情况下进行的,汽缸内温度很高,燃料燃烧极为迅速,压力稍有上升或几乎保持不变。

d. 第四阶段——后燃期(图 2-1-94 中,z 点至完全燃烧为止)。从缓燃期终点到燃料完全燃烧为止。此阶段内,虽然喷油早已结束,但由于燃料和空气混合不均匀,燃烧时间短促,在上述三个阶段中总有一些燃料不能及时燃烧,而在这个阶段燃烧仍在继续进行,特别是在高速、高负荷工况时,由于过量空气少,混合气形成和燃烧的时间短,后燃现象比较严重,有时甚至一直延续至排气过程。

从柴油燃烧过程可以看出，着火延迟期对整个燃烧过程产生极大的影响。着火延迟时间越长，此期间喷入的柴油越多，这些柴油到速燃期几乎一起燃烧，使压力迅速升高，最高爆发压力值增高，柴油机产生强烈的冲击负荷，造成运转粗暴，并发出敲击声，出现爆燃现象。

缩短着火延迟期的途径有：提高压缩终了时汽缸内空气的温度和压力，如增加压缩比，采用增压方法提高进气压力和温度等；采用自燃性好的燃料；选择有利的供油提前角。

(2)喷油器

①功用。将来自喷油泵的柴油雾化，并按一定的要求（如合适的油速形状、喷入燃烧室的相应位置等）将柴油喷射到燃烧室中。同时，应当做到喷油开始和终了的时刻正确，停止喷油干脆，不发生滴漏现象。

②喷油器的试验与调整。喷油器的调试须在试验器上进行，如图 2-1-120 所示。

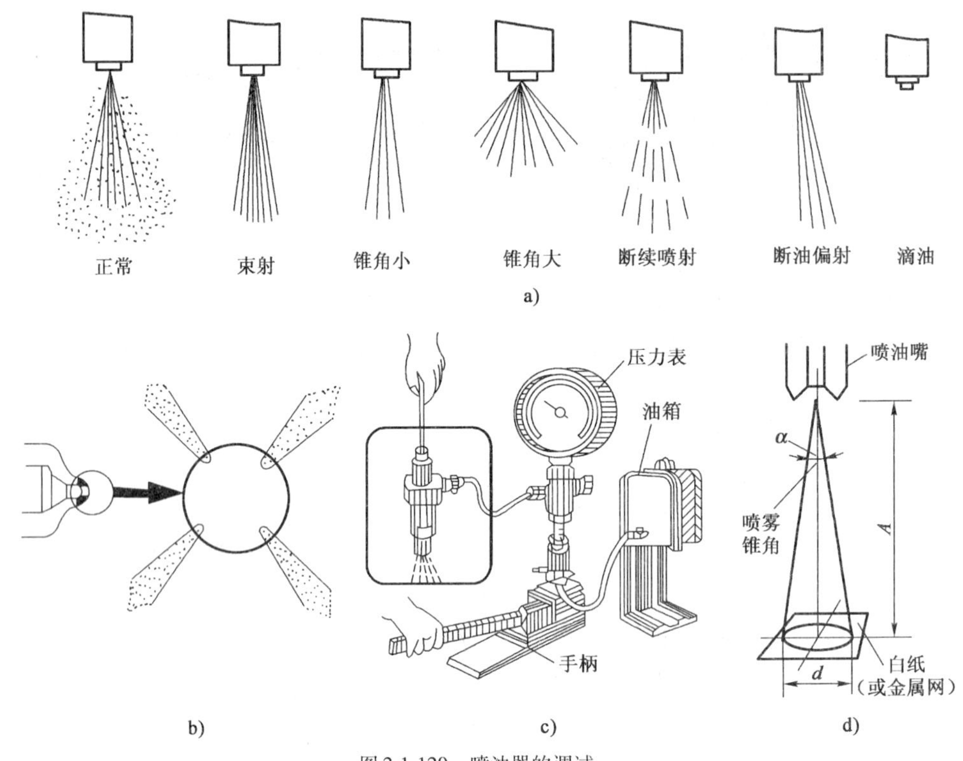

图 2-1-120　喷油器的调试

a)喷油雾化情况；b)长型孔式喷油器喷雾形状；c)在试验器上检查和调整喷油压力；d)检查喷雾锥角

喷油器的调试内容有：

a. 针阀密封性检验。将喷油器安装在试验器的高压油管上，压动手泵杠杆，观察压力表状态。松开喷油器压力调整螺塞锁紧螺母，用起子转动调整螺塞，使喷油压力升高到 25MPa，停止压动手泵杠杆，观察压力下降速度。当压力下降至 20MPa 时，用秒表开始计时；当压力下降到 18MPa 时，计时停止。正常工作的喷油器，压力从 20MPa 下降到 18MPa 所需时间一般为 10～20s。当该压力下降时间少于 10s 时，说明针阀密封性差，应更换新的针阀偶件。

b. 喷油压力的检查与调整。针阀密封性检查合格后，继续压动手泵杠杆。当感觉到有压力时，压动手泵杠杆的速度放慢，并观察压力表的读数。喷油器开始喷油的一瞬间的压力，即为该喷油器的喷油压力。喷油压力不符合规定要求时，松开调整螺塞的锁紧螺母，用起子转动调整螺塞。顺时针转动调整螺塞喷油压力上升，相反则压力下降。边调边试直到符合要求为止。调整结束后拧紧锁紧螺母。

c. 喷油雾化质量检验。将喷油器的喷油压力调整到规定值后,用每分钟 10 次左右的速度压油,喷油器喷出燃油油雾应细小均匀,不能有线条状或羽毛状的油束。

d. 喷雾锥角的检查。喷油器针阀、喷孔磨损后,喷油锥角会发生变化。因此,喷油器调试时应检查喷雾锥角。检查喷雾锥角时,在喷油器下面放一张白纸,将喷油器喷孔与纸面的垂直距离 s 调整到 100mm 或 200mm,以便计算。如图 2-1-120 所示,压动手泵杠杆,使喷油器对着纸面喷油,然后用量具测量喷在纸面上的油迹直径 d。此时喷油锥角 α 可按下式计算:

$$\tan\alpha = 1/2Dd/s \tag{2-1-3}$$

$$\alpha = 2\arctan d/2s \tag{2-1-4}$$

e. 喷油干脆程度的检验。缓慢压动手泵杠杆,燃油喷射应连续、雾化良好。喷油时响声清脆,喷油结束时应干脆利落,不能有滴油现象。

(3)喷油泵及调速器

①喷油泵。喷油泵的作用是接受输油泵送来的柴油,并将柴油转送到喷油器中,在转送过程中,根据柴油机负荷的大小,完成提高油压(定压)、控制喷油时间(定时)和控制喷油量(定量)的任务。对于多缸柴油机,喷油泵还必须保证按发动机的工作顺序供油,相差不大于 0.5°曲轴转角;各缸喷油延续时间要相等;油压的建立和供油停止都必须迅速,以防止出现滴油现象。

柱塞式喷油泵主要是利用柱塞在柱塞套内上下移动来泵油的。柱塞从开始供油到供油结束时的行程称为柱塞有效行程。只要改变柱塞的有效行程就可以改变其供油量。通常采用改变柱塞螺旋槽和柱塞套上油孔的相对位置来改变供油量,如图 2-1-121 所示。

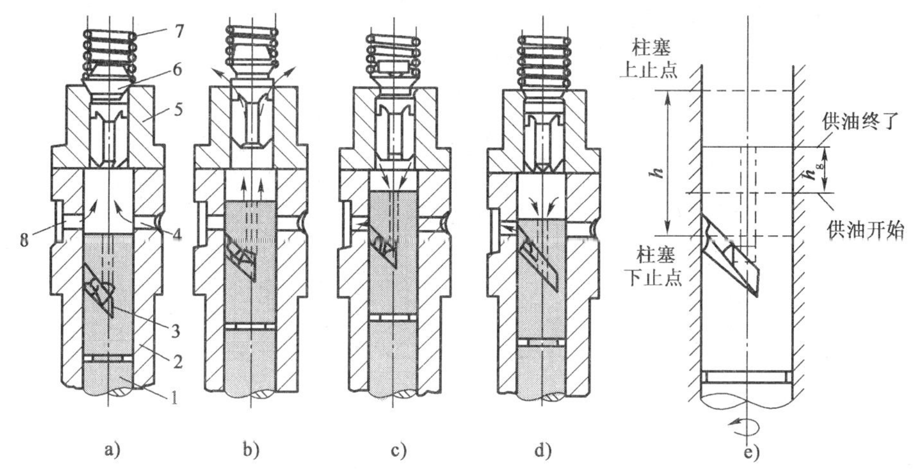

图 2-1-121 柱塞式喷油泵的工作原理

1-柱塞;2-柱塞套;3-斜槽;4、8-进回油孔;5-出油阀座;6-出油阀;7-出油阀弹簧

用来转动柱塞,改变供油量的装置称为油量控制机构。常见的有两种形式:

a. 齿轮式油量控制机构,如图 2-1-122 所示。当拉动齿杆时,通过扇形齿轮及传动套带动柱塞旋转,使柱塞泵的供油量改变。

b. 拨叉式油量控制机构,如图 2-1-122b)所示。柱塞下端带有柱塞转臂,转臂上伸出一拨杆,插在拨叉的开口槽内。拨叉通过锁紧螺钉固定在拉杆上(松开螺钉就可以调整拨叉在拉杆上的连接位置)。当拉动拉杆时,拨叉随着移动,通过转臂拨动柱塞转动,从而改变供油量。

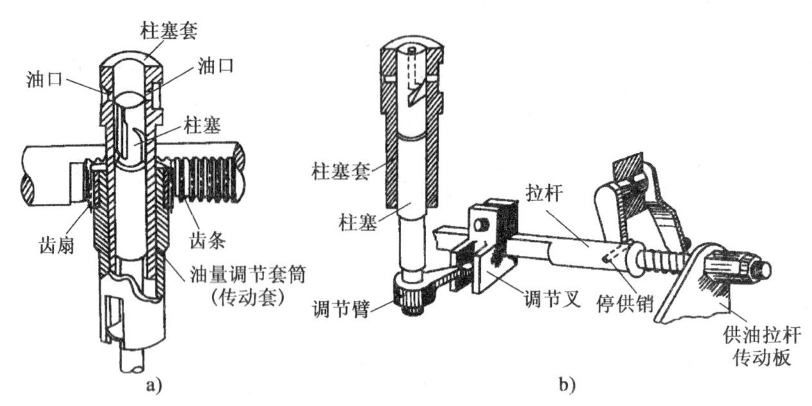

图 2-1-122　齿条式油量控制机构

②出油阀。出油阀的作用是保证喷油泵供油时急速开始,又能突然停止,以避免因动作迟缓造成喷油器出现滴油现象。

出油阀是一个单向阀,装在柱塞偶件的上面,其结构及工作原理如图 2-1-123 所示。

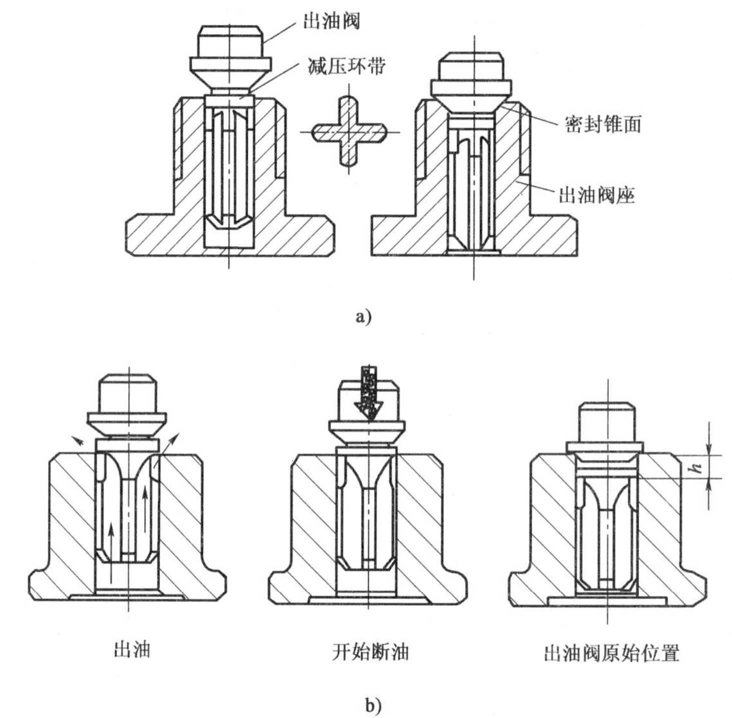

图 2-1-123　出油阀偶件和出油阀工作原理

a)出油阀偶件;b)出油阀工作原理

当泵室内柴油达到一定压力后,克服弹簧的压力作用,将阀门推开,使减压环带离开座孔,柴油经铣槽进入高压油管。供油结束后,泵油室内压力迅速下降,出油阀门在弹簧压力及高压油管内油压力双重作用下迅速下落。当减压环带进入座孔时,将泵油室与高压油管之间的通路被切断。阀座继续下落,直到密封锥面相接触,此时使高压油管内部容积迅速增大,使高压油管内的柴油压力降低,促使喷油器立即停止喷油,以防止喷孔出现滴油现象。

③调速器。调速器与喷油泵连成一体,目前 135 系列基本型柴油机上所用的调速器都是

全程机械离心式,其作用是保证柴油机可靠运行和转速稳定。根据柴油机负荷变化,调节供油量以保持所需的转速。

(4)输油泵

①组成。由泵体、柱塞、止回阀、进油阀和手油泵等部分组成,如图2-1-124a)所示。推杆固定在柱塞上,柱塞两边靠推杆弹簧和柱塞弹簧支承在泵体内,并通过挺柱和滚轮与喷油泵凸轮轴表面相连。随着凸轮升程变化,使柱塞产生往复运动。进油阀与止回阀分别装在进油口和回油口处,用来控制柴油流动方向。手油泵柱塞装在手泵套筒内,通过手柄和泵杆,可带动柱塞上下往复运动。

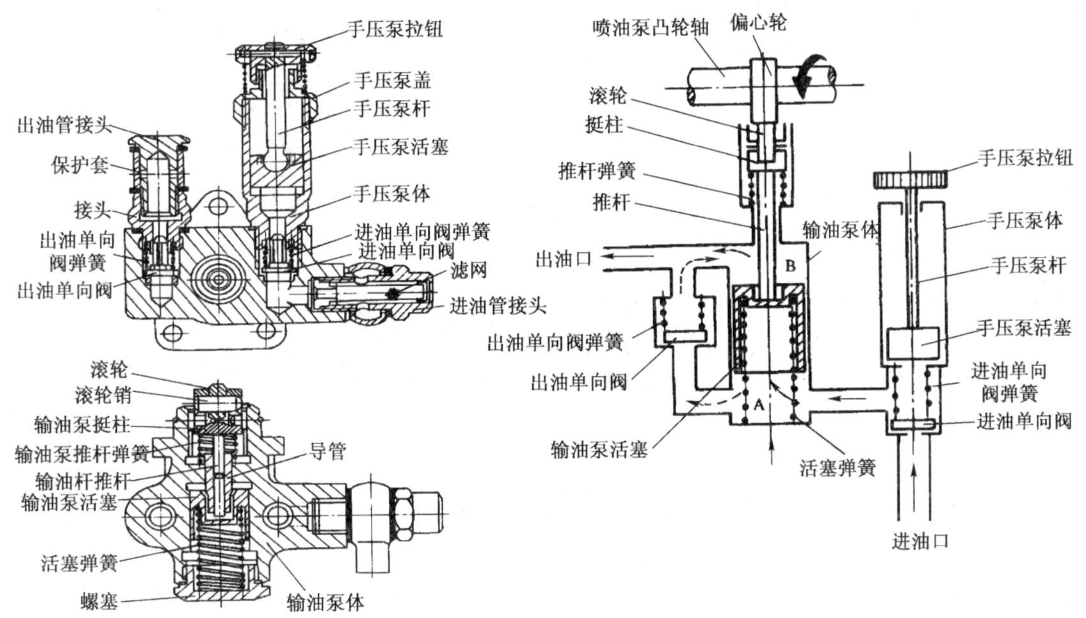

图2-1-124 活塞式输油泵

a)活塞式输油泵结构图;b)活塞式输油泵工作原理图

②工作原理如图2-1-124b)所示。喷油泵凸轮轴转动时,轴上的偏心轮推动活塞做往复运动。当偏心轮的凸起部分转到下方,活塞被弹簧推动下移时,其上方泵腔容积增大,产生真空度,使单向阀打开,柴油便从进油口被吸入。与此同时,活塞下方的泵腔容积减小,油压增高,单向阀关闭,下泵腔中的柴油从通道经出油口被压出而流往柴油滤清器。当活塞被子偏心轮和顶杆推动上移时,上泵腔的油压升高,单向阀关闭,单向阀开启,同时下腔中产生真空度,于是柴油自上泵腔通过单向阀经通道流入下泵腔。

当输油泵的供油量大于喷油泵的需要量或柴油滤清器阻力过大时,油路和下泵腔油压升高。若此时油压与弹簧压力平衡,则活塞停在某一位置,不能回到下止点,即活塞的有效行程减小,从而减少了供油量,并限制油压的进一步升高,从而实现了输油泵和供油压力的自动调节。

(5)废气涡轮增压

①废气涡轮增压器的工作原理。为了提高柴油机的功率,首要问题是增加单位时间内用于燃烧的空气的质量。用增压的办法增加空气密度是改善燃烧条件、提高功率的理想措施。因此,大功率柴油机普遍采用这种办法。

柴油机采用废气涡轮增压器后能使功率提高,单位功率质量减少,外形尺寸减小,燃油消耗率降低且节约原材料。例如,6135 型柴油机采用 10ZJ-2 型径流式涡轮增压器后,其功率从 88.2kW 提高到 140kW,增加了 58%,耗油率下降了 6% 左右,每千瓦功率的质量下降 32%。尤其是在高原地区,柴油机带有增压器的作用更大。

图 2-1-125 所示为废气涡轮增压器的工作原理图。将柴油机的排气管接在增压器的涡轮壳上,具有 500 ~ 650℃高温和一定压力的废气经涡轮壳进入喷嘴环。由于喷嘴环的通道面积是由大逐渐变小,而使废气的压力和温度下降的同时,速度迅速提高。高速的废气流按着一定的方向冲击着涡轮,使涡轮高速旋转,把经空气滤清器滤清的空气吸入压缩机内。高速旋转的叶轮将空气甩向中轮的边缘,使其速度和压力增加后,进入扩压器。扩压器的形状是进口小而出口大,使气流的速度下降而压力升高。然后,经过断面由小到大的环形压缩机壳,又使空气气流的压力继续升高。最后,这个高压的空气经进气管流入汽缸。

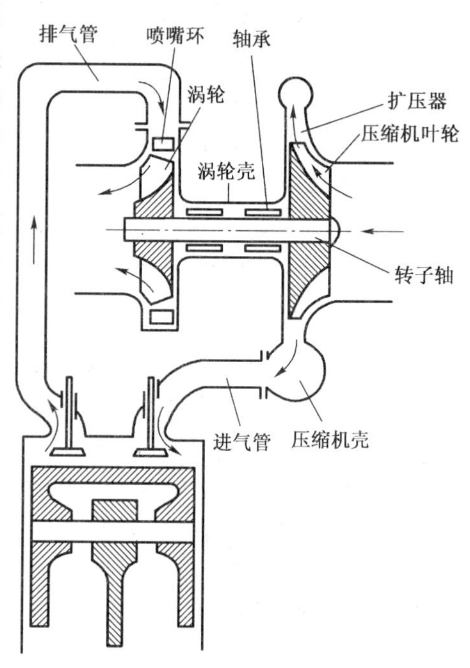

图 2-1-125　废气涡轮增压器的工作原理图

②废气涡轮增压器的构造如图 2-1-126 所示。由图中可知,涡轮增压器主要由压气机和涡轮两部分组成。压气机部分主要包括单级离心式压气机叶轮、无叶扩压器和压气机壳。涡轮部分主要包括涡轮壳、喷嘴环和涡轮叶轮。涡轮叶轮和压气机叶轮装在同一轴上,分别用键连接,并用螺母压紧。

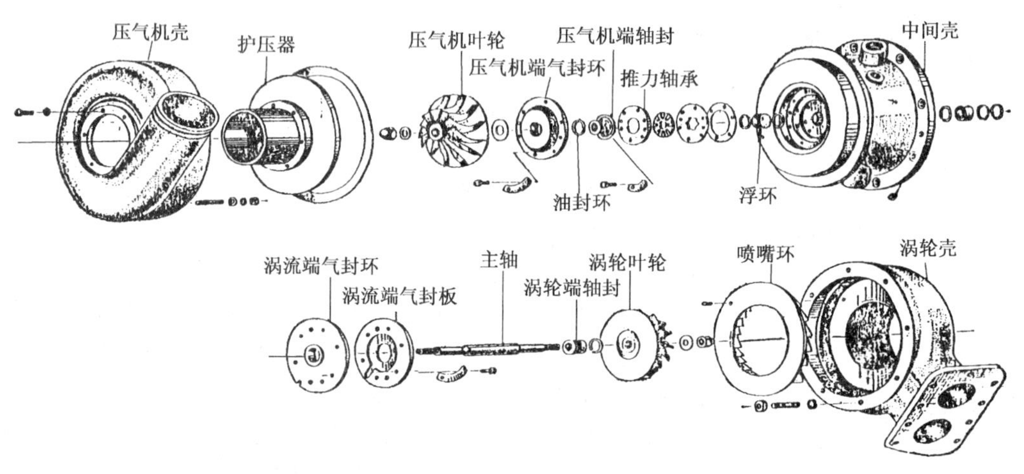

图 2-1-126　10ZJ-2 型涡轮增压器

在涡轮壳与压气机壳中间有中间壳。中间壳内铸有单独的水夹层,以便通入冷却水冷却涡轮传来的热量。

增压器的转子采用浮动轴承支承在中间壳的两端,并用中间壳油腔内的机油进行压力润滑。在涡轮叶轮和压气机叶轮的两侧均有气封油封装置,以防止漏油、漏气。此外,从压缩机中引出少量空气,经中间壳的密封气道至涡轮端气封板,以对废气进一步气封。

8. 柴油机润滑系

当柴油机工作时，曲轴的主轴颈与轴承、活塞与汽缸壁、正时齿轮副等零件之间产生摩擦，除消耗一定的功率外，还使零件配合面迅速磨损，并产生一定的热量，甚至会导致零件表面烧损，影响柴油机的整体使用寿命或造成机械事故。因此，必须在发动机内设置一套润滑系统专门为零件摩擦面提供润滑。

(1)润滑系的组成和工作流程

①润滑系的组成及作用。润滑系的基本组成有机油泵、机油滤清器、机油冷却器、仪表与信号装置，如图 2-1-127 所示。

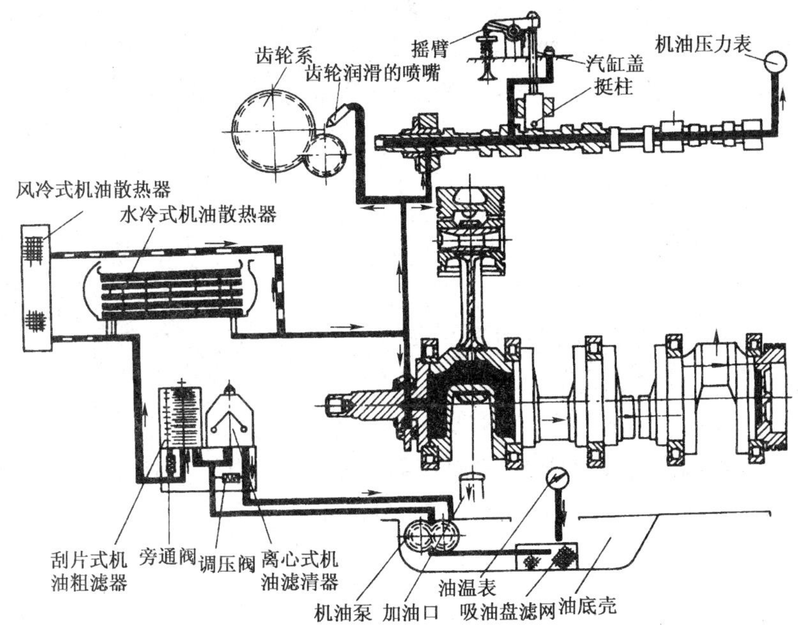

图 2-1-127　6135 型柴油机润滑油路图

6135 系列柴油机的曲轴主轴承是滚动轴承，用飞溅润滑方式润滑。在其他发动机中，如果曲轴主轴承是滑动轴承，则在润滑系统中增加一组油道，将有压力的润滑油送至该处保证润滑。

润滑系有五大作用：

a. 减轻零件表面间的磨损。

b. 清洗摩擦件表面。

c. 冷却摩擦件表面。

d. 密封或弥补各零件间的配合间隙，提高配合精度。

e. 防止金属表面锈蚀，改善摩擦条件。

这五大作用可以总结为“润滑、冷却、清洗、密封、防锈”。

②柴油机采用的润滑方式。

a. 压力润滑。具有一定压力的润滑油通过专用油道强制输送到摩擦表面间形成油膜来确保润滑的方式。其特点是可靠性好。作为发动机的主要润滑方式，压力润滑主要在曲轴的主轴颈、连杆轴颈、凸轮轴、气门摇臂等负荷大、速度高的摩擦表面使用。

b. 飞溅润滑。利用运动着的零部件对润滑油的冲击、拍打飞溅起来的油雾来润滑零件的摩擦表面。其优点是不需专门的润滑油道和装置,但发动机运转速度的高低会直接影响润滑的效果。飞溅润滑只适宜于曲轴的主轴颈(滚动轴承)、连杆轴颈、凸轮、挺杆等负荷大、速度高、距离远的摩擦面。

c. 润滑脂润滑。对负荷小而只需定期加注润滑脂的润滑方式。多用于发动机辅助系统中,如水泵、发电机的轴承润滑等。

③润滑脂的选择。发动机润滑剂品种的选用必须根据发动机的类别和季节变化进行适当变化。目前,有些工程机械对润滑油的选择趋于单一化,如小松PC200型挖掘机,除了燃油采用柴油外,发动机用的机油、工作装置液压系统用的液压油等都统一采用一种专用机油。

(2)机油泵

机油泵通常采用齿轮式和转子式两种,其作用是将一定压力和流量的润滑油通过专用的油道送往各润滑点。

齿轮式机油泵的工作原理如图2-1-128所示。

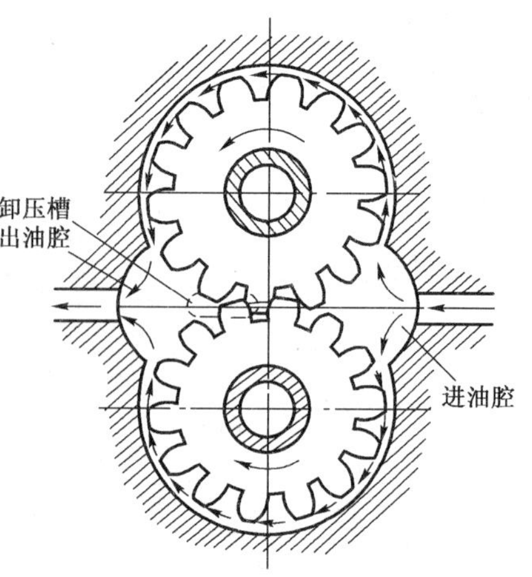

图2-1-128　齿轮式机油泵工作原理图

在油泵壳的内腔装有一对齿轮(主动齿轮和从动齿轮),齿轮与壳体内壁的间隙很小,由于两齿轮的啮合,把内腔分成进油腔和出油腔两部分,并使两部分隔开。当按图中所示方向转动时,两齿轮的齿间分别将进油腔的油不断地输送到出油腔里,进油腔内由于油量减少、空间增大而产生一定的真空度,机油不断地被吸入。出油腔内由于机油被不断地输入而压力升高,具有压力的润滑油便不断地流入机油粗滤器和主油道。

(3)机油滤清器

机油滤清器分为集滤器、粗滤器和细滤器三种。它们在发动机的润滑系中各自起着不同的作用。

①集滤器。集滤器都装在机油泵之前,按其安装方式的不同,可分为浮式和固定式,如图2-1-129所示。集滤器的作用是滤除较大的机械杂质,防止机油泵的早期磨损。

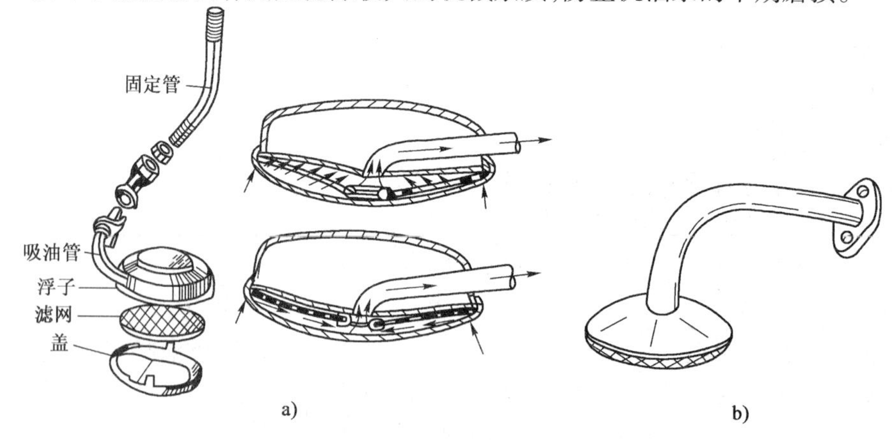

图2-1-129　集滤器

固定式集滤器[图2-1-129a)]装在油面以下，吸入机油的清洁度稍逊于浮式集滤器，但可以防止泡沫吸入，润滑可靠，结构简单，大部分国产发动机都采用了固定式集滤器。其滤网是固定的，只能吸入油池中层或下层的润滑油。浮式集滤器[图2-1-129b)]的特点是能吸入较清洁的机油，但也易吸入泡沫，从而造成机油压力降低，润滑欠可靠。两种形式的集滤器滤网结构基本相同。

②粗滤器。根据滤芯元件分类，粗滤器有金属片式、绕线式和纸质式三种，其作用是滤去机油中粒度较大(直径0.05～0.1mm以上)的杂质。因此，对机油的流动阻力影响较小，串联安装在机油泵与主油道之间，属于全流式滤清器。

金属片式、绕线式粗滤器是一种永久性滤清器，使用寿命长，135系列柴油机采用了金属片式粗滤器，其结构如图2-1-130所示。

纸质机油滤芯是用经过树脂处理过的微孔滤纸制成的，为了增大滤芯面积，减小滤芯阻力，滤纸折成百褶裙状。它是一次性滤芯，价格低廉，体积小，质量轻，结构简单，成本低，滤清效果好，过滤阻力小，因此得到了广泛的应用，如图2-1-131所示。

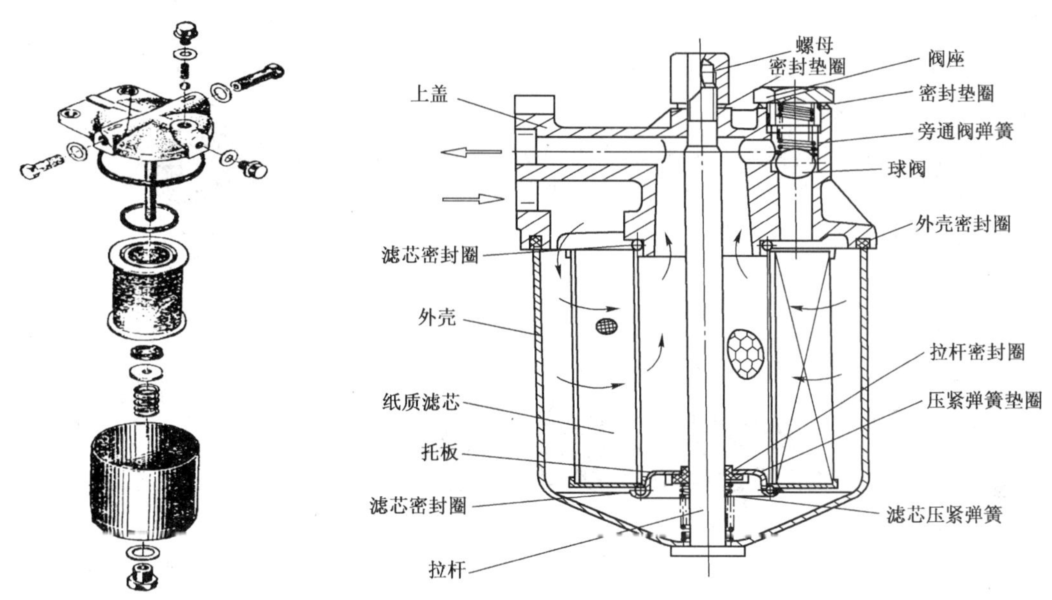

图2-1-130　金属片式粗滤器

图2-1-131　纸质滤芯式粗滤器

③细滤器。按滤清方式，细滤器可分为过滤式和离心式两种，主要用来清除细小的杂质。

过滤式细滤器用的滤芯有纸质、硬纸板和锯末纸浆结构，均是一次性滤芯，应按要求定期更换。

离心式细滤器是一种永久性的滤清器，可通过维修保养的方法来恢复其滤清性能。因此，它具有滤清能力强、不易堵塞、使用寿命长等优点。其缺点是对胶质滤清效果较差。其结构如图2-1-132所示。

(4)机油散热器

按冷却方式分类，机油散热器有水冷和风冷两种。其作用是降低润滑油的温度以保持适当的黏度和润滑能力。

图2-1-133所示为135系列柴油机的机油散热器，安装在水冷却系的水路中，用水冷却润滑油，称为水冷式机油散热器。

图 2-1-134 所示为风冷却式机油散热器，一般安装在水冷却系散热器的前面。

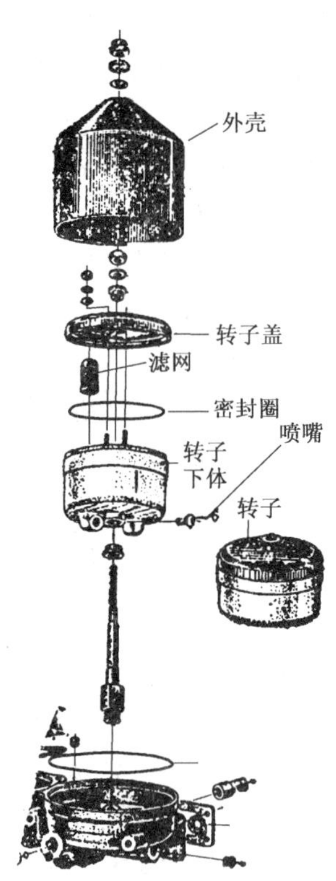

图 2-1-132　离心式细滤器

9. 柴油机冷却系

柴油机温度的高低一般都用冷却介质的温度来衡量，正常的工作温度是 80 ~ 90℃，温度或高或低都会产生一些不良后果。柴油机冷却系的作用就是以水或空气作为介质，将发动机的热量适量传送出去，以保证发动机的正常运转。

发动机采用的冷却方式有水冷却和风冷却两种。本模块主要介绍以水为冷却介质的水冷却系。

(1)水冷却系的组成和工作流程

水冷却系在发动机中被广泛采用，具有冷却可靠、布置紧凑、噪声小、使用方便等优点。

①水冷却系的组成。图 2-1-135 所示为 135 系列柴油机冷却系。

水冷却系由水箱、风扇、水泵、水套、节温器和水温监测、控制装置组成，如图 2-1-136 所示。

水冷却系统根据冷却水的循环方法可分为自然对流和强制对流冷却两种。在压路机上采用的是强制对流冷却系。

②强制循环式水冷却系的工作流程。强制循环式水冷却系的工作流程如图 2-1-137 所示。

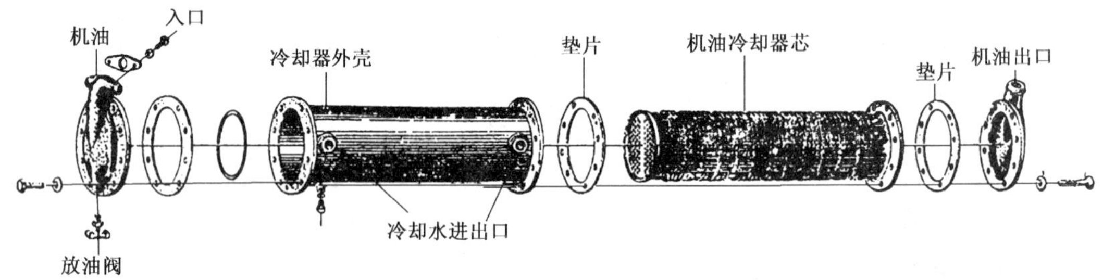

图 2-1-133　水冷却式机油散热器

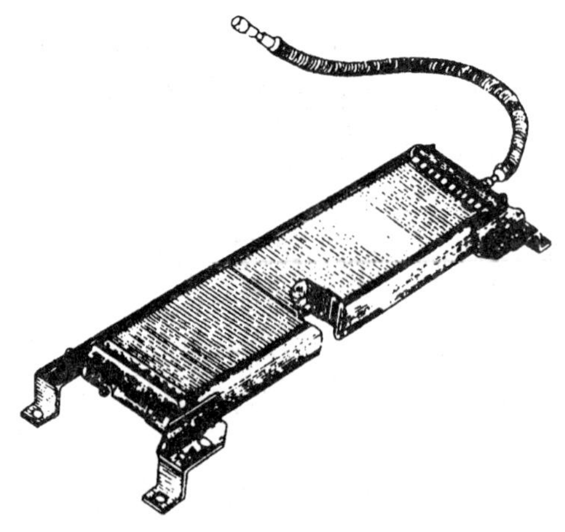
图 2-1-134　风冷却式机油散热器

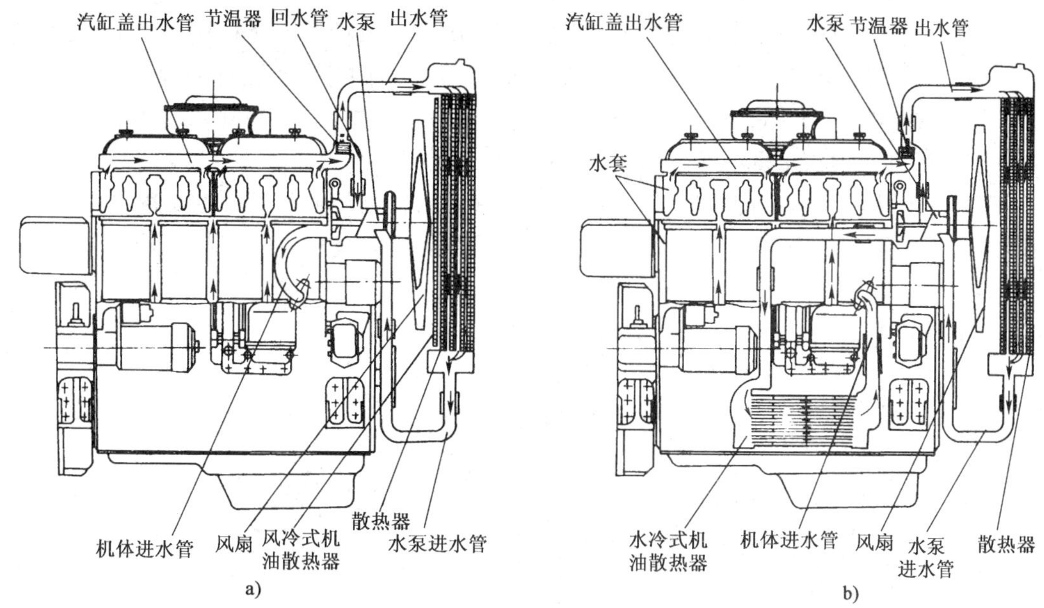

图 2-1-135　135 系列柴油机水冷却系

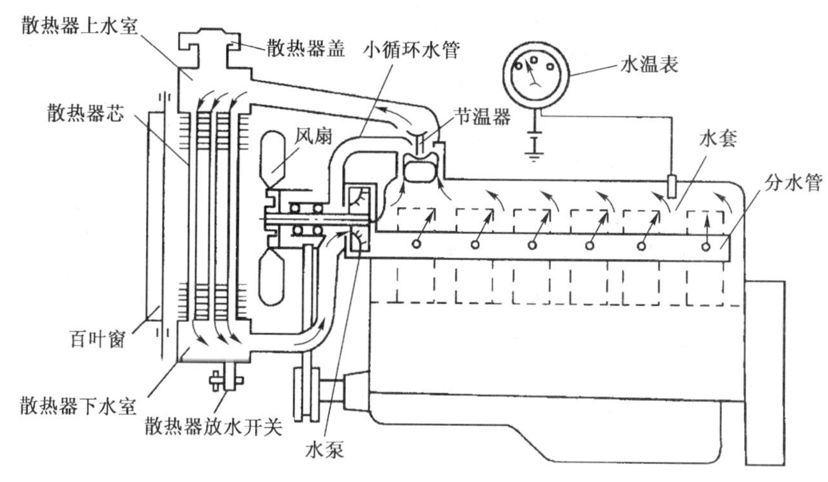

图 2-1-136　强制循环式水冷却系示意图

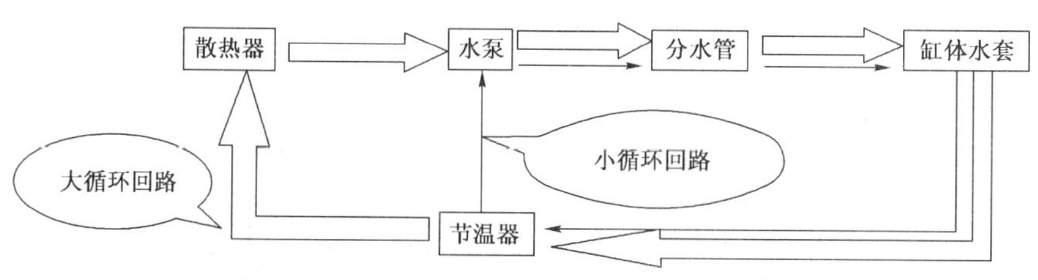

图 2-1-137　强制循环式水冷却系工作流程框图

强制循环式水冷却系的主要控制元件是节温器，其工作原理是根据冷却水的温度（一般分界温度为 80℃）控制冷却水是否经过散热器冷却，即不循环（图中单实线循环部分）或大循环(图中双实线循环部分),其各自的回路如图 2-1-137 所示。

③冷却用水。柴油机用的冷却水一般要求使用软水,因硬水中含有易产生水垢的矿物质会造成通道堵塞。在使用硬水时,需经软化处理,简单的方法是在 1L 硬水中加入碳酸钠(Na_2CO_3),即纯碱 0.5 ~ 1.5g,或加入氢氧化钠(NaOH),即烧碱 0.5 ~ 0.8g,也可以加入 10% 的重铬酸钠,即红矾溶液 30 ~ 50mL。

在冬季使用冷却水要防止冻结,目前筑路机械上已普遍使用配制好的防冻液。它能起到防冻、防腐蚀、防止水垢的形成和提高水的沸点等作用。

(2)水泵和风扇

①水泵。图 2-1-138 所示为离心式水泵分解图。

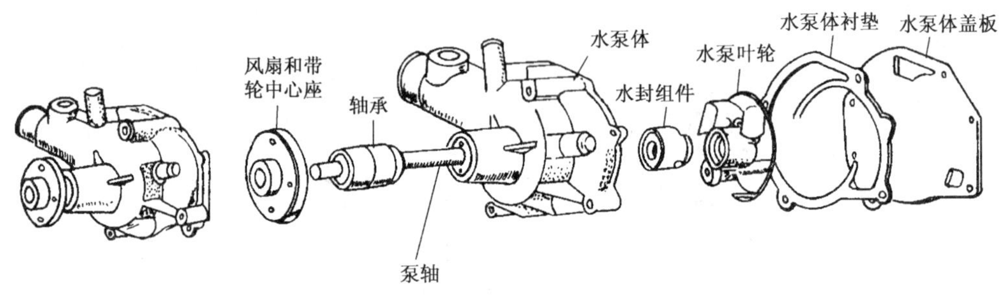

图 2-1-138　离心式水泵分解图

筑路机械的发动机普遍采用离心式水泵,具有尺寸小、体积小、出水量大、结构简单、维修方便等优点。水泵的动力是曲轴皮带轮经皮带传到风扇带轮,再通过凸缘带动水泵轴和水泵叶轮转动,也有部分发动机采用齿轮传动来带动,水泵是冷却水在冷却系统中进行循环的动力。

离心式水泵的工作原理如图 2-1-139 所示。

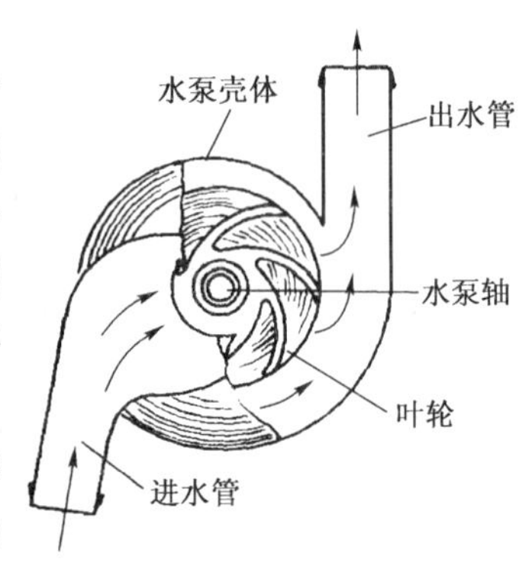

图 2-1-139　离心式水泵工作原理图

当叶轮旋转时,水泵中的水被叶轮带动一起旋转,并在本身离心力的作用下,甩向叶轮的边缘,然后沿水泵壳内腔与叶轮成切线方向的出水管压送到汽缸体的水套中。与此同时,叶轮中心处压力降低,产生真空度,散热器下贮水箱的水便从进水管被吸到叶轮中心部位,再沿着叶轮被子甩向叶轮的边缘。这样不断地将冷却水加压,并输送至水套中,从而实现对冷却水的强强制循环。

②风扇。风扇一般安装在散热器后面,并与水泵同轴,其作用是提高流经散热器的空气流动速度和流量,以增强散热器的散热能力。

图 2-1-140 所示为风扇的结构形式。

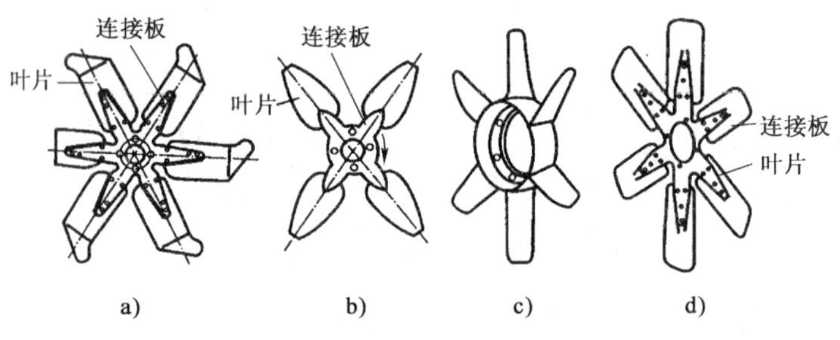

图 2-1-140　风扇的结构形式

风扇一般用钢板整体冲压而成，也有整体压铸成的尼龙风扇和用铝合金板制作的。风扇叶片的数量一般为4~6片，大多数采用螺旋桨式风扇。横断面多为弧形，也有铸成翼形断面的。叶片与风扇旋转平面安装成一定的倾斜角，一般为30°~50°。为了减少叶片旋转时的振动和噪声，叶片之间的夹角不是均匀排列的。有些筑路机械发动机风扇的叶片将外缘端部冲压成弯曲状，以增加风量。为了提高风扇的工作效率，在风扇的圆周外装一个圆形挡风圈。目前应用较多、较先进的风扇是带有辅助叶片的导流风扇，在叶片的表面铸有凸起。

(3)散热器

①散热器的结构如图2-1-141所示。散热器由上贮水箱、下贮水箱和散热器芯等组成，其作用是将循环水从水套中吸收的热量散布到空气中。上贮水箱有加水口并装有水箱盖，后侧有进水管，用橡胶管与机体上的出水管相连。下贮水箱有放水开关，后侧有出水管，用橡胶管与水泵的进水口相连，并用卡箍紧固。

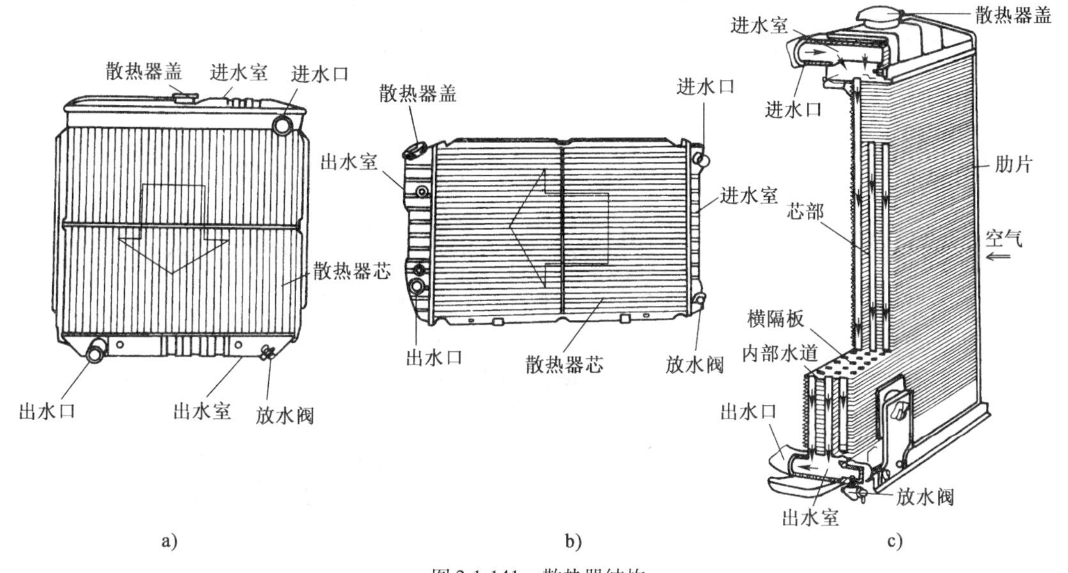

图2-1-141　散热器结构

a)纵流式散热器；b)横流式散热器；c)散热器局部剖切轴测图

散热器芯的结构形式主要有管片式、管带式和板式，如图2-1-142所示。

②散热器盖。散热器盖是散热器上贮水箱注水口的盖子，如图2-1-143所示，用于封闭加水口，防止冷却水外溢。

具有空气—蒸气阀的散热器盖可根据散热器中的蒸气与空气的压力差，自动打开或关闭空气—蒸气阀，以使散热器内部保持一定的压力，但又不至于因内外压力差过大而损坏。

有些进口机械的发动机水箱盖蒸气阀开启压力设计高达0.1MPa，则水的沸点可高达393K(120℃)，故散热能力更强。在发动机热态下，需要注意不要立即取下水箱盖，以免蒸气喷出烫伤。采用封闭自动补偿冷却系时，将水箱盖上的蒸气排出管用橡胶管与贮液罐或膨胀箱相连即可。

(4)冷却强度调节装置

为了保证发动机经常处在最佳温度状态下工作，在冷却系统中一般采用节温器、硅油风扇离合器、电磁离合器等装置，对冷却强度进行调节。

①节温器。

a. 节温器的结构。图2-1-144所示为单阀门蜡式节温器的结构图。

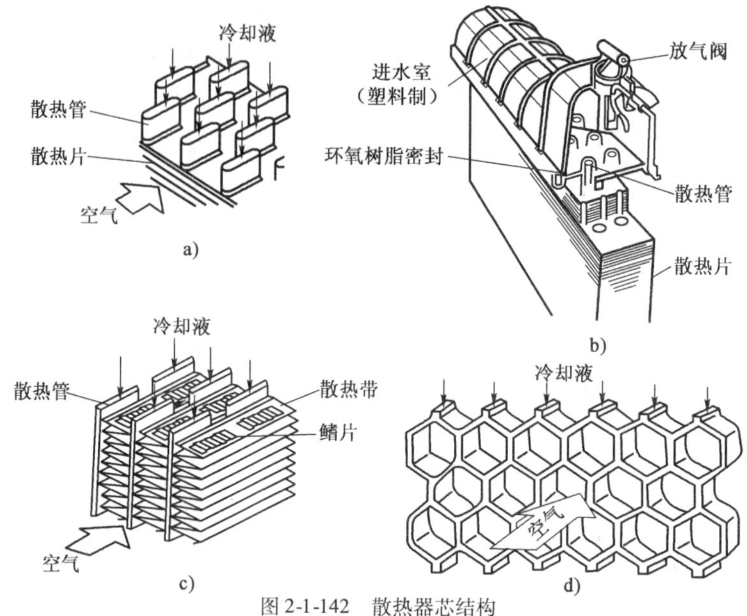

图 2-1-142　散热器芯结构

a)管片式(扁管);b)管片式(圆管);c)管带式;d)板式

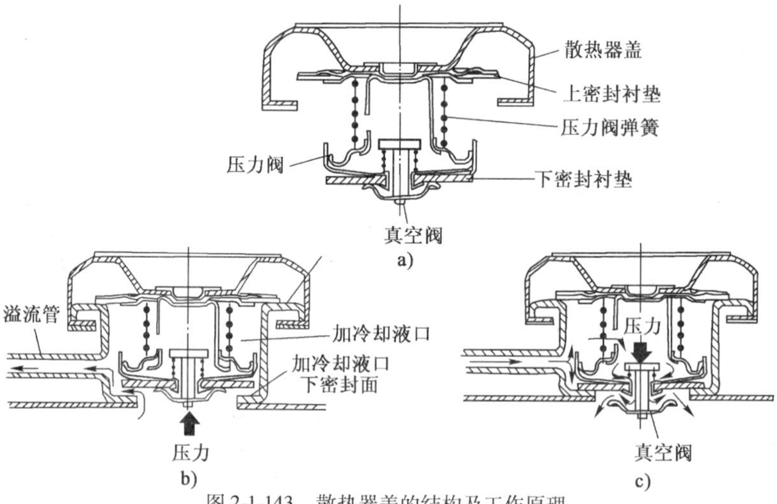

图 2-1-143　散热器盖的结构及工作原理

a)散热器盖结构;b)压力阀开启;c)真空阀开启

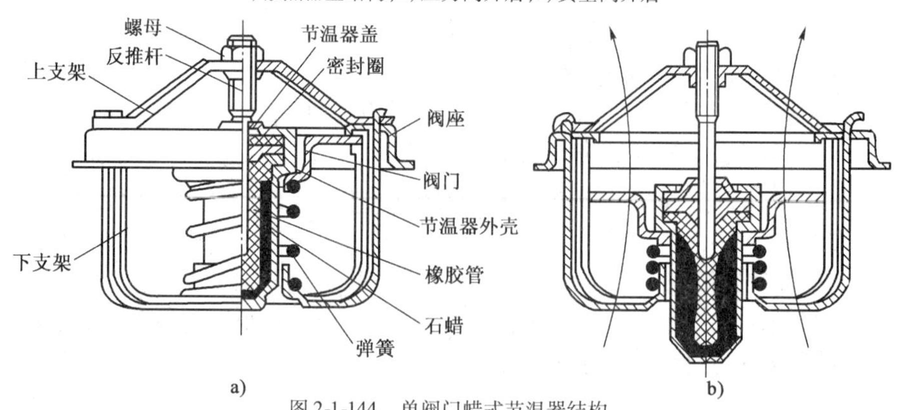

图 2-1-144　单阀门蜡式节温器结构

a)关闭状态;b)开启状态

目前，在筑路机械上，这种结构被广泛应用。在发动机冷却系中，节温器是控制冷却水进行小循环或大循环的主要装置。

b. 节温器工作原理。当温度升高时，节温器外壳中的石蜡由固体变为液体，体积增大，在外壳容积不能增大的情况下，石蜡挤压橡胶套，橡胶套收缩将反推杆往外推，因反推杆固定在支架上不能移动，只能使外壳、压缩弹簧向下移动，并带动阀门下行，成为图 2-1-144b）所示的开启状态；当温度下降，石蜡变为固体收缩，橡胶套恢复原形，在弹簧作用下关闭阀门。

②硅油风扇离合器。硅油风扇离合器是在 20 世纪 60 年代出现的新型结构，在风扇功率消耗比较大的重型车辆上使用较为普遍。图 2-1-145 所示为硅油风扇离合器的结构。

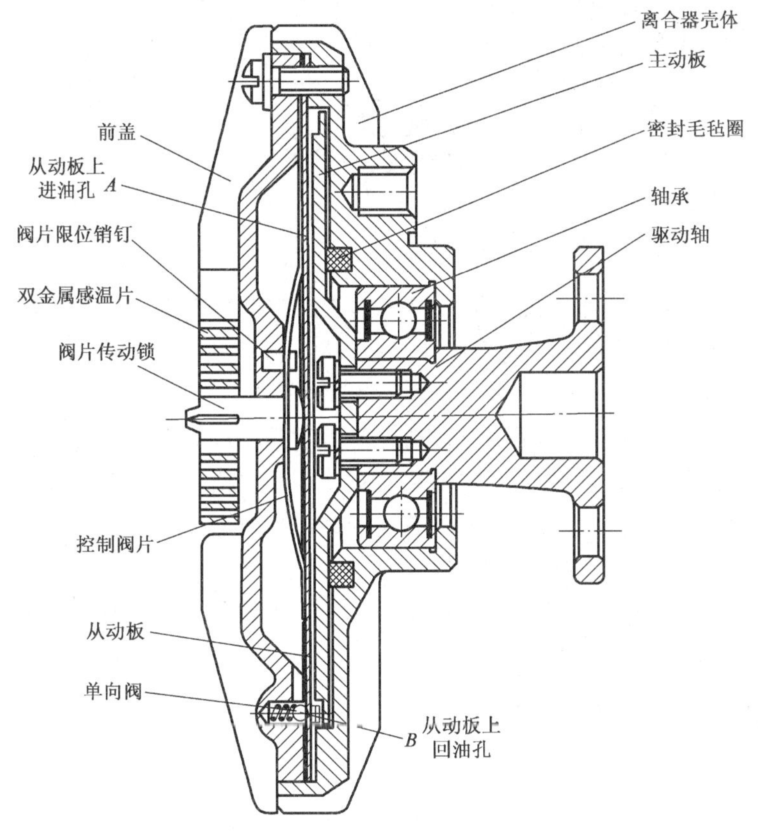

图 2-1-145　硅油风扇离合器的结构

主动盘铆接在主动轴的端部，主动轴承与水泵轴连接。从动盘用螺钉固定在前盖和壳体之间，将三者连为一体，靠轴承支承在主动轴上，风扇也装在壳体上。从动盘与壳体之间的空腔是工作腔。主动盘在工作腔内与腔壁间有一定的间隙。密封用的毛毡圈装在壳体的内端环形槽中防止油液漏出。从动盘与前盖之间的空间为贮油腔，内装硅油，油面低于轴中心，加入硅油的总量约为 17cm^3。从动盘上有一个进油孔 *A*，平时由阀片盖住，呈关闭状态。将阀片转动一定角度，进油孔 *A* 即打开。阀片的转动靠装在离合器前的盘形螺旋状双金属感温器控制，感温器的外端固定在前盖上，内端卡在阀片轴前端的槽内。从动盘外缘有一个回油孔 *B*。

这种风扇离合器是以硅油为传递扭矩的介质，以双金属热敏感温器为控制元件，由流经散热器的空气温度为热源控制双金属感温器热胀冷缩转动阀片进行离合工作的。

③电磁风扇离合器。如图 2-1-146 所示。

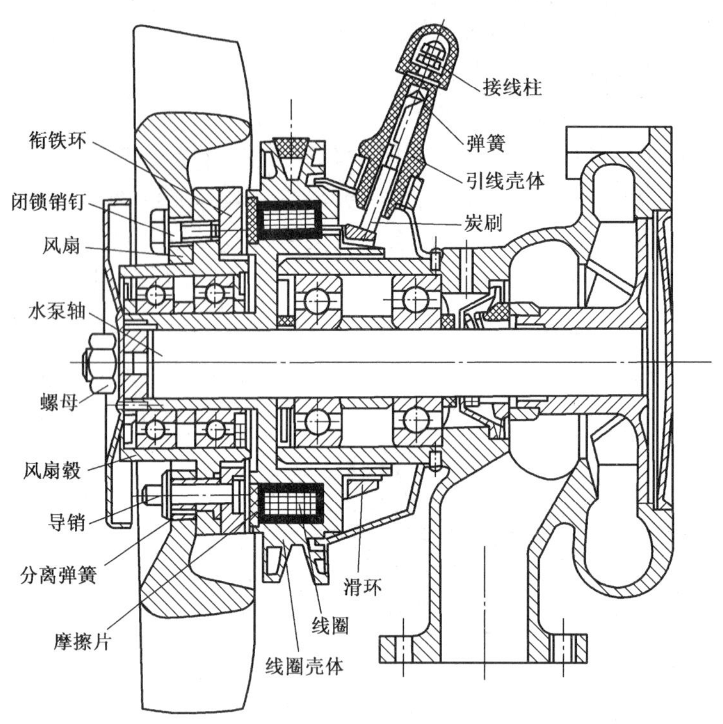

图 2-1-146　电磁风扇离合器

风扇离合器用螺母固定在水泵轴上。离合器由主动和从动两部分组成。主动部分包括带三角皮带槽的电磁壳体、线圈、滑环和摩擦片。从动部分包括用球轴承装在电磁壳体上的风扇毂及可随导销做轴向移动的衔铁环等。线圈用环氧树脂固定在电磁壳体内。引线壳体装在防护罩上,其中心孔内的碳刷靠弹簧压在滑环上。从水温感应开关引来的导线接在接线柱上。

当发动机冷却水温度高于 92℃时,水温感应开关的电路自动接通,线圈通电,电磁壳体吸引衔铁将摩擦片压紧,使离合器处于接合状态。

模块二　压路机行驶及操作系统构造与工作原理

1. 压路机简介

压实机械的类型有静作用式、振动式、冲击式、复合式;按碾压轮分为钢光轮、轮胎轮、羊角轮;按传动方式分为机械传动、液压机械传动、全液压传动;按碾压轮的数量分为单轮、双轮、三轮;按驱动轮数量分为全轮驱动和前轮或后单驱动;按振动分单频单幅、单频双幅、双频双幅。

2. 静力式光面滚压路机

静力式压路机都是由发动机、传动系统、操作系统和行驶系统所组成的。

(1)二轮二轴式压路机

各种不同型号的二轮二轴式压路机除吨位、驱动轮和前轮叉脚有区别外,其他部分基本相同。这种压路机的发动机和传动系统都装在由钢板和型钢焊成的机架内。机架的前端和后部分分别支承在前后轮轴上。前轮为从动方向轮,露在机架外面;后轮为驱动轮,包在机架里面。在前、后轮的轮面上都装有刮泥板,用来清除黏附在轮面上的土壤或结合料。在机架上面装有操作台。

二轮二轴式压路机的传动系统由主离合器、变速器、换向机构和传动轴组成,如图 2-1-147所示。

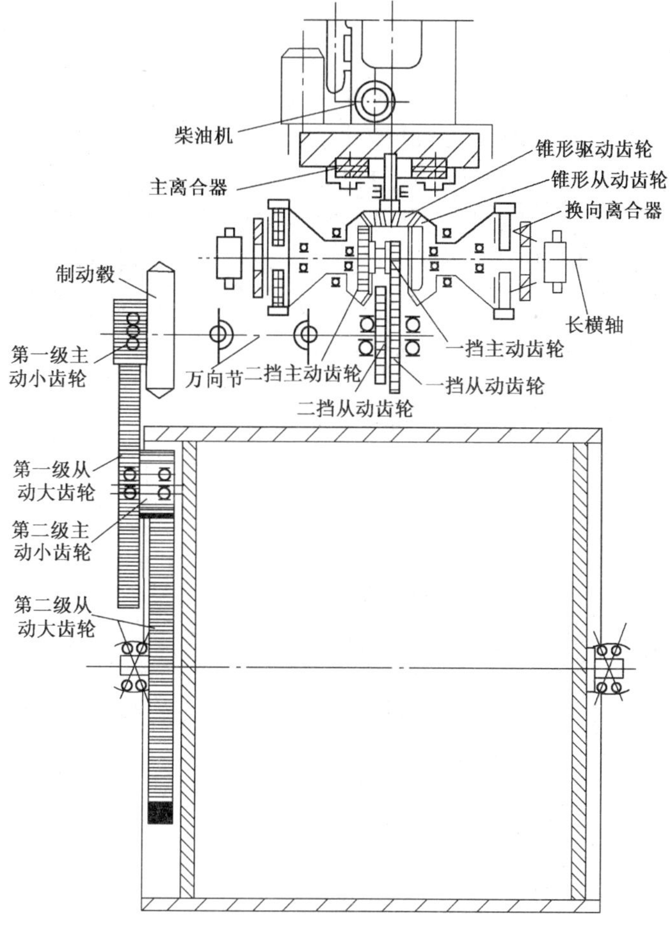

图 2-1-147　2Y8/10 型压路机传动系统

(2)三轮二轴式压路机

三轮二轴式压路机具有两个装在同一根后轴上的较窄而直径较大的后驱动轮,同时在传动系统中有一个带差速锁的差速器,如图 2-1-148 所示。

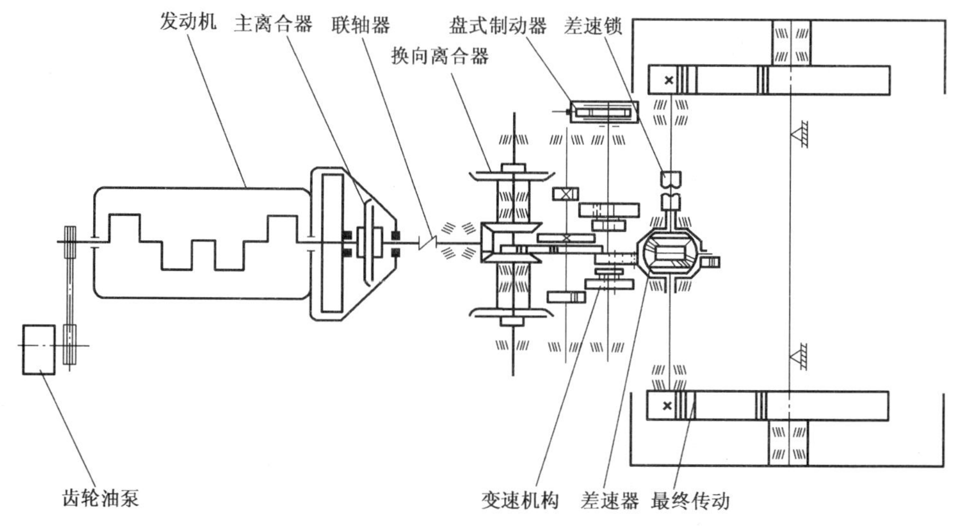

图 2-1-148　3Y12/15 型压路机传动系统简图

3. 振动式压路机

(1)振动压路机的组成

振动式压路机按机械型号的不同,其总体结构也有一定的差异,但一般都由发动机、传动系统、操纵系统、行走装置(振动轮和驱动轮)以及车架(整体式和铰接式)等组成。轮胎驱动铰接式振动压路机总体构造如图 2-1-149 所示。

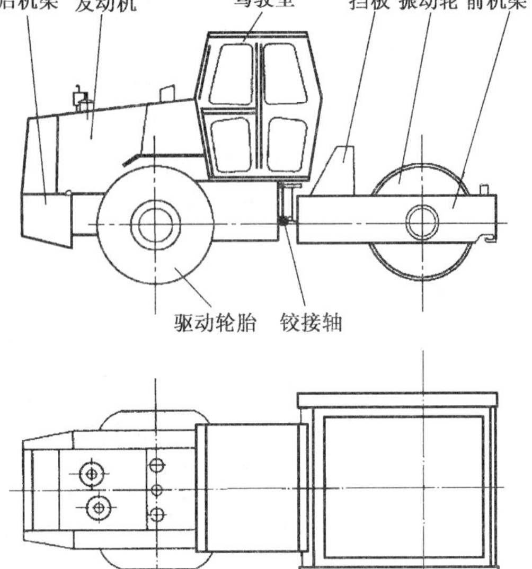

图 2-1-149　轮胎驱动铰接式振动压路机总体构造

(2)振动压路机传动系统

振动压路机种类较多,其传动系统也有较大差异。

①轮胎驱动光轮振动压路机的传动系统。YD10D 型振动压路机为全液压驱动振动压路机,其传动系统如图 2-1-150 所示,具有液压振动、液压转向和液压行走功能。

发动机动力通过分动箱带动行走驱动泵、转向泵和起振泵,并经相应液压马达将动力传给振动轮、转向系统和行走系统。

②两轮串联振动压路机的传动系统。YZ2 型串联振动压路机的动力传递是依靠机械式传动来实现的,其传动系统如图 2-1-151 所示。

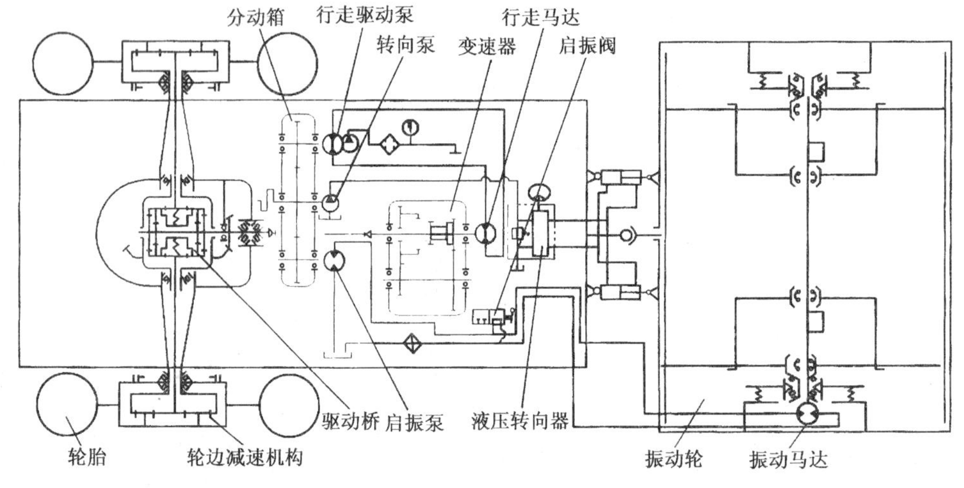

图 2-1-150　YZ10D 型振动压路机传动系统简图

发动机动力经皮带轮和传动轴传到变速器(前进两挡、后退两挡)。动力的一部分经变速器轴 Ⅰ 的离合器,由皮带传给振动轮中心的偏心轴,产生振动;动力的另一部分通过轴 Ⅱ 上的湿式锥形倒顺离合器和轴 Ⅳ 上的牙嵌式离合器,来完成压路机振动轮的前进、后退及变速换挡。

(3)振动轮的结构

振动轮是振动压路机的重要部件。通过振动轮的变频和变幅来完成对土壤、碎石、沥青混合料等的压实。振动压路机有单振动轮、双振动轮、四振动轮(双轴两轮并联式四轮振动压路机)几种结构形式。根据振动轮的功能不同,振动轮的结构也有所不同。振动轮按其轮内激

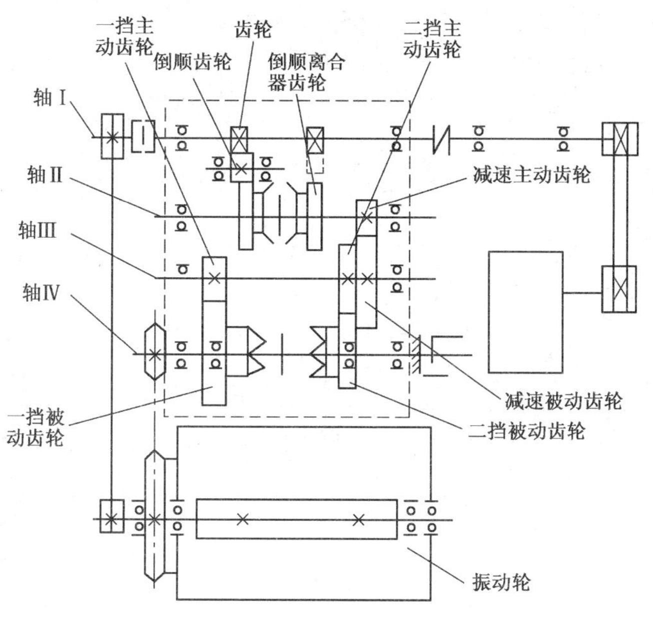

图 2-1-151　YZ2 型振动压路机传动系统简图

振器的结构不同又分为偏心块式和偏心轴式。调整偏心块、偏心轴偏心的质量大小和偏心质量分布可以改变振动轮激振力的大小和振幅的大小,从而适应对不同压实材料的密实作用。而振动轮的调频则是通过液压马达或机械式传动改变激振器转速来实现的。

YZ10D 型轮胎驱动光轮振动压路机振动轮结构如图 2-1-152 所示。它由钢轮、带偏心块的振动轴、中间轴、减振器、连接板等组成。

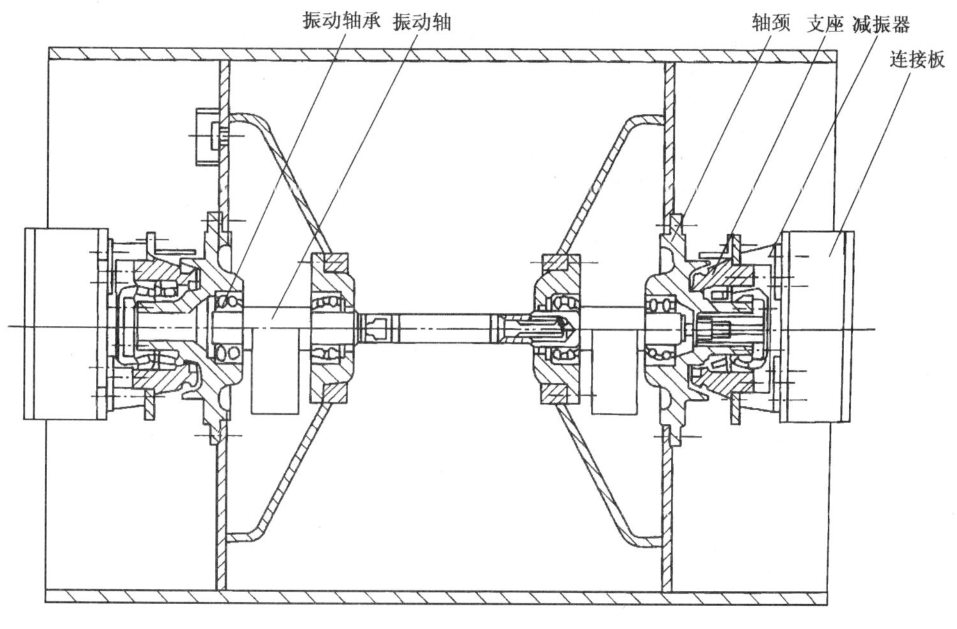

图 2-1-152　YZ10D 型振动压路机振动轮结构简图

振动轮工作时,通过改变振动轴的旋转方向,使固定偏心块与活动偏心块方向一致叠加或方向相反来改变振动轴的偏心质量(偏心矩),从而实现高振幅或低振幅,达到调幅的目的。

偏心式振动轮可实现多级变幅，其偏心质量分布在偏心轴全长度上，通过调整（转动）偏心轴与固定偏心轴或偏心块的相对角度，可得到不同的偏心力矩，从而实现调幅功能。常用的一种套轴调幅机构如图 2-1-153 所示。

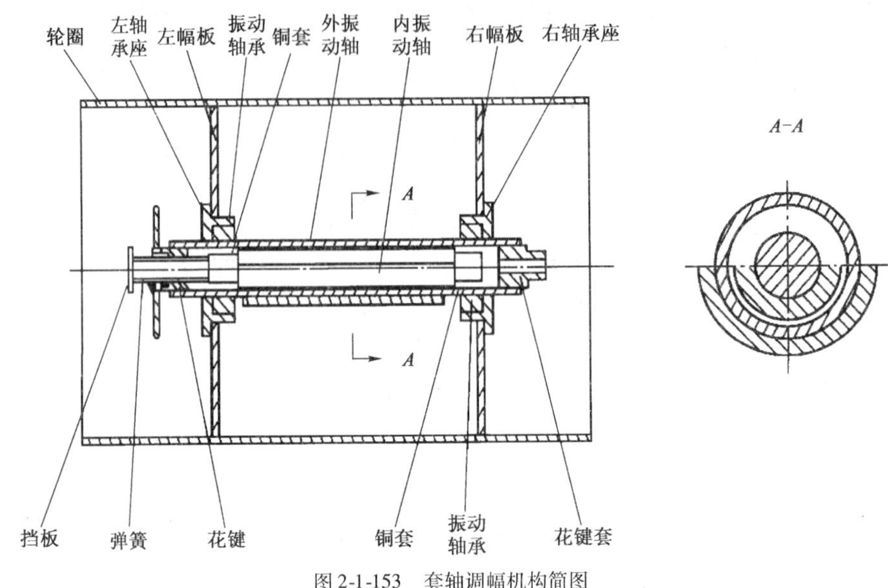

图 2-1-153　套轴调幅机构简图

该机构是由外振动轴、内振动轴、幅板、花键、挡板等构成。外振动偏心轴通过铜套或轴承支承在内振动偏心轴上。外振动偏心轴通过振动轴承安装在左、右辐板上。外振动偏心轴轴端内花键和内振动偏心轴轴端外花键通过一个带有内外花键的套连接起来。振动马达通过花键驱动外振动偏心轴、花键套和内振动偏心轴旋转产生激振力。

当需要调节工作振幅时，握住花键套上的手柄，向左拉出，压缩弹簧，直至花键套的外花键与外振动偏心轴的内花键脱开。此时，花键套的内花键始终与内振动偏心轴的外花键啮合，旋转手柄带动内振动偏心轴与外振动偏心轴的内花键恢复啮合状态。改变内外振动偏心轴上偏心块的相对夹角（位置），则会改变振动轮的振幅。

另外，还有流体（如水银、硅油）变幅的振动轮，其调幅原理如图 2-1-154 所示。它由振动轴、水银槽（或硅油腔）、偏心块组成。

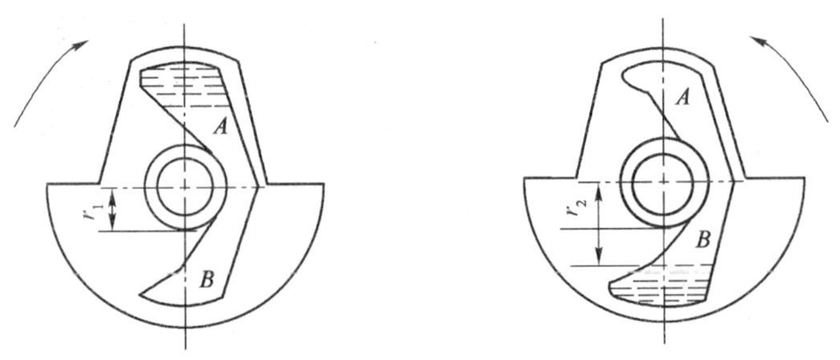

图 2-1-154　流体调幅原理图

当偏心块顺时针旋转时，流体在离心力和惯性的作用下，将滞留在 A 腔外缘空腔内。此时，滞留此处的流体可与一部分偏心块的偏心质量相平衡，偏心质量相应减少。反之，当偏心块逆时针旋转时，由于离心力和惯性的作用，流体将反向滞留在偏心块 B 腔外缘的空腔内。

此时，由于流体流向偏心质量一侧，偏心质量相应增大。

（4）振动压路机主要技术参数

①轴荷载：作用在同一根轴上的重力。

②静线压力（N/cm）：轴荷载与碾压轮宽度之比。振动压路机的压实影响深度大致与振动轮质量成正比。通常静线压力增加一倍，压实影响深度也可以增加一倍。

③碾压速度（1.3～4km/h）：碾压速度影响振动轮对单位面积内材料的压实时间，对压实效果特别明显。一般初压时速度可快一些，而终压时速度可慢一些。

④激振力：振动滚轮内部的偏心块在高速旋转时所产生的离心力。低振幅下和高振幅下所产生的离心力是不同的。由 $F=4\pi^2 m\ r\ n^2$ 可知，改变 r 或频率的大小可改变激振力的高低，但激振力越大，不一定压实效果就越好。

⑤振幅和振频：碾压路基振动频率为 30～40Hz 时效果最好；碾压路面振动频率为 40～50Hz 时效果最好。与振动频率相比，振幅变化对压实效果的影响远比频率的变化所带来的影响要大。一般大振幅能有效地压实基层底部，而较小振幅适合于压实表层，一般压实路基为大振幅2.0～0.8mm，压实路面为小振幅 0.4～0.8mm。

表 2-1-14 为几种常用振动压路机技术数据。

几种常用振动压路机技术数据　　表 2-1-14

湖南三一重工程机械厂生产 YZ18C 振动压路机技术参数		湖南三一重工程机械厂生产 YZC12 振动压路机技术参数		徐州工程机械厂生产 YZ10 振动压路机技术参数	
工作质量（kg）	18 800	工作质量（kg）	12 500	工作质量（kg）	10 900
前轮分配质量（kg）	12 500	前轮分配质量（kg）	6 200	前轮分配质量（kg）	6 700
后轮分配质量（kg）	6 300	后轮分配质量（kg）	6 300	后轮分配质量（kg）	4 200
静线压力（N/cm）	560	静线压力（N/cm）	28.6/28.9	静线压力（N/cm）	24
振幅（mm）	高振幅 1.9	振幅（mm）	高振幅 0.95	振幅（mm）	高振幅 1.74
	低振幅 0.95		低振幅 0.75		低振幅 0.82
振频（Hz）	高振幅时 29	振频（Hz）	高振幅时 40	振频（Hz）	30
	低振幅时 35		低振幅时 50		
激振力（kN）	高振幅时 380	激振力（kN）	高振幅时 104	激振力（kN）	高振幅时 198
	低振幅时 260		低振幅时 78.5		低振幅时 93
行驶速度（km/h）	一速 0～6.5	行驶速度（km/h）	一速 0～7	行驶速度（km/h）	一速 0～5
	二速 0～8.6		二速 0～13.5		二速 0～8
	三速 0～10.2				三速 0～11
	四速 0～12.5				
转向角度	±35°	转向角度	±35°	转向角度	
爬坡能力（%）	48	爬坡能力（%）	40	爬坡能力（%）	45
柴油机型号	德国道依茨公司涡轮增压六缸水冷式	柴油机型号	德国道依茨公司涡轮增压四缸水冷式	柴油机型号	F6L912 北京柴油机厂六缸风冷柴油机

(5)振动压路机液压振动系统(图 2-1-155)

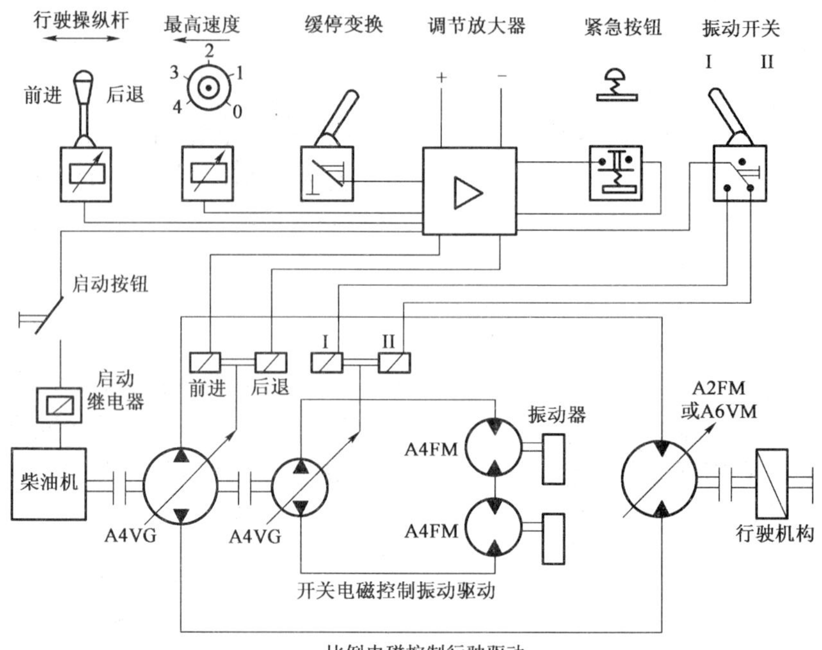

图 2-1-155　典型振动压路机振动液压系统图

振频、振幅变换电磁阀控制振动轮,实现高频小振幅和低频高振幅的转换,改变泵斜盘方向使马达旋转方向的改变,即改变振幅,且斜盘两边的倾角调整不同使泵的流量不同,从而实现振动马达的转速不同,即可获得 29 及 35Hz 的两个振动频率;通过控制振动模式电磁阀可实现前轮单振、后轮单振和前后同振的转换,如图 2-1-156 所示。

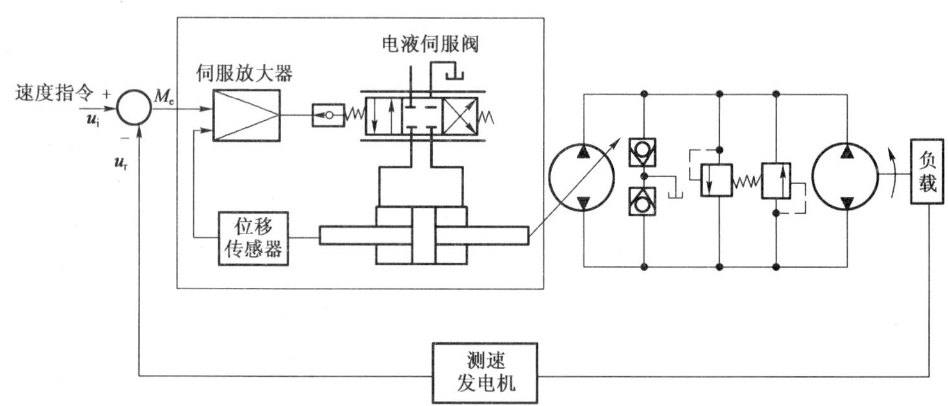

图 2-1-156　振动压路机液压驱动系统工作原理图

(6)振动压路机液压行走驱动系统和制动、转向液压系统

①轮胎驱动振动压路机液压驱动系统。发动机—分动箱—液压泵—液压马达—变速器—驱动桥—驱动轮胎,见图 2-1-157。

②轮胎驱动振动压路机全轮驱动液压系统。发动机—分动箱—液压泵—前后液压马达—减速器—驱动轮;一般两挡无级变速(一挡为 0 ~ 6km/h,二挡为 0 ~ 12km/h),其变速方式是两挡变速器和通过改变变量泵斜盘倾角而改变变量的排量,控制方式有机械式和电子恒速自

动控制。

③双轮串联振动压路机液压驱动系统。发动机—分动箱—液压泵—前后轮液压马达—减速器—驱动轮。

④转向系统。由转向液压泵—全液压转向器—转向液压油缸组成的铰接转向,有的还设有蟹行机构,即可使前后轮纵向中心线偏差一定距离。

⑤制动系统。工作制动,即行进手柄置于中位,利用液压系统的闭锁功能;行车制动,即将行进手柄置于中位,按下制动控制钮,工作制动和制动器同时作用;紧急制动,即按下制动按钮,制动器强行制动,直至液压行走系统溢流而失去驱动能力。

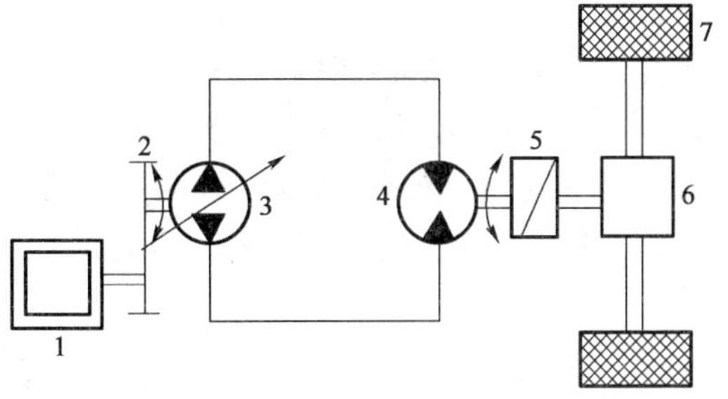

图 2-1-157　轮胎驱动振动压路机典型液压驱动系统图

1-发动机;2-分动箱;3-液压泵;4-液压马达;5-变速器;6-驱动桥;7-驱动轮胎

4. YZC12 和 YZ18C 振动压路机液压系统分析

(1)行走系统

①组成和特点。由双向变量液压柱塞泵、补油泵、前后行走双向变量驱动马达、手动换向伺服阀、二位三通电磁换挡阀和制动系统组成。其特点为闭式回路,两行走马达并联连接。

②工作过程分析见表 2-1-15。

行走系统工作过程分析　　表 2-1-15

工　　况	工 作 原 理
制动	制动油缸无压力油时产生制动,并由制动电磁控制阀控制,当紧急制动时油泵上的二位二通阀处于上位,使油泵斜盘同步回归零位产生液压制动
拖动	手动泵用于停车时松开制动,便于压路机因故障拖动
换向及转速变化	手动伺服阀控制液压泵的油流方向和流量,从而改变前后驱动的马达在不同挡位上的旋转方向和转速,手动伺服阀的控制油液由补油泵提供
换挡	行走驱动马达上的挡位电磁阀可控制行走马达小排量和大排量运行,从而实现快挡和慢挡变换

(2)振动系统

①组成及特点。由双向变量柱塞泵、两个定量马达、补油泵、振频振幅变换电磁阀、振动模式变换电磁阀等组成。其特点为闭式回路、两个振动马达串联连接。

②工作过程分析见表 2-1-16。

振动系统工作过程分析　　表 2-1-16

工　　况	工 作 原 理
变幅	振频和振幅变换电磁换向阀控制振动液压泵的流向,即改变泵斜盘方向使马达旋转方向的改变,即改变振幅,实现高频小振幅和低频高振幅的转换
变频	振动液压泵斜盘两边的倾角调整不同,使泵的输出流量不同,从而实现振动马达的转速不同,即可获得 29Hz 及 35Hz 的两个振动频率
振动模式	通过控制振动模式电磁阀可实现前轮单振、后轮单振和前后同振的转换

③辅助系统。补油泵的压力由溢流阀调定，其向行走和振动泵补油及控制油路和制动油路供油。主油路中的梭阀的作用是主油路之间建立一个低压油路，使之在一定压力下与油箱相通，以实现闭式回路的多余油液流回油箱进行更新、冷却、滤清。主油路中的两个高压溢流阀为控制系统压力而设，起到安全保护作用。

图2-1-158为阀控开关液压振动系统工作原理图。

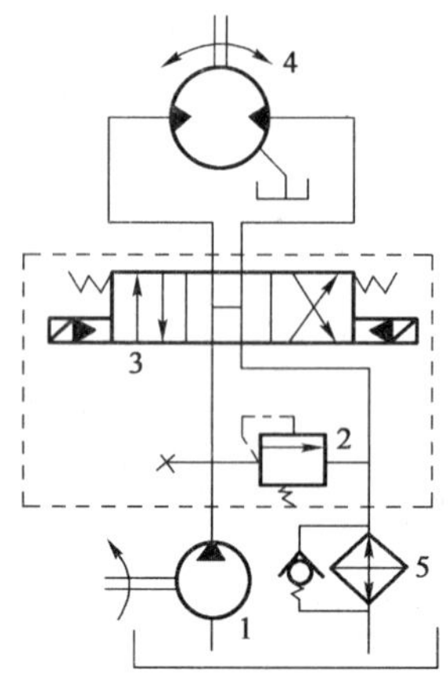

图2-1-158　阀控开式液压振动系统工作原理图

1-齿轮泵;2-溢流阀;3-电液换向阀;4-齿轮马达;5-冷却器

模块三　压路机常用电气设备与电子控制装置构造及工作原理

1.柴油机起动系

(1)起动系的作用与组成

①作用。起动系的作用是产生起动转矩，带动发动机曲轴由静止变为自行运转状态。

电力启动是由直流电动机经传动机构拖动发动机曲轴而启动的。电力启动迅速可靠，操纵轻便，又具有重复启动能力，筑路机械上广泛采用这种启动方式。

②组成。电力起动系统由蓄电池、起动机、起动开关、起动继电器等组成，如图2-1-159所示。

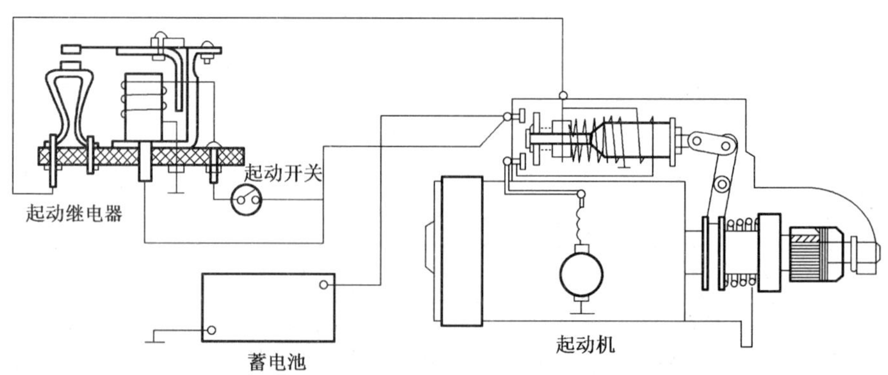

图2-1-159　电力起动系统的组成

起动机一般由三部分组成，如图2-1-160所示。

a.直流电动机。其作用是产生电磁转矩。

b.传动机构。其作用是在发动机启动时使起动机驱动小齿轮啮入飞轮齿圈，将起动机的电磁转矩传递给发动机曲轴;在发动机启动后又能使起动机的驱动小齿轮与飞轮齿圈自动脱开。

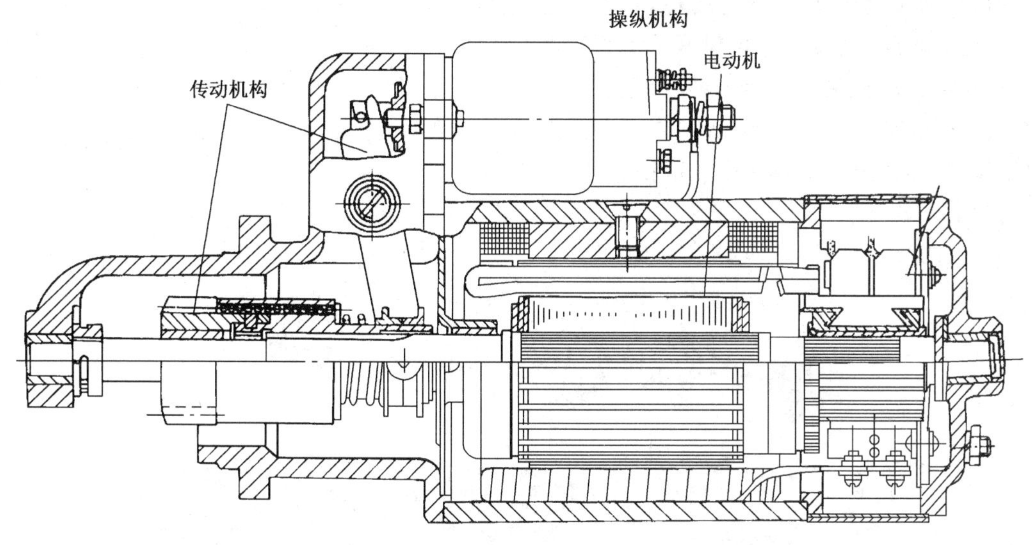

图 2-1-160　起动机的组成

c. 操纵机构。其作用是接通或切断起动机与蓄电池之间的主电路,并驱动拨叉运动。

③起动机的分类。起动机通常按传动机构和操纵机构的不同来分类。按传动机构的啮合方式不同可分为:

a. 惯性啮合式起动机。其驱动小齿轮借助惯性力自动啮入或脱离飞轮齿圈。

b. 移动电枢式起动机。靠起动机磁极磁通的吸力,使电枢轴向移动,将驱动小齿轮啮入飞轮齿圈。

c. 强制啮合式起动机。靠人力或电磁力拉动拨叉,强制拨动驱动小齿轮啮入或脱离飞轮齿圈。

按操纵机构不同可分为:

a. 直接操纵式起动机。由脚踏或手拉杠杆联动机构,直接控制起动机的主电路开关来接通或切断主电路。

b. 电磁操纵式起动机。先由起动按钮或点火开关控制起动机电磁开关,再由电磁开关控制主电路开关来接通或切断主电路。

④起动机的型号。根据标准 QC/T 73—1993 的规定,起动机型号由 5 部分组成:产品代号——电压等级代号——功率等级代号——设计序号——变型代号。其中,产品代号:QD 表示普通起动机;QDY 表示永磁型起动机。电压等级代号:1 表示 12V;2 表示 24V。功率等级代号:含义如表 2-1-17 所示。

起动机的功率等级代号　　表 2-1-17

功率等级代号	1	2	3	4	5	6	7	8	9
功率(kW)	~1	>1~2	>2~3	>3~4	>4~5	>5~6	>6~7	>7~8	>8

例如,QD124 型表示额定电压为 12V,功率为 1.47kW,第四次设计的起动机;QD274 型表示额定电压为 24V,功率为 6.6kW,第四次设计的起动机。

为了增加起动电动机的起动转矩,改善起动性能,部分新变型的 135 系列柴油机增大了起动机电动机的功率,共计有 6.6kW(QD274 型)、8.1kW(ST110 型)和 11kW(QD281 型)三种。

6.6kW 起动机具有简单的密封装置,以阻止油雾和尘土侵入起动电机的内部。11kW 起动电机具有全密封结构,以配合湿式离合器的需要。该型起动机为双线制需外接搭铁,其余型号的起动机皆为单线制内接机壳搭铁。

(2)起动机

①普通起动机的解体如图 2-1-161 所示。

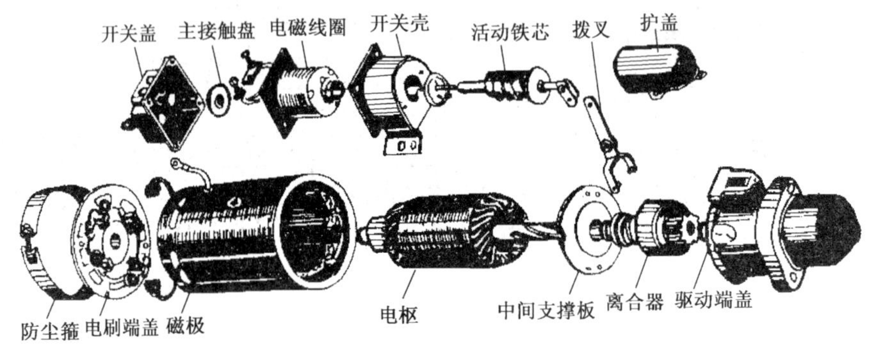

图 2-1-161　普通起动机的解体图

a. 拆下电磁开关与起动机接线柱之间的连接铜片。

b. 拆下电磁开关与壳体的紧固螺钉,取下电磁开关。

c. 拆下起动机防尘卡箍(或防尘罩),用专用电刷钩取出 4 只电刷。

d. 做好装复记号,旋出两只穿心连接螺栓,使驱动端盖(连电枢)、磁极、电刷端盖分离,并注意转子换器处推力垫圈片数。

e. 拆下中间支撑板螺钉,拆下拨叉销轴,从驱动端盖中取出电枢及单向离合器总成。

f. 拆下电枢轴驱动端锁环,先取下挡圈,再取下单向离合器及中间支撑板。

g. 部分组合件无故障时不必彻底解体,如电磁开关、定子铁芯和绕组、传动机构等。

h. 不同型号的起动机拆装顺序有所不同,应按厂家规定的操作顺序进行。

②直流串励式电动机。励磁绕组与电枢绕组呈串联连接的电动机称为直流串励式电动机。直流串励式电动机主要由磁极、电枢、电刷及电刷架、机壳和端盖等组成,如图 2-1-162 所示。

a. 磁极。磁极(或定子)由磁极铁芯和励磁绕组组成,其作用是产生磁场。

为增大起动机的转矩,磁极的数量较多,一般为 4 个,功率超过 7.35kW(10 马力)的起动机也有用 6 个磁极的。如图 2-1-163 所示,励磁绕组由扁铜带(矩形截面)绕制而成,其匝数一般为 6 ~ 10 匝,铜带之间用绝缘纸绝缘,并用白布带以半叠包扎法包好浸上绝缘漆烘干。磁极安装后要保证 N 极和 S 极相间排列。

b. 电枢。电枢(或转子)由电枢轴、铁芯、电枢绕组和换向器组成,其作用是产生电磁转矩。

电枢铁芯由硅钢片叠成后固定在电枢轴上,电枢绕组由较大矩形截面的裸铜带或粗铜线绕制而成,在铁芯片线槽口两侧,用轧纹将电枢绕组挤紧,以免转子高速运转时将绕组甩出而出现飞散现象。电枢绕组的端头均匀地焊在换向器铜片上，为了防止铜制电枢绕组间短路，在铜线与铜线之间及铜线与铁芯之间，均用绝缘纸隔开。

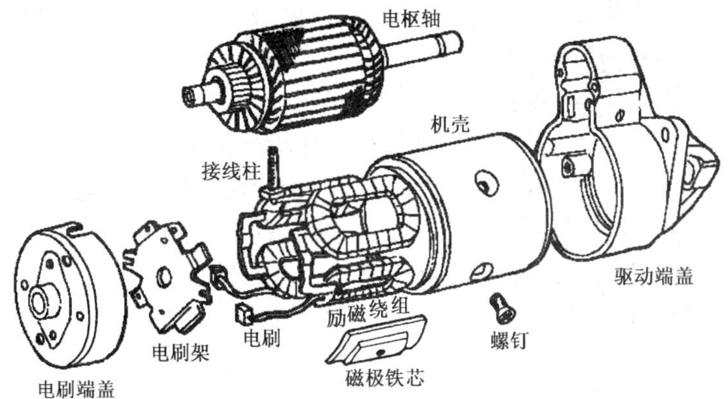

图 2-1-162 直流串励式电动机的结构

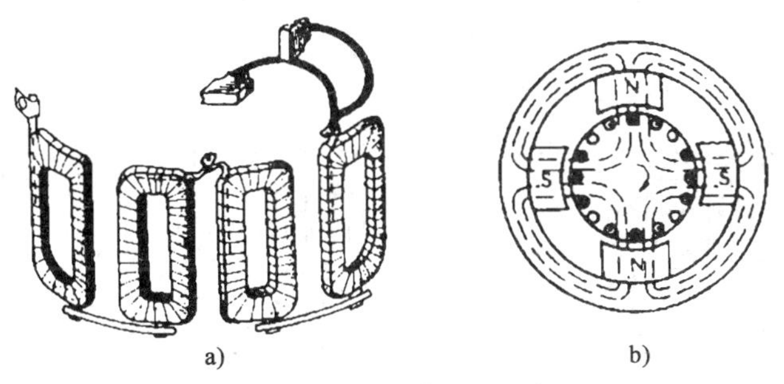

图 2-1-163 励磁绕组与磁路

a）励磁绕组；b）磁路

串励式电动机的电枢绕组与励磁绕组呈串联连接，内部线路如图 2-1-164 所示。

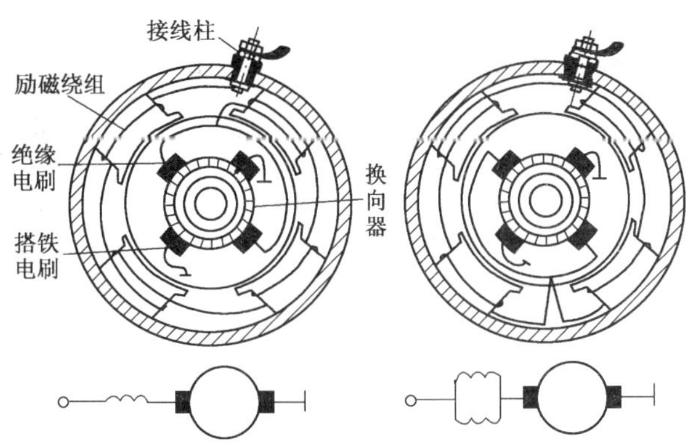

图 2-1-164 串励式电动机内部电路

其中，每两极线圈分别串联后再并联的接法，可以在导线截面相同的情况下增大起动电流，提高起动转矩。

普通起动机转子换向器的结构如图 2-1-165 所示。它由铜片和云母片叠压而成。压装于电枢轴前端，铜片之间以及铜片与轴之间均为绝缘，换向片与线头采用锡焊连接，其作用是维护转子定向转动。

c. 电刷及电刷架。电刷的作用是将电流引入电枢，电刷由铜粉（80% ~90%）和石墨粉压制而成。电刷架上有盘形弹簧，用来压紧电刷。4 个电刷及电刷架装在电刷端盖上，其中两只搭铁电刷利用与端盖相通的电刷架搭铁,另外两只电刷与端盖绝缘。

d. 机壳与端盖。机壳用钢管制成,壳内装有磁极。驱动端盖上有拨叉座和驱动小齿轮行程调整螺钉,轴承一般采用青铜石墨轴承或铁基含油轴承。两端盖与机壳体间接合面上一般有对位用的安装记号,它们靠两个穿心螺栓组装成一个整体。

串励式电动机的工作特性如下:

a. 转矩特性。当串励式电动机磁路未饱和时,电磁转矩与电枢电流的平方成正比。在启动瞬间,磁路未饱和的情况下,由于阻力矩很大,电动机处于完全制动状态,反电动势等于零。此时电枢电流达到最大值,称为制动电流,电磁转矩也达到最大值,称为制动转矩。这样便于启动发动机。

b. 转速特性。直流串励式电动机的电枢转速与电磁转矩成反比,具有轻载转速高、重载转速低的特点。重载转速低可使启动安全可靠,但轻载以及空载转速增高,容易造成"飞散"事故而损坏电动机,所以常采用单向离合器加以保护。

c. 功率特性。直流串励式电动机的输出功率与电枢转速和电磁转矩成正比,当电流约为制动电流的一半时,电动机能发出最大的功率,如图 2-1-166 所示。

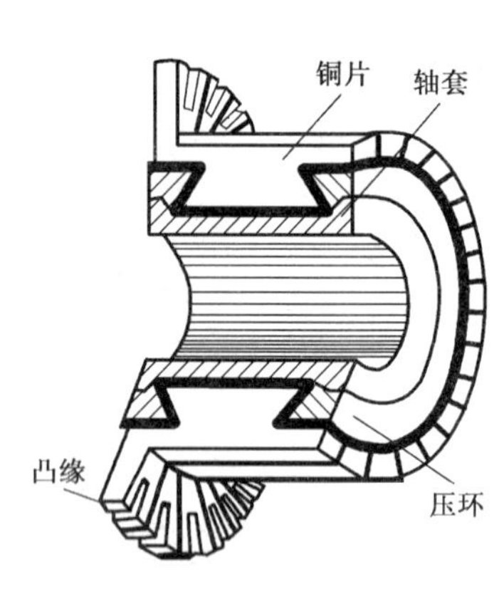

图 2-1-165　换向器的结构

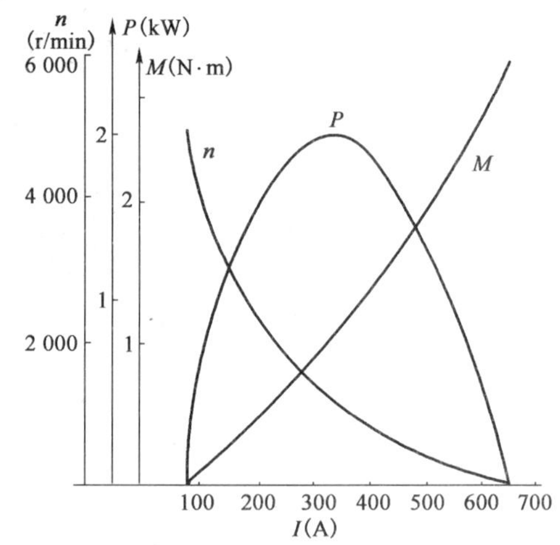

图 2-1-166　串励式电动机的功率特性曲线

起动机的额定功率即为电动机的最大输出功率。影响电动机输出功率的使用因素有接触电阻、导线电阻以及蓄电池的容量等。

③启动传动机构。起动机的传动机构是由单向离合器和拨叉等组成。单向离合器的作用是在启动时将电动机的转矩传给发动机,而在发动机启动后自动打滑,保护起动机电枢不致飞散。常用的单向离合器分滚柱式、弹簧式和摩擦片式三种。

a. 滚柱式单向离合器。滚柱式单向离合器的结构如图 2-1-167 所示。

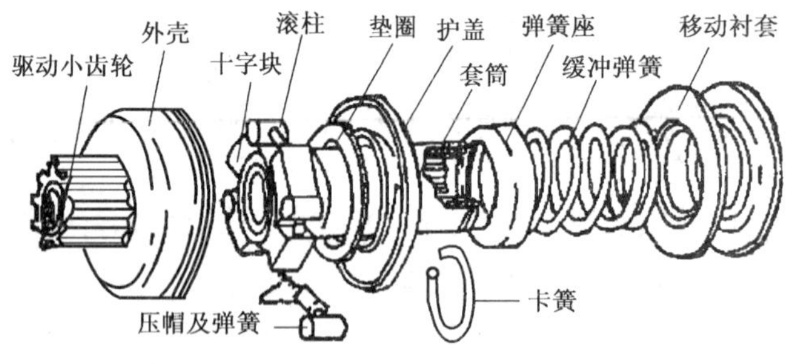

图 2-1-167　滚柱式单向离合器

在发动机启动时，滚柱式单向离合器的滚柱处于楔形槽的窄处被卡死。将起动机转矩传递给驱动小齿轮，如图 2-1-168a）所示，带动飞轮齿圈旋转起来。一旦发动机启动以后，转速升高，飞轮齿圈则带动驱动小齿轮旋转，滚柱滚入楔形槽的宽处而打滑，如图 2-1-168b）所示。这样飞轮上的转矩就不会经驱动小齿轮传给起动机的电枢轴，从而避免了电枢绕组出现超速飞散的现象。

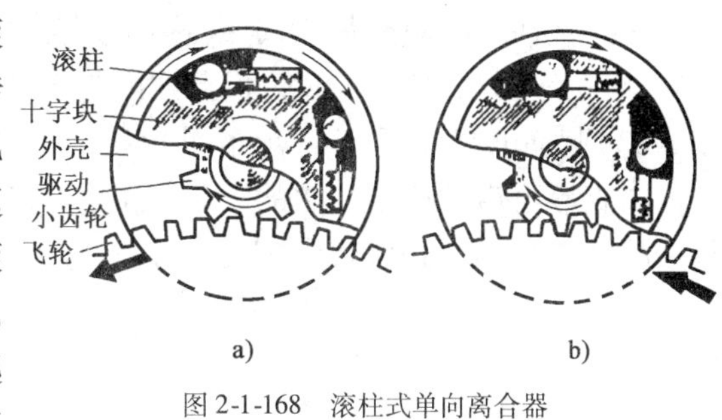

图 2-1-168　滚柱式单向离合器
a）启动；b）打滑

滚柱式单向离合器工作时滚柱为线接触传力，结构简单，坚固耐用，工作可靠，但在传递大转矩时滚柱易卡死，故多用于中、小功率的起动机上。

b. 弹簧式单向离合器。ST614（QD2612）型起动机用的弹簧式单向离合器是通过扭力弹簧的径向收缩和放松来实现离合的，其结构如图 2-1-169 所示。

离合器的齿轮与花键套间采用浮动的月形键连接，齿轮后端传力圆柱表面和花键套筒外圆柱面上包有扭力弹簧，扭力弹簧两端各有 1/4 圈内径较小，分别箍紧在齿轮柄和套筒上，扭力弹簧外装有护套。

弹簧式单向离合器具有扭力弹簧圈数多、轴向尺寸较大、结构简单、寿命长、成本低的特点，适用于大、中型起动机。

c. 摩擦片式单向离合器。摩擦片式单向离合器是通过主、从动摩擦片的压紧和放松来实现离合的，其结构如图 2-1-170 所示。花键套筒套在电枢轴的螺旋花键上，其外圆表面上有三线螺旋花键，上边套着内接合鼓，内接合鼓上有 4 个轴向槽，主动摩擦片的内凸齿插在其中，从动摩擦片的外凸齿插在与驱动小齿轮成一体的外接合鼓的槽中，主、从动摩擦片相间排列。在花键套筒的左端拧有螺母，螺母与摩擦片之间装有弹性圈、压环及调整垫片。组装好的离合器其摩擦片间无压力。

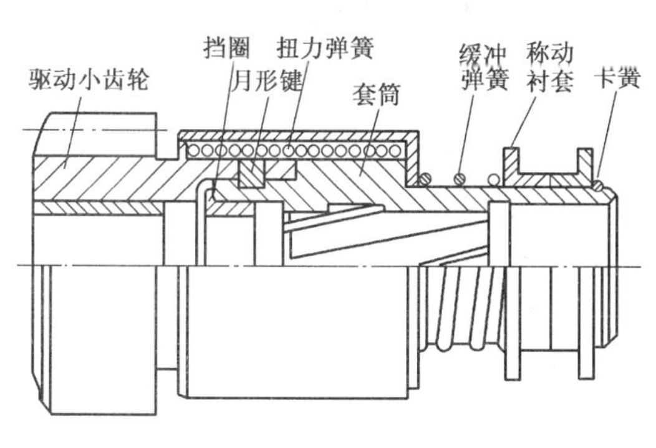

图 2-1-169　弹簧式单向离合器

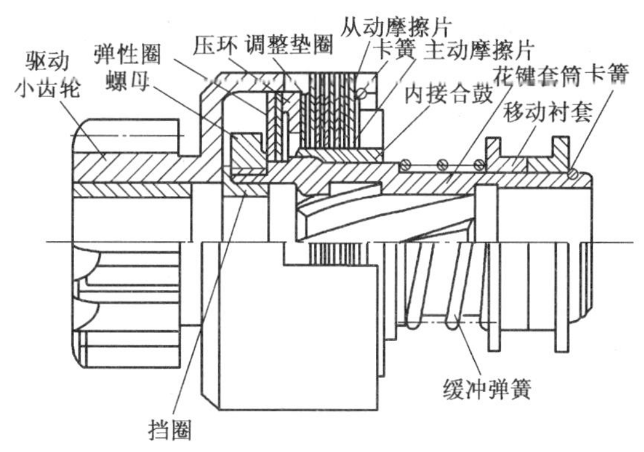

图 2-1-170　摩擦片式单向离合器

摩擦片式单向离合器传递的最大转矩可通过增减薄垫片进行调整。额定功率为 2.2 ~ 8.1kW的中型起动机和 11kW 的大型起动机常采用摩擦片式单向离合器。但该离合器结构复杂，传动比不能太大，摩擦片磨损后摩擦力大大降低，因而必须时常进行调整。

d. 起动机的操纵机构。起动机的操纵机构也称控制机构，可分为机械操纵式和电磁操纵式（图 2-1-171）两种。电磁操纵是指起动机主电路的控制靠电磁开关实现。电磁开关由吸拉线圈、保持线圈、活动铁芯、固定铁芯、主开关接触盘、接线柱、拨叉连杆、铁芯及复位弹簧组成。其中,吸拉线圈与电动机串联,保持线圈与电动机并联。

(3)起动电路分析

①直接由启动按钮控制的启动电路。3Y12/15 型压路机的起动电路如图 2-1-172 所示。其结构特点是:启动电路直接由起动按钮控制,拨叉和主电路由电磁开关控制工作。

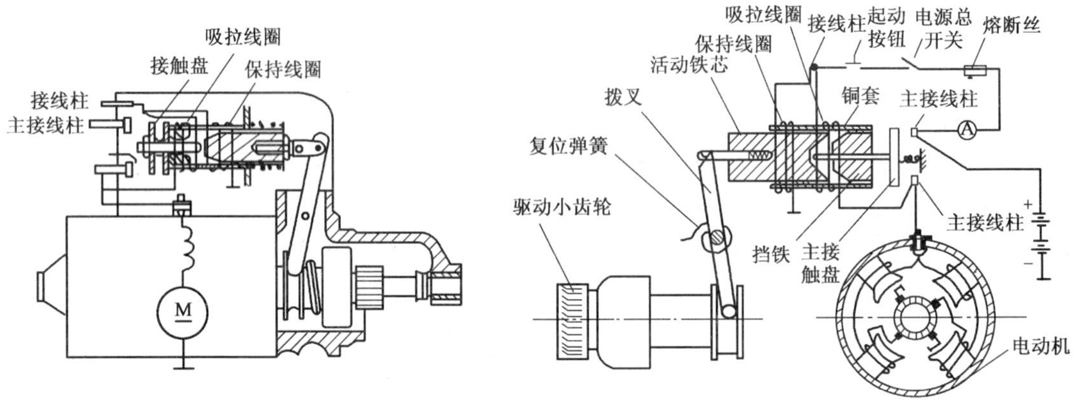

图 2-1-171　电磁操纵式起动机示意图

图 2-1-172　3Y12/15 型压路机的起动电路

当接通电源总开关并按下起动按钮时,吸拉线圈和保持线圈的电路被接通,其电流流径为:蓄电池"+"→主接线柱→电流表→熔断丝→电源总开关→起动按钮→吸拉线圈→起动机→搭铁→(另一路:起动按钮→保持线圈→搭铁)。

这时活动铁芯被两个线圈的相同方向电磁力吸入,克服复位弹簧的弹力向右移动,带动拨叉,使驱动小齿轮与飞轮齿圈啮合。由于吸拉线圈的电流流经励磁绕组和电枢绕组,产生一定的电磁转矩,驱动小齿轮是在缓慢旋转过程中啮合的。当齿轮啮合好以后,接触盘将主电路接通,蓄电池的大电流流经起动机的电枢和励磁绕组,产生正常的电磁转矩,带动发动机曲轴旋转。与此同时,吸拉线圈被短路,齿轮的啮合位置由保持线圈的吸力来保持。

②带起动继电器的起动电路。装用较大功率起动机时,常用带起动继电器的起动电路。起动继电器的作用就是以小电流控制大电流,保护起动开关,减小起动机电磁开关线路的电压降。

由起动继电器控制的 QD124 型起动机电路如图 2-1-173 所示。

它由三条电路组成,即起动继电器线圈电路、电磁开关线圈线路和电动机电路。前两条电路是控制电路,后一条电路是受控电路。起动继电器触点控制起动机电磁开关的大电流,该电流值一般为 35～40A,而用起动开关控制继电器线圈的小电流。

③带安全驱动保护功能的起动电路。安全驱动保护功能包括以下几点:

a. 发动机一旦启动后,应能使启动机停止工作。

b. 发动机工作时,即使错误地接通了起动开关,起动机也会不工作。

图 2-1-174 所示,JD136 型组合继电器控制电路具有安全驱动保护功能。它由起动继电器和保护继电器(充电指示灯继电器)两部分组成,其工作原理如下:

在发动机未被启动时,硅整流发电机不发电,中性点抽头"N"接线柱电压为零。保护继电器线圈无电流通过,起动继电器线圈电流经保护继电器常闭触点搭铁。当电源开关转到起动

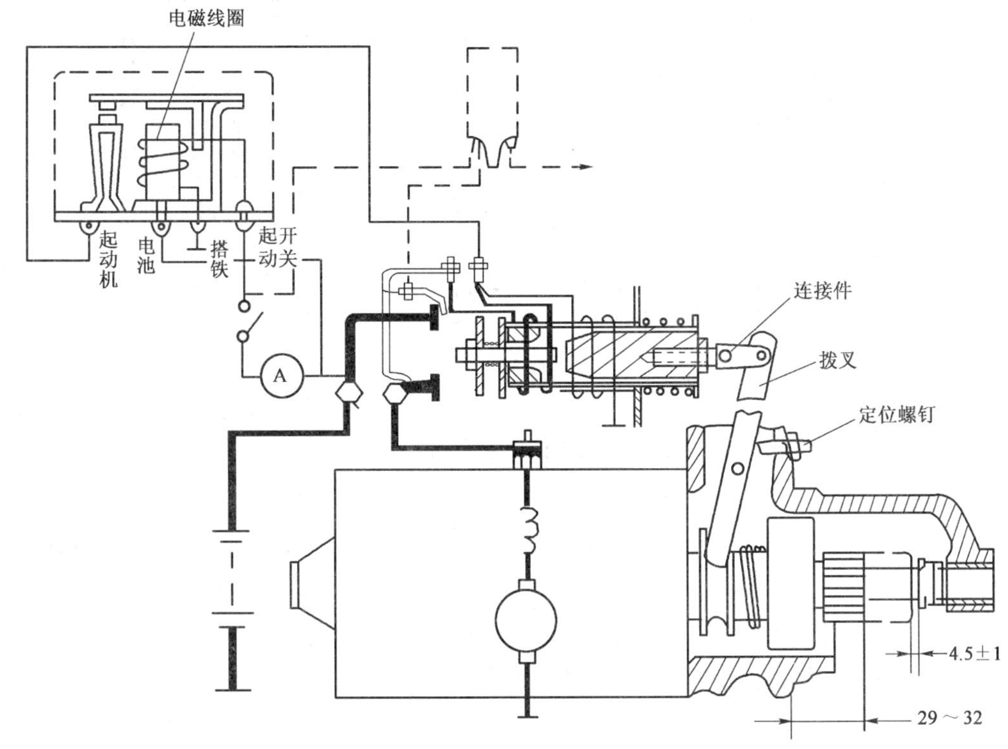

图 2-1-173　QD124 型起动机电路

挡时,起动机可正常通电工作。发动机启动后,发电机中性点抽头"N"接线柱输出正常电压,作用在保护继电器线圈上,使常闭触点断开。此时,即使没有及进放松起动开关或误将开关钥匙重新转到起动挡位置,起动机也不会旋转。

④电压转换开关。在一些筑路机械的柴油机上,起动系采用了较大功率的 24V 起动机,其目的是为了提高起动机的比功率,减少起动机的体积和质量,而发电机和其他用电设备仍按 12V 电压设计。为此,就需要一种在启动时将两只并联的 12V 蓄电池串接为 24V 电源的电压转换开关。

转换开关的工作原理如图 2-1-175 所示。

转换开关正常状态时整车电气系统为 12V,当起动开关 K 接通时,转换开关工作,使蓄电池Ⅰ和Ⅱ串联成 24V 电源。

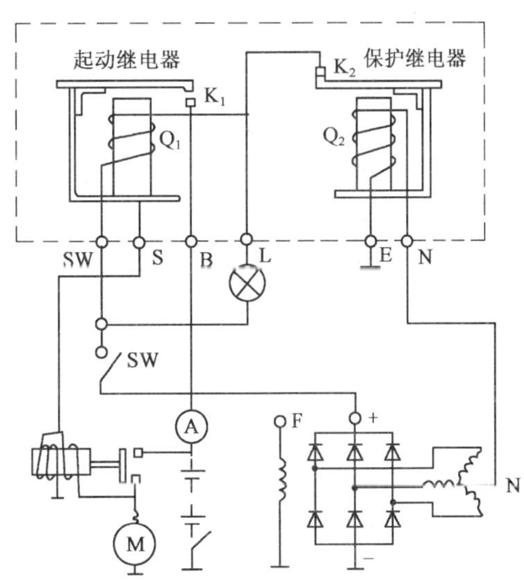

图 2-1-174　JD136 型组合继电器控制电路

(4)起动系的故障判断

起动系常见故障有起动机不转、起动机运转无力、起动机空转、异响等。参照图 1-173 电路图,说明起动系故障的排除方法。

①起动机不转故障排除。

a. 开前照灯或按喇叭,判断蓄电池是否亏电较多。

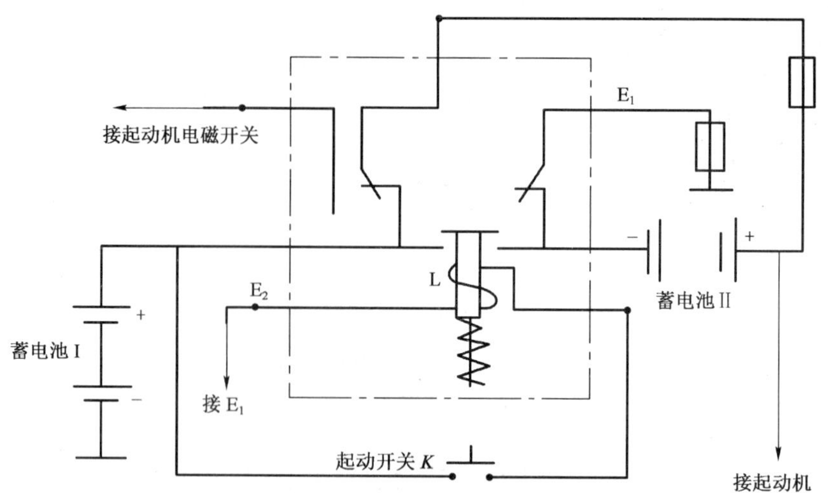

图 2-1-175　转换开关工作原理示意图

b. 短接电磁开关上两个主接线柱，若起动机不转，则故障在起动机内部；若起动机运转，故障可能在电磁开关或起动继电器。

c. 短接电磁开关上的“电源”与“继电器”接线柱，如图 2-1-176 所示。若起动机运转正常，则电磁开关良好，故障在起动继电器及其连接线路。

d. 短接起动继电器的“起动机”和“电源”接线柱，如图 2-1-177 所示。若起动机运转正常，则继电器有故障。

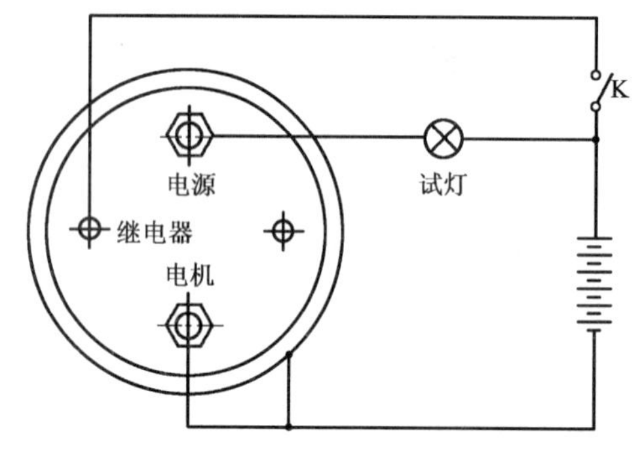

图 2-1-176　电磁开关接通时刻的检验电路

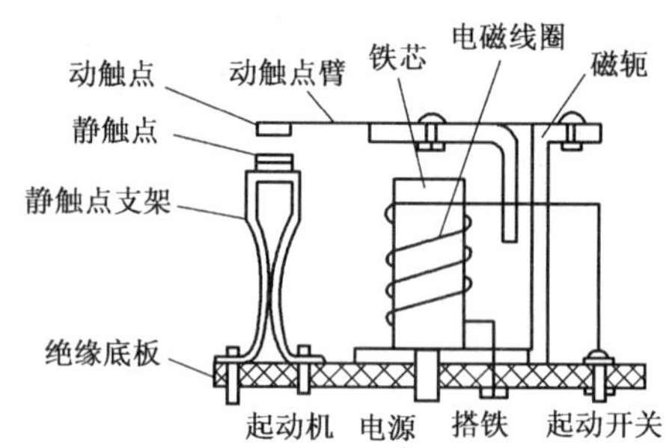

图 2-1-177　起动继电器的接线柱

②起动机运转无力故障排除。

a. 开前照灯或按电喇叭，判断蓄电池是否亏电较多，并检查线路连接是否牢固。

b. 用电压表测量各段连接线的电压，判断接触情况是否良好。

c. 短接起动机两个主接线柱，若起动机运转正常，故障在电磁开关；若仍运转无力，则故障在起动机内部。

③起动机空转的主要原因是单向离合器打滑。

④起动机驱动小齿轮与飞轮不能啮合且有撞击声的原因是：电磁开关闭合过早或齿轮磨损过甚及损坏，可采取相应的调整、修理或更换新件等措施排除故障。

（5）柴油机启动时的注意事项

①按规定做好柴油机启动前的准备工作，冬季应利用预热器配合启动。

②检查电气线路是否正确，导线接触是否紧密。

③检查蓄电池充电是否充足。

④起动机每次启动时间不超过5s,每次启动的间隔应大于10s。当柴油机连续三次不能启动时,应对柴油机、起动机、蓄电池和连接导线等进行检查,等排除故障后再启动。

⑤柴油机一旦启动,应立即放松启动按钮,使起动机齿轮由啮合位置退出而停止工作。

2.柴油机充电系

充电系的作用是向压路机各用电设备提供直流低压电能。图2-1-178所示为压路机常用的充电系原理图,它由蓄电池、硅整流发电机、电压调节器等组成。蓄电池与发电机并联连接。电压调节器与发电机配套使用,使发电机在转速变化时能保持其输出电压的恒定。

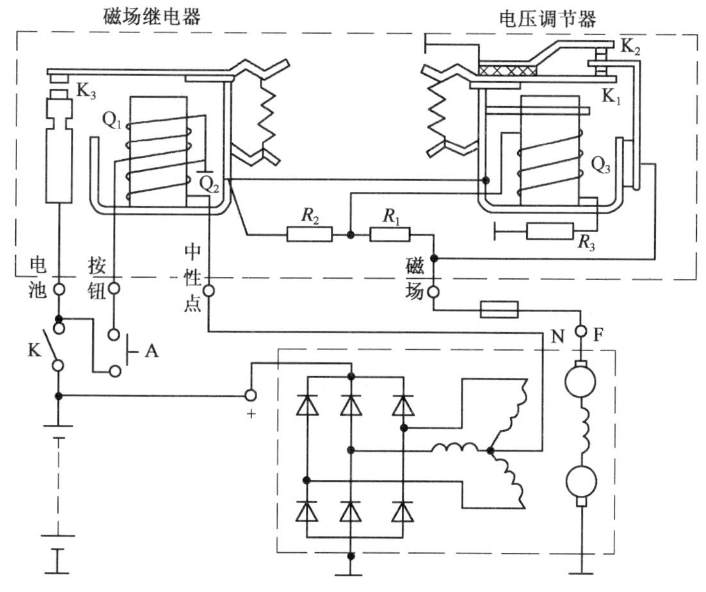

图2-1-178 压路机充电系原理图

(1)铅蓄电池

①作用。蓄电池是一种既能将化学能转化成电能,又能将电能转化成化学能的可逆低压直流电源。它主要有以下几方面的作用:

a.启动发动机时,向起动机提供强大电流(有的柴油机起动电流可高达1 000A),同时向其他用电设备提供电能。

b.发电机不发电或输出电压较低时,向用电设备供电。

c.发电机过载时,协助发电机向用电设备供电。

d.发电机端电压高于蓄电池电动势时,蓄电池以被充电状态吸收发电机剩余电能,并将其转化成化学能储存起来。

e.蓄电池能吸收电路中出现的瞬时过电压,还具有稳定充电系电压和保护晶体管元件不被损坏的作用。

②结构。普通铅蓄电池主要由正负极板、隔板、电解液、外壳、联条和极桩等部分组成。

a.极板。极板是蓄电池的核心,蓄电池的充、放电过程就是依靠极板上的活性物质和电解液中硫酸的化学反应来实现的。正、负极板均由栅架和活性物质组成。

栅架的作用是容纳活性物质并使极板成形,一般由铅锑合金浇铸而成。加锑的目的是为了提高机械强度和浇铸性能,但加锑后易引起蓄电池自行放电、水的汽化和栅架的腐蚀。

活性物质是极板上的反应物质，正极板上的活性物质是二氧化铅（PbO_2），呈深棕色；负极板上的活性能物质是海绵状的纯铅（Pb），呈青灰色。将正负极板各一片浸入电解液中，即可获得2.1V的电动势。为了增大蓄电池的容量，将多片正、负极板分别并联焊接成正、负极板组。安装时正、负极板相互嵌合，中间插入隔板，放入单格电池槽内，形成单格电池。为了减轻正极板的变形和活性物质脱落，每个单格电池中的负极板总比正极板多一片。

b.隔板。隔板的作用是使正、负极板尽量靠近而不至于短路。

c.电解液。电解液的作用是形成电离，促使极板活性物质溶离，产生可逆的电化学反应。它是由密度为1.84g/cm^3的化学纯净硫酸和蒸馏水按一定比例配制而成，其相对密度一般在1.24～1.30（25℃）。使用时，应根据当地最低气温或制造厂的推荐进行选择。

课题七　压路机安全操作与环境保护知识

模块一　压路机安全操作规程

（1）只有经过培训并熟悉本型号压路机的驾驶员才允许驾驶压路机。

（2）压路机应备有使用手册，以便驾驶员在压路机使用过程中对其进行维护。

（3）压路机应随车带有全套修理工具。

（4）压路机在夜间或雾天工作时，工作场所应备有照明设备。

（5）压路机在工作时，禁止非工作人员在机上和附近停留。

（6）禁止用拖动的方法启动发动机。

（7）不得将车辆交给非驾驶员驾驶。

（8）压路机在急剧转弯时，只许用慢速挡行驶。

（9）禁止压路机在运行中注油和修理。

（10）压路机在坡道运行时，尽可能不要变速，如需变速，需加以制动后进行，必须慢速下坡。

（11）压路机成纵队作业前，前后两车距离应保持在3m以上。

（12）当压路机的修理需要工作人员进入车底部工作时，发动机应预先熄火，而且压路机应加以可靠制动。

（13）压路机工作完毕后，应对压路机加以制动。

（14）禁止压路机横摆路中，必要时，加以灯光警示信号。

（15）驾驶员必须严格遵守压路机技术保养规程及安全操作规程。

模块二　压路机运用过程中的环境保护知识

1.空气污染

（1）污染的概念。污染是指有害产物对环境的玷污。如果污染物达到足够的数量，就会对植物、动物和人产生损害。

（2）污染的形式。化学污染、热污染、辐射污染、水污染、噪声污染和空气污染。

（3）空气污染。任何燃烧过程的副产品。发动机的废气排放是最大的空气污染源之一。

2.其他类型的污染

（1）液态废弃物。包括蓄电池酸性电解液、废机油、防冻液、空调制冷剂、废齿轮箱润滑油、废液压油、制动液和非金属废弃物。

(2)固态废弃物。包括金属、橡胶、塑料、玻璃、沥青混合料。

3. 环境保护措施

(1)减少发动机的废气排放中的有害气体。

(2)做一个有环保意识的人,不随意排弃对环境有污染的液态和固态废弃物。

(3)回收再利用是减少污染物最有效的办法。

模块三 安全防火知识

1. 燃烧与火灾

(1)燃烧的条件。可燃物、助燃物(空气)、火源同时具备,且相互作用下才能发生。

(2)防火的基本技术措施。隔离法(将可燃物与火源隔离)、冷却法(将燃烧物的温度降至燃点以下)、窒熄法(消除助燃物)。

2. 燃烧的种类

(1)闪燃。可燃蒸气与空气混合后,遇到火源而发生燃烧的现象称为闪燃。发生闪燃的最低温度称为闪点。

(2)着火。可燃物与火源接触发生燃烧的现象称为着火。可燃物发生着火的最低温度称为燃点。

(3)自燃。可燃物受热升温而不需要明火作用就能自行燃烧的现象称为自燃。引起自燃的最低温度称为燃点。

3. 防止发生火灾的措施

(1)遵守防火规定。安全存放易燃物品,禁止在易燃地点吸烟,禁止用易燃液体擦洗机械,经常检查电气设备导线绝缘状况防止漏电失火,机械上必须备有灭火器。

(2)火灾的类型。火灾起源于普通可燃物燃烧(用泡沫灭火器灭火)、火灾起源于可燃液体燃烧(用泡沫灭火器和二氧化碳灭火器灭火)、火灾起源于电子设备短路故障燃烧(断开电源,用二氧化碳灭火器和干粉灭火器灭火)。

模块四 安全用电知识

1. 电流对人体的伤害

(1)电击。当人触及带电压的导线时,便会有电流通过人体入地,损坏人的心脏、肺及神经系统。

(2)电伤。电流的热效应对人体的烧伤和烫伤。

(3)安全电压与电流。人体能承受的安全电压为36V,承受的电流为40mA。若超过安全电压,则对人体产生的危险后果为肌肉痉挛、心房颤动、心脏停跳、烧伤。电击的严重程度与受害者被电击的电流大小和持续时间有关。

2. 避免触电事故发生的措施

(1)安全用规定。使用三角接地或者双层绝缘设备,确保电气设备所有电线性能良好,一定要设有接地故障电路保护器,禁止非专业人员检修电气设备,使用电气设备时保持双手干燥,禁止站在地上有水的地方。

(2)防止触电的安全措施。绝缘保护、安全低电压、接地保护、漏电保护开关。

(3)发生触事故后的应采取的紧急措施。切断电源或用绝缘体将受害者与电压分离开来。当受害人停止心跳或呼吸时,则重复用人工呼吸和按摩心脏的方法紧救。

课题八　公路工程基本知识

模块一　公路基本组成

公路是一种建筑在大地上的一条线形的带状空间结构,它主要承受各汽车车轮荷载的重复作用和经受各种自然因素的长期影响。因此,公路不仅要有平顺的线形、缓和的纵坡,而且还要有坚固稳定的路基、平整和抗滑性好的路面、牢固可靠的桥涵以及必要的防护工程和附属设施,以满足公路交通的要求。

公路工程由路线工程和结构工程两大部分组成。

1. 路线组成

公路路线即公路的中心线。公路为平面上有曲线、纵面上有起伏的立体空间线形。

平面线形由直线和平曲线组成,面平曲线又包括圆曲线和缓曲线。

纵面线形由直线坡段和竖曲线两大分组成。

公路路线的平面、纵断面和横断面是公路的几何组成部分。

2. 结构组成

公路的结构组成主要包括路基、路面、桥涵、隧道、排水工程(边沟、截水沟、排水沟、跌水、急流槽、盲沟、过水路面、渗水路堤、渡水槽等)、防护工程(护栏、挡土墙、护脚等)、路线交叉工程及公路沿线设施。高等级公路为了便于交通组织、保证交通安全、提高服务质量、发挥公路效能,还设置了较为完善的公路安全设施、管理服务设施、通信系统、监控系统、供电照明系统以及环境绿化工程等。

(1)路基。路基是公路的重要组成部分,是线形构造物的主体。路基是路面的基础,它与路面共同承受车辆荷载的作用,所以,路基必须具有足够的强度和整体稳定性。由于路基通常由天然土石材料修筑而成,因此要求路基应具有足够的水稳定性,如图 2-1-179 所示。

(2)路面。路面是公路与汽车车轮直接接触的结构层,主要承受车轮荷载和磨损。它是用各种不同的材料铺筑于路基顶面的单层或多层结构,因此要求路面具有足够的强度、稳定性、平整度和粗糙度,以利于车辆在其表面安全地行驶。路面工程的质量直接影响到公路的使用性能和服务质量,如图 2-1-180 所示。

图 2-1-179　路基

图 2-1-180　路面

（3）桥梁、涵洞。公路路线常常需要跨越大小不同的障碍物（如河流、山谷、铁路、公路），故需要修筑桥梁和涵洞。我国《公路工程技术标准》（JTG B01—2003）（以下简称标准）规定，凡单孔跨径大于或等于 5m 或多孔跨径总长大于或等于 8m 者，都称为桥梁；当小于上述值时，则称为涵洞，如图 2-1-181、图 2-1-182 所示。

图 2-1-181　涵洞

图 2-1-182　桥梁

（4）隧道。山区公路，路线往往要翻越垭口或穿越山梁，为了获得较高的路线线形标准，减少过大的土石方开挖工程量，往往以隧道方式通过，如图 2-1-183 所示。

（5）排水工程。排水工程分为地面排水和地下排水两大部分。地面水包括雨水、雪水及大小河沟溪水等，这是路基排水的主要方面，也是对路基造成危害的主要水源；地下水包括包气带水、潜水及层间水等。它们对路基的危害程度因埋藏情况而异，轻者能使路基湿软，降低路基强度和路面的承载力；重者会引起冻胀、翻浆或造成边坡滑塌，甚至整个路基沿倾斜基底滑动，如图 2-1-184 所示。

图 2-1-183　隧道

图 2-1-184　排水工程

（6）防护工程。公路常年暴露于自然环境中，承受着各种自然条件的影响，如水流冲刷，行车荷载等。为保证公路不被破坏、路基稳定和提高公路的使用品质，按作用的不同，防护工程可分为边坡防护、冲刷防护、支挡建筑物等，如图 2-1-185 所示。

（7）公路附属设施保证公路功能、保障安全行驶的配套设施，是现代公路的重要标志。公路附属设施主要包括交通安全设施、监控系统、收费系统、通信系统四大类，如图 2-1-186 所示。

图 2-1-185 防护工程

图 2-1-186 公路附属设施

模块二 公路路基路面施工

1. 施工准备

路基施工前进行路中线的复测,水准点的复测与导线点的复测与增设。放出路线的中桩和边桩,并在路基外设引桩。清除原地面上杂草、树根、农作物残根、腐蚀土、垃圾等。雨季施工注意路基排水。必要时修筑施工便道。

2. 路基施工

(1)一般路基

对于一般土基,先清除地表杂物后填挖至所需高程推土机推平、拌灰,然后用平地机整形刮平,压路机压实至合格压实度。路床填挖工程接近完工时,恢复和仔细检查道路中线、纵横断面、高程,保证有良好的平整度和密实度,对不符合设计要求部分要予以修整。

(2)高填方路基

土方从取土场运至现场后直接堆放到需要铺筑的路段进行翻晒,当土的含水率达到最佳含水率时,拌灰摊平压实到规定压实度。每层土的松铺厚度不宜超过30cm,分层压实,严格控制压实度,每层都要进行检测压实度、弯沉、纵断高程、横坡、边坡等。

碾压成型的填方路基,如遇雨淋,无论验收与否,应在雨后重新碾压,对翻浆处进行换填处理后再填筑上一层。压路机碾压时,应遵循先轻后重、先静后振、先低后高、先慢后快以及轮迹重叠等原则。压路机碾压实注意与坡脚距离,碾压不到的部分,应采用小型机具分层夯实。

(3)二灰、水稳路基

在土路基的压实度、弯沉、高程等试验项目合格后进行摊铺。施工前先施工200m试验段,测量员提前布置好导梁或钢线,洒好中线与边线,组织叠好路梗。通过试验段总结出松铺厚度、达到压实度时的碾压遍数以及最佳机械组合方式,以试验段数据作为大面积施工的依据。二灰碾压前检验其含水率,使其含水率保持在最佳含水率的±2%范围内。若含水率较低,可适当洒水润湿。初压时采用6~8t压路机由两侧向路中心稳压1~2遍,测量员指挥平地机立即进行找平,找平后振动压路机压实至无明显轮迹。压实达到规范规定的密实度。压实成型并经检验符合标准的二灰,必须在潮湿状态下养生不少于7d。养生期间砌筑路缘石。

3. 路面施工基本知识

(1)试验段施工

在二灰、水稳路基的压实度、弯沉、平整度、高程等试验项目合格后,进行底面层施工。正

式施工前必须进行 200m 的试验段施工。通过试验段检验解决如下问题:

①确定施工机械设备的型号、数量和组合方式。

②确定摊铺机的摊铺温度、速度、宽度和自动找平方式等操作工艺。

③确定压路机型号、压实顺序、碾压温度、速度和遍数等压实工艺。

④测定密实度的对比关系(钻孔法和核子密度仪法对比)。

(2)现场施工

测量员提前布置好导梁或钢线,洒好中线与边线遮盖路缘石、井盖。摊铺过程中随时检查摊铺厚度、路拱、横坡。

施工前,根据施工面积计算沥青混合料的使用量,并结合摊铺能力、运距等因素,确定运输车辆的数量。运输车辆进入摊铺现场轮胎上不得粘有泥土等赃物,倒车向摊铺机靠近时不许撞击摊铺机,应停在摊铺机前 100 ~ 300mm 处待摊铺机向前行驶与之接触,两机接触后即可卸料用摊铺机推动向前,直至卸料完毕。

铺筑高速公路、一级公路沥青混合料时,一台摊铺机的铺筑宽度不宜超过 6(双车道) ~ 7.5m(3 车道以上)。通常宜采用两台或更多台数的摊铺机前后错开 10 ~ 20m,呈梯形方式摊铺。两幅之间应有 30 ~ 60m 宽度的搭接,并躲开车道轮迹带,上、下层的搭接位置宜错开 200mm 以上。

摊铺机开工前应提前 0.5 ~ 1h 预热熨平板,使其不低于 100℃。铺筑过程中应选择熨平板的振捣或夯锤压式装置具有适宜的振动频率和振幅,以提高路面的初始压实度。熨平板加宽连接应仔细调节,使摊铺的混合料没有明显的离析痕迹。

摊铺机必须缓慢、均匀、连续不间断地摊铺,不得随意变换速度或中途停顿,以提高平整度,减少混合料的离析。摊铺速度宜控制在 2 ~ 6 m/min 的范围内。对改性沥青混合料及 SMA 混合料宜放慢至 1 ~ 3m/min。

摊铺机应采用自动找平方式。根据沥青混合料的不同,采用钢丝绳、平衡梁或非接触式平衡梁引导的高程控制方式。

沥青路面施工温度应符合沥青混合料的最低摊铺温度的要求。

碾压:碾压采用先轻后重、先慢后快的原则。初压时采用双钢轮压路机,静压 1 ~ 2 遍。复压紧跟在初压后开始,采用振动钢轮压路机,且不得随意停顿,碾压段长度尽量缩短,通常不超过 60 ~ 80m,每台压路机宜全幅碾压,防止不同部位的压实度不同,碾压 4 ~ 5 遍。终压紧接在复压后,若复压已经无明显轮迹时,可免去终压。采用胶轮碾,碾压至无明显轮迹。

压路机应从外侧向路中碾压,超高路段由低向高碾压,在坡道上应将驱动轮由低向高碾压。邻碾压带重叠 1/3 ~ 1/2 宽,最后压至路中心。在当天碾压的沥青混凝土层面上,不得停放任何机械或车辆,并不可散落矿物和油料污染沥青面层。

对于主路路缘石边缘路边缘、加宽段等大型压路机难于碾压的部位,宜采用小型振动压路机补充碾压。

接缝处理:两台摊铺机同时摊铺施工避免了纵向接缝,因摊铺机作业中断时的横接缝,横向接缝与摊铺方向大致垂直。横接缝采用平缝,用切缝机将尽头边缘锯成垂直面,在下一行程进行铺筑前,将切缝时的水清除干净。同时,在上一次行程的末端涂刷适量的黏层沥青,然后紧贴缝壁摊铺混合料。接缝采用横向碾压。碾压开始时,将压路机轮宽的 15cm 置于新铺的沥青混合料上,使压路机重力的绝大部分处在压过的铺层上,然后逐渐横移,直到整个滚轮进入新铺层上。横向碾压后,再改为纵向碾压,用 3m 直尺检查平整度。若不符合要求,立即沉热处理。沥青混凝土上下层横向接缝应错开 20 ~ 30cm。

单元二 相关法规

课题一 《中华人民共和国劳动法》的相关知识

劳动是一个人一生中最重要的内容之一，也是社会发展中最重要的社会活动。通常意义上的劳动是指人们的有意识并有一定目的的体力或脑力的劳作。但要成为《中华人民共和国劳动法》（以下简称《劳动法》）上所指的劳动，还须具备以下要件：首先，必须是履行法律上的义务；其次，必须是基于劳动合同关系；第三，是在从事职业性的有偿劳动。劳动关系是指以劳动给付为目的的劳动者与用人单位之间的关系。劳动关系包括一定的经济因素，同时还包含有一定的社会因素，因而不同于民法中的单纯的债的关系。劳动关系所附随的一切关系是指劳动法不仅规范当事人之间的契约关系，还调整关系到劳动者职业上之地位而发生的一切关系，如劳动保护及社会保险、职业介绍、集体合同等内容均属劳动法规制的范畴。

《劳动法》是国家的基本法之一，是规范劳动关系及其附随的一切关系的法律制度的总称。我国的《劳动法》是国家为了保护劳动者的合法权益，调整劳动关系，建立和维护适应社会主义市场经济的劳动制度，促进经济发展和社会进步，根据宪法而制定颁布的法律。从狭义上讲，我国《劳动法》是指于1994年7月5日八届人大通过，并于1995年1月1日起施行的《劳动法》；从广义上讲，《劳动法》是调整劳动关系的法律法规，以及调整与劳动关系密切相关的其他社会关系的法律规范的总称，主要包括劳动法律、劳动行政法规、劳动行政规章、地方性劳动行政法规和规章，以及具有法律效力的其他规范性文件、劳动司法解释等。

我国的《劳动法》适用于在中华人民共和国境内的企业、个体经济组织（以下统称用人单位）和与之形成劳动关系的劳动者。劳动者与国家机关、事业组织、社会团体和与之建立劳动合同关系的，也要遵守劳动法。公务员、法官、检察官、教师、律师、医生以及其他事业编制人员不适用劳动法。

《劳动法》规定：我国劳动者享有八个方面的权利，即平等就业和选择职业的权利、取得劳动报酬的权利、休息休假的权利、获得劳动安全卫生保护的权利、接受职业技能培训的权利、享受社会保险和福利的权利、提请劳动争议处理的权利以及法律规定的其他劳动权利。

《劳动法》规定：劳动者应当完成劳动任务，提高职业技能，执行劳动安全卫生规程，遵守劳动纪律和职业道德。

劳动法规定：国家采取各种措施，促进劳动就业，发展职业教育，制订劳动标准，调节社会收入，完善社会保险，协调劳动关系，逐步提高劳动者的生活水平；国家提倡劳动者参加社会义务劳动，开展劳动竞赛和合理化建议活动，鼓励和保护劳动者进行科学研究、技术革新和发明创造，表彰和奖励劳动模范和先进工作者。

劳动法规定：劳动者有权依法参加和组织工会。工会代表和维护劳动者的合法权益，依法独立自主地开展活动。劳动者依照法律规定，通过职工大会、职工代表大会或者其他形式，参与民主管理或者就保护劳动者合法权益与用人单位进行平等协商。

劳动法规定：国务院劳动行政部门主管全国劳动工作。县级以上地方人民政府劳动行政部门主管本行政区域内的劳动工作。

课题二 《中华人民共和国安全生产法》的相关知识

安全生产法律是国家法律体系中重要组成部分，是改善劳动条件、实现生产安全、保护劳动者在生产过程中的健康和安全而采取的总的措施，施工生产必须认真贯彻落实。

1.《中华人民共和国安全生产法》（以下简称《安全生产法》）所规定从业人员的权利

（1）知情权。生产经营单位的从业人员有权了解作业场所和工作岗位存在的危险因素、防范措施，并有权对本单位的安全生产工作提出建议。

（2）批评、检举、控告权。从业人员有权对本单位安全生产工作中存在的问题提出批评、检举、控告，生产经营单位不能因此而降低其工资、福利待遇，或者解除与其订立的劳动合同。

（3）拒绝权。从业人员有权拒绝生产经营单位的违章指挥和强令冒险作业。

（4）紧急避险权。从业人员发现直接危及人身安全的紧急情况时，有权停止作业或采取可能的应急措施后撤离作业场所，生产经营单位不得因此降低其工资、福利待遇或者解除与其订立的劳动合同。

（5）依法向本单位提出赔偿的权利。因生产安全事故受到损害的从业人员，除依法享有工伤保险外，依照有关民事法律尚有获得赔偿的权利的，有权向本单位提出赔偿要求。

2.《安全生产法》规定从业人员的义务

（1）遵守安全生产规章制度和操作规程的义务。从业人员在作业过程中，应当严格遵守本单位的安全生产规章制度和操作规程，服从管理，正确佩带和使用劳动防护用品。

（2）接受安全生产教育和培训的义务。生产经营单位的从业人员应当接受安全生产教育和培训，掌握本职工作所需的安全生产知识，提高安全生产技能，增强事故预防和应急处理能力。

（3）危险报告义务。从业人员发现事故隐患或者其他不安全因素，应立即向现场安全管理人员或者本单位负责人报告，接到报告的人员应及时予以处理。

3. 工伤保险条例有关规定

（1）用人单位应按照有关法律法规的要求，为企业职工办理工伤保险，并按时为职工缴纳保险费，职工个人不缴纳工伤保险费。

（2）职工有下列情形之一的应认定为工伤，有关单位和个人应参照工伤保险条例进行妥善处理：

①工作时间和工作场所内，因工作原因受到事故伤害的。

②工作时间前后在工作场所内，从事与工作有关的预备性或者收尾性工作受到事故伤害的。

③在工作时间和工作场所内，因履行工作职责受到暴力等伤害的。

课题三 《中华人民共和国道路交通安全法》的相关知识

这部法律的主要内容共分 8 章 124 条，包括总则、车辆和驾驶人员、道路通行条件、道路通行规定、交通事故处理、执法监督、法律责任和附则。它规定了两条基本原则，一是依法管理的原则，二是方便群众的原则。

该法全方位规范了车辆和驾驶员管理，明确了道路通行条件和各种道路交通主体的通行规则，确立了新的道路交通事故处理原则和机制，加强了对公安机关交通管理部门及其交通警察的执法监督，完善了违反交通安全管理行为的法律责任。这部法律在总结以往道路交通安全管理工作经验的基础上，充分借鉴了世界发达国家交通安全管理的成功做法，确立了我国未来交通安全管理的价值理念、主要制度和基本原则，充分体现出依法、科学、便民、以人为本的指导思想。

课题四 《中华人民共和国环境保护法》的相关知识

环境保护法，在广义上又称为环境法，是调整因开发、利用、保护和改善人类环境而产生的社会关系的法律规范的总称。其目的是为了协调人类与环境的关系，保护人体健康，保障社会经济的持续发展。其内容主要包括两个方面：一方面是关于合理开发利用自然环境要素，防止环境破坏的法律规范；另一方面是关于防治环境污染和其他公害，改善环境的法律规范。另外，还包括防止自然灾害和减轻自然灾害对环境造成不良影响的法律规范。环境保护法除具有法律的一般特征外，还具有综合性、科学技术性、公益性、世界共同性、地区特殊性等特征。环境保护法律规范，最早可以追溯到三四千年前的古代国家，但作为一个独立法律部门的现代环境法出现在世界上是在20世纪六七十年代。我国的环境保护法是在20世纪70年代末以后迅速发展起来的，目前已经初步形成了包括环境保护的宪法规范、环境保护基本法、环境保护单行法和环境保护法规、规章在内的体系，成为我国整个法律体系中的一个独立法律部门。我国环境保护法的范围主要包括：环境污染防治法，如水污染防治法、大气污染防治法、噪声污染防治法等；自然环境要素保护法，如森林法、水法、野生动物保护法、水土保护法等；文化环境保护法，如风景名胜保护条例、自然保护区条例等；环境管理、监督、监测及保证法律实施的法规，如环境监测管理条例、建设项目环境保护管理办法、报告环境污染与破坏事故的暂行办法、环境保护行政处罚办法等。另外，还有各种环境标准，包括环境基础标准和方法标准、环境质量标准和污染物排放标准。随着环境保护事业的发展和环境法制工作的加强，我国环境保护法的内容将不断充实和完善。

1. 三视图由哪几部分组成？有哪些投影规律？
2. 零件图的尺寸标注基本原则有哪些？尺寸标注有哪三个要素？
3. 什么叫尺寸公差？尺寸公差有哪些基本术语？
4. 零件配合有哪几种基本形式？
5. 机械传动有哪几种常见的形式？
6. 基本直流电路由哪些部分组成？
7. 欧姆定律的内容是什么？如何用公式表达？
8. 压路机电路由哪几部分组成？
9. 什么是液压传动？其基本原理是什么？

10. 什么是液力传动？液力变矩器由哪几部分组成？
11. 筑路机械是如何分类的？
12. 常用的金属材料是如何分类的？
13. 常用的燃油、润滑油、液压油、冷却液是如何分类的？
14. 压路机用的柴油发动机由哪些机构和系统组成？
15. 柴油发动机的工作原理是什么？
16. 压路机电气系统的组成及工作原理是什么？
17. 常用的压路机有哪些类型？
18. 压路机安全操作规程有哪些？
19. 公路的基本组成有哪些？
20. 公路路基路面施工的基本程序有哪些？

第三部分　压路机操作工（初级）工作要求

单元一　压路机施工作业

学习目标

本单元主要学习压路机作业准备、路基压实及沥青混凝土路面压实作业方面的基本知识。

知识要求

1. 掌握压路机各仪表及信号的名称和作用；
2. 了解压路机上下拖车安全注意事项；
3. 掌握静力式压路机压实路基基层工序及技术要求；
4. 掌握静力式压路机压实沥青混凝土面层工序及技术要求。

技能要求

1. 能识读压路机各种仪表；
2. 能进行压路机试运转及驾驶压路机转场、上下拖车；
3. 能用换向前调车法、换向后调车法压实直线路段路基基层；
4. 能用换向前调车法、换向后调车法压实直线路段路沥青混凝土面层。

课题一　压实作业准备

模块一　识读各种仪表、识读各种信号

下面以徐州工程机械厂生产的C25型振动压路机仪表和操纵装置为例，要求驾驶员能够正确识读各仪表及各种信号，如图3-1-1所示。表3-1-1为常用仪表及信号功能。

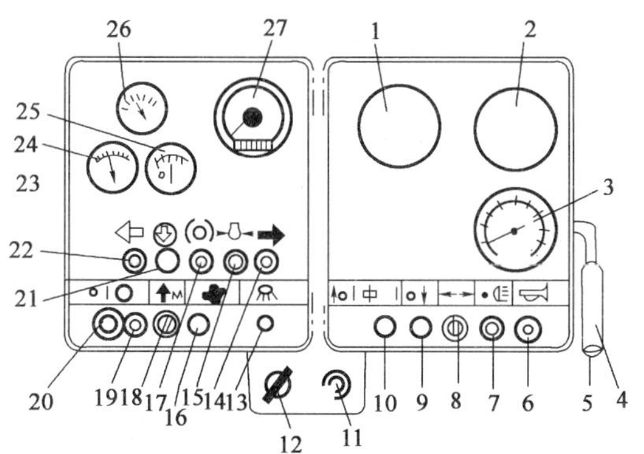

图3-1-1　仪表盘示例

1-密实度计；2-冷却剂温度表；3-时速表；4-前进后退操纵杆；5-振动开关（ON/OFF）；6-喇叭按钮；7-前照灯开关；8-转向灯开关；9、11-加速踏板；12-停车控制；13、14-右转向指示；15-油压指示；16、17-制动指示灯；18-振幅选择开关；19-启动按钮；20-启动开关（钥匙）；21-空滤器指示；22-左转向指示；23-液压信号灯；24-油温表；25-燃油表；26-电流表；27-转速计/工作时数表

常用仪表及信号功能 表 3-1-1

名　称	功　能	识读方法	故障后果
1. 充电指灯	指示充电系统是否工作正常	正常情况下，打开启动开关时，指示灯亮，当发动机启动后，指示灯熄灭，否则，说明充电系统出现故障	长时间不充电，会造成蓄电池电量不足，导致启动困难
2. 机油压力指示灯	指示柴油机润滑系是否工作正常	正常情况下，打开启动开关时，指示灯亮，当发动机启动后，指示灯熄灭，否则说明润滑系统出现故障	发动机各零件表面得不到很好的润滑，短时间内可能造成发动机损坏
3. 冷却液温度表	指示发动机冷却液温度	正常情况下，表针应在绿区范围内移动，发动机工作温度为 90℃ 左右。当表针指入红色区域，表明发动机工作温度过高，冷却系可能出现故障	发动机工作温度长时间过低或过高都会造成功率下降或非正常磨损
4. 机油油位指示灯	指示柴油机油底壳油位	正常情况下，指示灯平时不亮。当油位过低，指示灯亮，并伴有报警声	机油消耗过量，需对发动机进行检查，并添加机油
5. 燃油表	指示燃油箱油量	表针所指位置为燃油箱所存燃油量，计量单位为升（L）	提示驾驶员，避免因燃油耗尽造成停车
6. 工作小时表	记录柴油机工作时间	记录本要累计工作小时，为机械按时实施各级维护保养提供依据	
7. 发动机转速表	指示发动机工作转速	显示即时发动机转速，可间接判断发动机的功率和工作状况	
8. 液压油温度指示灯	指示液压油工作温度	油温正常时，灯不亮，当油温超过 90℃ 时，灯亮	油温过高，会降低液压系统元件的使用寿命，油温升过快，说明液压系统工作不正常
9. 制动指示灯	指示制动系统是否工作正常	正常情况下，当机械行走时，灯熄灭，当停车制动时，灯亮	制动停车时，灯不亮，说明制动可能失灵
10. 作业指示灯	指示各工作系统处于工作状态	正常情况下，各工作系统和行走系统都处于停止状态时，灯亮；当各工作系统和行走系统都处于工作状态下，灯熄灭	紧急状态下，保护设备和人身安全
11. 密度计	显示所碾压工作面即时密度值	根据碾压密度即时数据，驾驶员确定碾压是否达到预期效果	

模块二　压路机试运转

1. 压路机启动前准备

为了保证压路机可靠地工作，在作业前务必检查下列各项，将发现的不正常现象予以消除。

（1）各连接部分的紧固件是否有松动现象。

（2）燃油、机油、齿轮油、液压油和冷却水是否充足。

(3)蓄电池电量是否充足,柴油机起动电源接头(蓄电池位置)有无松脱。

(4)需要用刮泥板时,刮泥板应紧贴轮面,但不宜太紧,不需要时可将刮泥板顶起。

(5)如在雾天或夜间工作时,应提前检查照明设备。

(6)检查制动装置是否有效。

(7)如果有差速锁,应检查差速联锁装置,是否可以脱开。

2.压路机的启动

启动压路机时应按下列次序进行:

(1)将变速操纵杆置于空挡位置。

(2)将换向操纵杆置于空挡位置。

(3)将调速手柄置于高速位置。待柴油机启动后,立即将加速踏板降至低速位置,使柴油机怠速运转。

(4)踏下主离合器踏板,使主离合器脱开。

(5)转动钥匙开关,接通起动电路(或按起动按钮),使柴油机启动。柴油机启动后应立即放松起动钥匙开关或松开起动按钮,使起动机停转。

(6)柴油机以500~700r/min的转速空载,然后逐渐加大加速踏板提高转速,进行预热。此时,驾驶员应密切注意各仪表上的读数及柴油机运转情况。当水温表读数达到55℃,机油温度达到45℃时才允许进行负荷运转。

(7)在室外温度低于5℃启动柴油机有困难时,还须遵守以下规定:

①必须把热水注入到柴油机冷却系统中。

②加入油底壳的机油应预热至约80℃。

(8)松开主离合器踏板,接合主离合器。

(9)操纵变速及倒顺杆时,必须先分离主离合器,切断发动机动力,以免损坏传动齿轮。

3.压路机的运行操作

路基、路面的压实是利用压路机在同一地点进行多次滚压来达到目的的。滚压的次数、速度及运行方向,应根据路基和路面的种类及作业条件决定。

(1)在压路机运行或作业时,驾驶员应注意其运行方向,利用转向盘操纵压路机。

(2)密切注意仪表盘上各种仪表的读数。

(3)变速及换向时,应先将主离合器脱开,待车停稳后,再操纵换向杆。

(4)带有差速装置的压路机没有必要时,不要将差速联锁装置接上,特别是当压路机准备转弯时,更应预先检查一下,以免对工作面造成损坏。

(5)操纵转向盘时,不要作急速转向,否则容易损坏机械件,而且影响作业质量。

4.压路机停车

驾驶员在压路机工作完毕后,停车工作应按下列次序进行:

(1)松开主离合器。

(2)将变速杆放置在中间空挡位置。

(3)将换向离合器操纵杆推至中间空挡位置。

(4)将调速手柄调至低速位置,拉紧手制动装置。

(5)在冬季停车后应将柴油机冷却水放出,以防止冰冻损坏柴油机,或在冬季加入防冻液。

模块三 压路机转场作业

压路机的转场作业分为以下两种情况：

1. 压路机自行转场

当压路机停放场地与即将转运的目标场地之间距离低于5km时，可考虑选择用自行的方式进行转场作业。

压路机在选择自行的方式转场时，需要注意以下几点：

(1)行进速度不宜过高。由于压路机的滚轮为刚性结构(轮胎式压路机除外)，过快的行驶速度会加剧转移过程中的振动，对整机的结构产生非常大的不利影响，从而导致很多紧固部位在振动过程中的松脱不被及时发现。这在水泥路、砂石路等路面上行驶时尤为明显，而在沥青混凝土路面上振动程度相对会弱一些，其主要原因是水泥路面为刚性路面，沥青混凝土路面为柔性路面。

(2)要严格遵守《中华人民共和国道路交通安全法》的有关规定。

(3)要准备好随车用的修理工具，以备不时之需。

(4)转场前要保证整机技术状况良好、灯光齐全有效，以保证压路机的转场过程的顺利进行。

(5)不能将压路机交给不具备压路机操作资格的人员驾驶。

2. 压路机拖运转场

目标场地与压路机停放场的距离大于5km时，必须采用拖运的方式转场，用专用的大型拖车将压路机转运至施工地点。在压路机上、下拖车的过程中，需注意以下几点：

(1)尽可能将压路机转移至专用上车台、下车台上进行。

(2)利用拖车自带的搭板上下拖车时，压路机的滚轮(或轮胎)一定要对准搭板，以防止在压路机上下拖车时掉下搭板，出现摔车的严重事故。

(3)上下拖车时要有专业人员进行现场指挥，以确保安全。

(4)转运过程中，压路机一定要在拖车上可靠地锁定，不能出现松动滑移现象。

(5)转运过程中，压路机操作工不能留在驾驶室内。

(6)采用机械式传动系统的压路机，变速杆应放在空挡位置(如放在某个挡位，可能会由于压路机转运过程中的前后移动，驱动轮反向驱动，使发动机被启动，从而出现事故)，并采取可靠的制动措施。

课题二 路基压实作业

模块一 换向前调车与换向后调车

1. 压路机的基本作业方法

压路机的碾压方向、顺序及碾压遍数均由施工员指定。

道路碾压以道路中心线为目标，以压路机在纵向长度方向运行一次为一趟，从左右两边线开始逐渐压向中心，直至主轮压至中心线为止，最后在路中加压那些主轮仍未按要求压至的地方。

使用两轮压路机时，先后两次主轮重叠宽度均为25~30cm。三轮压路机主轮重叠宽度为主轮宽度的1/3~1/2。

全路面宽度上，任何一处均经过主轮压过一次时，称为全路面碾压了一遍。

2. 压路机调车法

压路机压实路基路面时，是由路边缘逐渐压向路中的。这个逐渐靠近的过程是用转向盘来控制的，称为压路机倒轴时的调车。其方法有两种：

(1)换向前调车

压路机对路基路面的碾压是分段进行的，换向前调车是指压路机碾压运行到接近本次碾压路段的终点时，在一定的距离内将压路机按主轮重叠宽度的要求向左或向右移动，以达到倒轴的目的。以向左倒轴为例，具体做法是：

在压路机接近路段终点时，向左转动转向盘；待压路机向左侧移到规定距离，即主轮宽度的1/3～1/2后，向右回转转向盘；直到车身回正之后，再向左转动转向盘，即将转向轮回正。停车时，车身和转向轮都应是直线行驶状态。操纵换挡，起步直线行驶，即完成了自右向左方向的倒轴调车。

这里需要注意的是，从调车动作开始，至倒轴调车工作结束，共有三次调整转向盘的过程：

第一次：转向盘向左转动，转向轮向左偏转，车身随之偏转至倒轴宽度。

第二次：转向盘向右转动，转向轮向右偏转，车身逐渐回正。

第三次：转向盘再次向左转动，转向轮向左偏转，直至转向轮回正。

在第三次调整转向盘时，一定要注意时机的把握，根据压路机的行驶速度来确定时机，但总的原则是在车身即将回正，还没有完全回正之前进行调整。如转动转向盘时机过晚，转向轮回正了，但是车身会向反方向偏转。停车时，不易摆正。

停车时，压路机机体中心线及三个滚轮均应与路面中心线平行(以直线段压实为例)，且压实轮应处在倒轴位置，如图3-1-2所示。

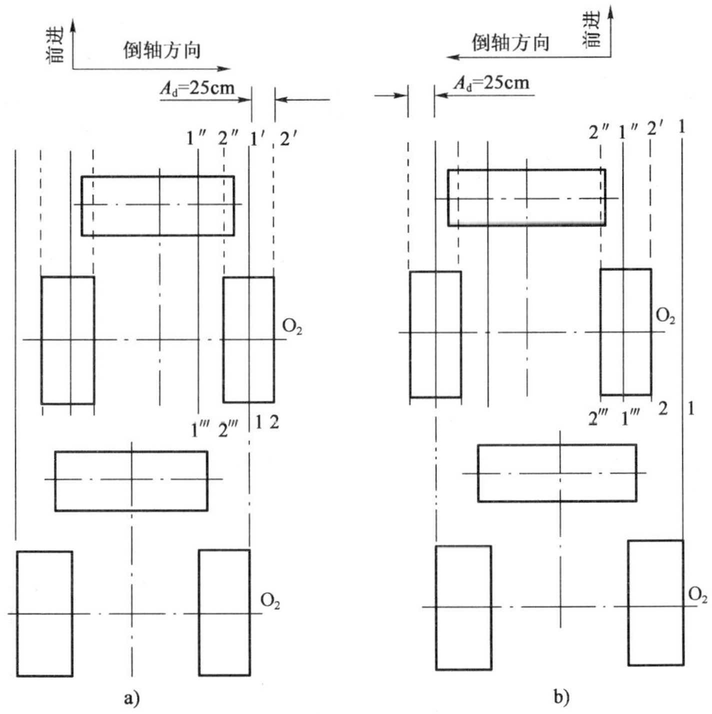

图3-1-2　压路机倒退倒轴示意图

a)自左向右倒轴(倒退倒轴)；b)自右向左倒轴(倒退倒轴)

1-1′、1″-1‴-前进时压实轮轮迹；2-2′、2″-2‴-倒退时压实轮的位置

（2）换向后调车

换向后调车具体做法与换向前调车一样，它们的区别在于前者是在完成换向后，起步行驶开始倒轴。

在调车整个过程中，压路机所走过的距离长短要视具体情况而定。距离过长，则碾压效率低；距离过短，则会对压路机轮与路面接触面产生过大的挤压，导致工作面挤压变形，影响施工质量。一般来讲，碾压路基时，由于路基材料间摩擦阻力大，表面平整度要求低，可相对承受较大的挤压力，其换向距离可短一些；碾压路面时，其距离应相对长一些。总的原则是，在不影响施工质量的前提下，其距离尽可能短，以提高碾压工作效率。

模块二 直线路段路基压实作业

压路机碾压路基基层可以分别由左向右碾压、由右向左碾压，按照倒轴要求规定的宽度，自路的两侧压向路的中心线，不能有漏压的地方，倒轴宽度要尽可能均匀一致，以保证整个碾压工作面密实度符合设计规定的要求。

对于三轮压路机来讲，由于驾驶员座位在驾驶室的右侧，无论是前进运行还是倒退运行，前轮右侧及右侧主轮（驱动轮）作为倒轴操作观测的参照物比较方便。以3Y12/15型三轮压路机为例，由于主轮内侧与前轮（转向轮）重叠的宽度是10cm，主轮宽度是50cm，则两轮碾压出来的外侧轮迹距离 A_Δ 是40cm。因倒轴宽度是主轮的1/3～1/2，即17～25cm，如取倒轴宽度 A_d 为20cm，那么，通过公式可以计算出由右向左、由左向右倒轴时的宽度为分别为（以前进时右侧主轮外侧轮迹为基准，倒退行驶时主轮外侧应该碾压的位置宽度）：

（1）由右向左：$A_\Delta + A_d = 40 + 20 = 60$cm。

（2）由左向右：$A_\Delta - A_d = 40 - 20 = 20$cm。

这种方法的特点是必须了解压路机的相关尺寸，做到知己知彼，心中有数。由公式确定一个倒轴尺寸：$A_{d'} = \frac{1}{2}A_\Delta = 20$cm。通过公式可知，$A_{d'}$ 与 A_Δ，即引导轮右侧面与右驱动轮外侧面的距离有着相当密切关系。通过比较容易观察的引导轮来确定驱动轮（右侧轮）所应处的位置。数据计算法的特点是通过反复应用 $A_\Delta = 40$cm 这一尺寸，准确地完成以下三项任务：

（1）右驱动轮沿路缘石碾压。

（2）前进状态自右向左倒轴。

（3）前进状态自左向右倒轴。

现分别阐述如下：

（1）右驱动轮沿路缘石碾压。图3-1-3中II-II″线为实际中安装完毕的路缘石。为了使压路机右驱动轮外侧靠近沿路缘石内侧碾压，以使沥青混凝土路面碾压完整。工作中，驾驶员稍微向右侧探身，观看引导轮（前轮）右侧面距路缘石的距离，只要保证该距离为 A_Δ = 40cm，就可以精确碾压。训练时，同样可以运用由远及近（从大于40cm的位置开始逐渐接近40cm）的办法，最终准确目测 A_Δ 这一尺寸。

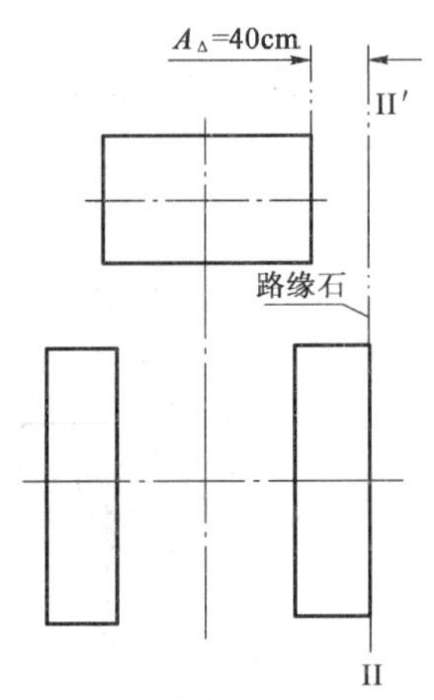

图3-1-3 右驱动轮沿路缘石碾压原理

（2）前进状态自右向左倒轴。图3-1-4为前进状态自右向左倒轴原理图。图中1-1′、1″-1‴为上一作业过程（倒退）碾压出的右驱动轮外侧和内侧的轮迹。在前进倒轴时，只需观测引导轮右侧与1-1′的距离为 $A_{d'} + A_\Delta = 20 + 40 = 60$cm，即保证新碾压出的右驱动轮迹 2-2′距 1-1′为 $A_{d'}=20cm$，即可完成压路机自右向左倒轴工作。

(3)前进状态自左向右倒轴。图 3-1-5 为前进状态自左向右倒轴原理图。图中 1-1′、1″-1‴、2-2′、2″-2‴意义同前。为了使倒轴宽度为 $A_d=A_{d'}=20cm$，工作时只要直接观看引导轮右侧面距 1-1′线的距离为 $A_{d'}=20cm$，即可完成压路机自左向右的倒轴工作。

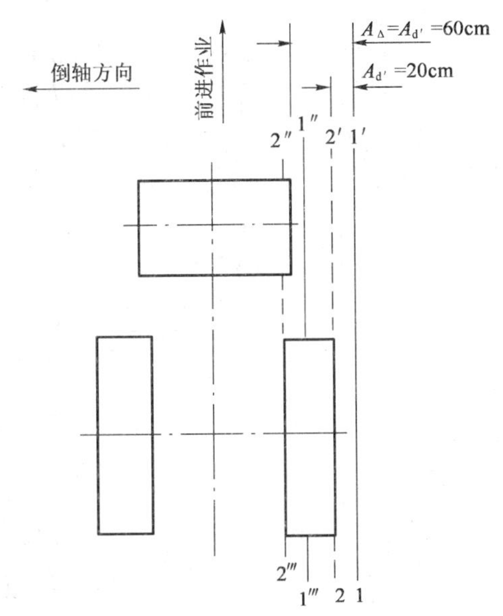

图 3-1-4 前进状态自右向左倒轴原理图

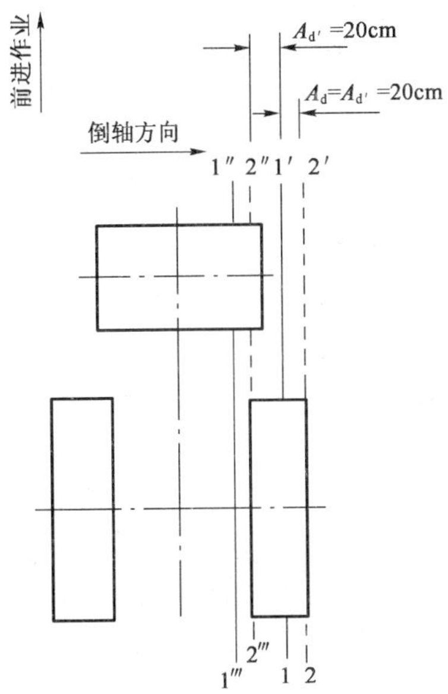

图 3-1-5 前进状态自左向右倒轴原理图

应用本方法的关键在于目测尺寸，一旦能力具备就可以根据实际情况决定有关尺寸。

1. 压实前准备

(1)确定合理的压实方式：换向前倒轴或换向后倒轴。

(2)选择合理的压实路段长度，单程以 80～100m 为宜。

(3)根据密实度要求及路基材料特点确定压实遍数。

2. 压实步骤

以换向前倒轴、由右向左为例，说明压实步骤：

(1)压路机右驱动轮外侧停放在道路右侧边线位置，车体中心线与道路中心线平行。

(2)压路机向前直行，这样右驱动轮外侧在路基表面形成一条直线（称为轮迹）。

(3)压路机临近本段压实终点前，向左侧调整方向（三次调整过程），将车停稳时，右驱动轮外侧应距离直线段 17～25cm，且车体中心线与道路中心线平行。

(4)挂入倒退挡，压路机保持直线倒退行驶至本段终点前，向左侧调整方向（三次调整过程），将车停稳时，右驱动轮外侧应距离直线段 17～25cm（取 $A_d=20cm$），且车体中心线与道路中心线平行。

(5)再次挂入前进挡，重复前面 4 个步骤继续压实。

3. 注意事项

(1)前进或倒退过程压路机必须保持直线行驶。

(2)倒轴宽度为 17～25cm（两轮压路机重叠 20cm）。

(3)压路机起步前一定要注意观察四周是否有其他机械或施工人员，以保证施工安全。

(4)刮泥板技术状况正常，以免物料黏附在滚轮表面。

(5)压路机运行速度不宜过快，一般以一挡或二挡运行。

课题三　路面压实作业

模块　直线路段沥青混凝土路面压实

直线路段沥青混凝土路面压实作业一般采用换向前调车法进行。与压实路基不同的是，在压实沥青混凝土路面时，调车作业要求调整方向的速度要慢一些。这主要是因为沥青材料温度较高，材料之间摩擦系数小，如果调整方向速度过快，导向轮转角过大，会在导向轮外缘部分沥青材料内形成较大的剪切力，从而在导向轮外形成局部凸起，影响到路面平整度指标。

注意事项：

(1)转向时速度要缓慢。

(2)压路机滚轮表面要保持正常洒水，不能有干的滚轮表面与沥青直接接触，以免沥青黏附在滚轮表面，影响压实质量。

(3)短暂停车时，压路机不能停放在才被压实的沥青路面上，应停放在沥青已充分降温的压实过的路面上，以防止出现路面局部凹陷的质量缺陷。

(4)单程压实路段可适当延长，以减少调车次数。

(5)普通沥青压实温度以 90 ~ 110℃ 为宜(改性沥青温度为 150 ~ 160℃)。温度过高会导致路面平整度下降，温度过低会因材料内部摩擦阻力变大而使路面粗糙，且沥青温度绝不能低于 60℃。

(6)冬季施工时，由于沥青温度下降很快，要及时进行压实作业。

(7)保持压路机速度恒定。

(8)最终压实后，沥青路面应无轮迹。

1. 压路机常用仪表及信号装置有哪些？其功能是什么？
2. 压路机上下拖车有哪些注意事项？
3. 如何使用静力式压路机压实路基基层？
4. 如何使用静力式压路机压实沥青混凝土面层？
5. 什么是换向前调车、换向后调车？

单元二　压路机保养

学习目标

本单元主要学习压路机发动机例行保养、传动系例行保养、电气系统例行保养及液压系统例行保养方面的基本知识。

知识要求

1. 掌握发动机例行保养技术要求；
2. 掌握传动系统例行保养技术要求；
3. 掌握电气系统例行保养技术要求；
4. 掌握液压系统例行保养技术要求。

技能要求

1. 能对发动机进行例行保养；
2. 能对传动系统进行例行保养；
3. 能对电气系统进行例行保养；
4. 能对液压系统进行例行保养。

课题一　发动机保养

模块一　检查、清洁发动机外表

1. 检查发动机外表

(1)空气滤清器检查本

空气滤清器通过紧固螺栓固定在进气歧管的进气口位置，在压路机使用过程中不允许有松动。如有松动现象，而又没有及时检查发现，会在压路机工作过程中出现异响。同时，由于进气道密封不严，会有少量未经过滤的空气进入发动机汽缸，导致活塞、活塞环及汽缸的不正常磨损。

(2)密封件检查

主要是冷却系水箱盖的检查。发动机经长期使用后，水箱盖会发生不同程度的变形，变形会使其密封紧固性能下降。有时会由于冷却水温度过高汽化，冷却系内压力升高而使水箱盖自动脱落，如未及时发现，会使冷却液外溢，影响冷却系的正常工作。

冷却系还需要对上、下水管、水泵等密封性进行检查。

(3)连接件检查

在发动机部分，主要的连接件是正时齿轮驱动轴与喷油泵凸轮之间的联轴器，联轴器的固定一般是靠两条螺栓予以固定。这两条螺栓除了在对柴油机喷油泵进行供油正时的检查调整时需要松动外，正常情况下是不允许松动的。有这样一个案例：有一辆运输车在公路上行驶过程中，其发动机运转的声音突然变得异常，驾驶员只好停下来检查。检查联轴器时发现两个固定螺钉一个已经丢失，另一个已经完全松动。从工作原理角度来分析，固定螺钉的失效，使得来自正时齿轮室的驱动轴与喷油泵凸轮轴之间不定位，柴油机供油正时被破坏而致使发动机无法正常工作。该问题的解决方法很简单，将丢失的紧固螺栓用备用件配齐，再根据该型号柴油机的喷油提前角调整好正时齿轮驱动轴与喷油泵凸轮轴之间的相对位置，然后紧固两条螺栓即可。

为保证发动机良好的工作状态，需要经常性地对发动机外表进行清洁，常见的方法是使用压力水枪对发动机外表进行清洗。野外施工时，可以用擦拭的方法对发动机进行保洁作业。

通过上述分析可知，发动机保养过程中的外观检查工作绝不能轻视，及时、经常性的检查、紧固作业可以有效地预防事故及故障的发生，提高压路机的完好率。

2. 清洁发动机外表

如果在场内进行发动机外表清洁工作，一般可采用高压水枪进行清理。在比较高的水压冲击作用下，黏附于发动机外表的尘土可以被有效地清除，水的高压作用也可以在一定程度上将油泥清理干净。必要时，可用浓度较低的碱性水（如用金属除垢剂配制而成）对发动机外表进行清洁，然后再用清水将残留的碱性成分冲刷干净，以保证发动机外表的整洁。

在野外施工条件不具备条件时，可用擦拭的方法尽可能对发动机的外表进行清洁。

将近来外资在华企业中普遍推行的“5S”（整理、整顿、清洁、清扫、素养 5 个英文单词的第一个字母均为“S”）管理体系应用到压路机的保养工作中，实际上主要针对的就是这些清洁工作。对于压路机驾驶员来讲，从事这项工作从一开始就要养成良好的职业习惯和素养。只有养成良好的职业习惯，才有可能使其操作的压路机发挥更大的效率。

模块二　检查机油、燃油油量和冷却液液位

1. 检查机油油量

无论是什么型号的柴油机，对润滑系功能的要求都是一样的。就压路机驾驶员而言，每天出车前检查润滑油的油量是一项必须要做的工作。

润滑油俗称机油，其加注标准可以通过位于发动机一侧的标尺来检验。检查时，将标尺从其安装插孔中拔出，用棉丝（或干净的布料）将黏附其上的机油擦拭干净，再重新插回油底壳，然后拔出，观察机油在标尺上的高度。

标尺上有两个刻度，一个是表示最大允许加注量位置的“max”，另一个是表示最少允许加注量位置的“min”。如果大修后的发动机在对油底壳内进行机油加注工作时，要随时检查已加入的机油量是否在“max”、“min”两个刻度线之间。对于压路机每天的例行检查来讲，要检查机油是否同样处于两个刻度线之间。当机油量低于下端的“min”刻度线时，需要对机油进行及时的补充添加，添加的标准是不能超过最大加注允许量“max”刻度线。

2. 检查液压油油量

现代筑路机械广泛采用了液压系统用来控制工作装置、转向系统及驱动装置等，作为液压系统的主要组成部分，液压系统内液压油的油量一定要符合要求。

在压路机使用过程中，由于液压密封元件的老化、液压油管因磨损泄漏等因素，会使液压油量出现不足的现象。每天在启动发动机之前，要对液压系统内液压油的油量进行必要的检查。

液压油不足会导致液压系统不能正常工作。曾经发生过这样的案例:平地机驾驶员在一天工作结束后将平地机正常停放在停车位,由于在施工工地停放夜间有专人进行看护,不可能有人为因素致使机械出现故障。但是第二天早晨驾驶员对发动机正常预热后挂挡起步行驶,结果平地机却不动。经检查发现,平地机第二液压系统(液力变矩器)油箱内的液压油(过去称透平油或汽轮机油)严重不足,而液力变矩器恰恰是通过液压油来传递动力的。从液力变矩器的工作原理可知,液力变矩器泵轮在发动机的驱动下高速旋转,带动液压油高速冲击涡轮叶片,使涡轮旋转输出动力驱动平地机行驶,没有液压油作为工作介质或液压油严重不足,致使动力传递过程受阻,平地机无法正常行驶。这个案例充分说明每天对液压油油量检查的必要性。驾驶员要将这项工作作为一项例行工作做好、做细。

3. 检查燃油油量

这个问题看似不是什么大问题,可在实际工作中,经常会看到有施工机械或车辆在路上或施工工地抛锚,究其原因是燃油耗尽了。这是人为因素造成的故障,柴油机在运行过程中,由于油箱内的燃油得不到及时的补充,随着最后一些可以被吸入低压油路的燃油被柴油机正常工作消耗掉,被吸入低压油路及喷油泵内的还有空气。从柴油机燃油供给系的工作原理可知,当低压油路内有空气时,柴油无法正常进入喷油泵,造成燃油供给中断,发动机熄火。即使油箱内的燃油在重新加满,由于低压油路内还存有大量的空气,发动机仍然无法正常启动。这时,如果压路机(包括其他机械)驾驶员专业知识不足,不知道排除低压油路当中的空气,长时间、反复启动起动机,在发动机无法启动的同时,还会导致蓄电池严重亏电、启动机受损。如果启动方法不正确,还会大大缩短蓄电池和起动机的寿命,造成不必要的损失。

因此,要养成每天在启动发动机前检查燃油油量的良好工作习惯,避免不必要的人为因素形成的故障。

4. 检查冷却液液位

与前述问题一样,在实际工作中,时常会出现因冷却液不足而导致发动机严重事故的现象。从发动机的原理可知,冷却液的作用是吸收发动机工作过程中多余的热量,并通过散热器降温后再回至冷却系统内,反复循环。如果冷却液不足,其散热功能明显不足,将会导致发动机"胀缸"的严重事故。

作为压路机驾驶员,不仅要在发动机启动前检查冷却液液位,还要在机械驾驶操作过程中时刻注意水温表的读数变化。发现异常,及时停车检查,避免事故发生。

上述四项检查内容,俗称检查"三油一水"。随着筑路机械的功能越来越多,需要每天检查的内容还有很多,要严格按照相应机械的操作规程去执行。

模块三 补充机油、燃油及冷却液

1. 补充机油

机油的正确补充方法是:

(1)将压路机停放在水平地面上,不能停放在有纵坡的地方。

(2)拔出机油标尺,将标尺擦拭干净后,再插入油底壳中。

(3)向油底壳内加注机油时,最好使用专用漏斗(如果有过滤网更好),以防止在加注过程中机油外流造成浪费,避免污染发动机外部及地面。

(4)机油分几次添加,随时通过标尺检查油底壳内的机油量。

(5)加注后,如果机油油线在"max"、"min"两个刻度线中间位置即可。

油底壳中机油油位不能低于“min”刻度线。如果柴油机采用的是浮式集滤器，还可能因油面低吸入的泡沫过多而降低机油压力，使润滑系统润滑性能下降；如果机油油位高于“max”刻度线，则因为曲轴在机油中旋转阻力加大，使发动机功率损失增多。

2. 补充燃油

每天启动发动机前，对燃油油量的检查结束后，如果需要添加燃油，则要根据季节温度的变化，添加与外界气温相适合的柴油牌号。举例来讲，假如现在室外最低温度为0℃，考虑到柴油的化学物理特性，应加入“10号”柴油。如果加入“0号”柴油，则可能会由于低温在燃油箱内形成一层大分子的片状石蜡，这些片状石蜡会和柴油一起被吸入到低压油路当中。在输油泵的进油口位置，会堵塞用于过滤较大杂质的滤网。在柴油滤清器内析出的石蜡同样会将滤芯堵塞。这样一来，由于输油泵进油口滤网及柴油滤芯被堵塞，柴油机燃油供给系统中没有燃油进入喷油泵，发动机不能正常启动。

在较寒冷的地区，一旦出现上述状况，首先要更换相应牌号的柴油，将堵塞在输油泵滤网及柴油滤芯上的石蜡清理干净。然后拧松喷油泵上的放气螺钉，反复提拉、按压输油泵上的手泵以排除低压油路中的空气，直到放气螺钉处流出柴油油流而不是泡沫状的柴油为止，再将手泵拧紧在固定螺纹上。

这种排除低压油路中空气的方法，同样适用于压路机正常使用过程中因输油泵进油口位置的滤网被堵塞、柴油滤芯被油泥堵塞造成发动机停机后的排除故障作业。

3. 补充液压油

无论是复杂的液压系统，还是较为简单的液压系统，均由动力元件、控制元件、执行元件和辅助元件四部分组成。其中，作为控制元件的各种阀体内部，为实现其各自的功能，在结构上往往会借助一些阻尼孔，这些阻尼孔直径最小的仅为$\phi0.5$mm。一旦这些阻尼孔被堵塞，阀的功能即失效，形成液压系统的一种或某类型的故障。由于其判断、排除过程需要具有非常深厚专业基础的专业人员来进行，因此往往会耽误相应的施工作业的正常进行。随着筑机材料及机械制造业技术水平的不断提高，机械零件的加工精度越来越高，使用寿命越来越长。在压路机等筑路机械使用中，因机械零件失效造成“硬故障”的比例越来越低，而因使用操作不当造成的“软故障”的比例越来越高。

多年前我们就了解到，德国规定工程机械在加注液压油时必须用滤网过滤，这在当时令人很难理解，认为液压油已经很干净了，加这样一道工序没有必要。经过实践证明，德国人的做法是非常值得我们借鉴和推广的。正如前面的分析，液压系统中的故障往往是由于液压油长期使用后变脏，即使是较为细小的杂质也可能将液压阀中的阻尼孔堵塞，而使液压阀的功能失效形成液压系统故障。

所以，在补充液压油之前，有必要对液压油箱中的液压油进行过滤，同时用带滤网的漏斗加注液压油，对液压油进行过滤，以减少液压系统出现故障的几率。

4. 补充冷却液

(1)普通冷却水的加注

①冷车加注。冷车加注普通冷却水时，最好加注软水。如果条件允许，加注经过加热后的开水，可减少在冷却系水套中形成的水垢，改善冷却系的工作性能。同时，加注的热水对发动机机体有预热作用，便于发动机顺利启动。

②热车加注。热车加注普通冷却水，一般是由于压路机在运行中，发现水温表读数超过了规定值，这时水套内大量冷却液变成了水蒸气。其形成原因可能是发动机故障，如汽缸垫被击

穿,引起汽缸盖与汽缸体之间密封失效,大量的冷却水流入汽缸内,被汽缸内燃烧的柴油加热变成蒸气不断地排出,造成冷却液的大量损失;也可能是上、下水管老化断裂、水泵密封不严、水箱散热器片被风扇叶剧烈摩擦泄漏等原因使冷却液迅速减少,水套内温度升高且超过规定值。

遇到这种情况,应采取如下措施:

a. 不能马上使发动机停转,应首先降低发动机转速,使其进入怠速运转状态。如果将发动机熄火,可能会由于发动机温度过高,汽缸内活塞过度受热膨胀而造成"胀缸"。

b. 用冷水浇水箱盖部位,用降温的方法将水箱上箱体及水套内的水蒸气冷却,降低因水变成蒸汽而增加的水套内压力,使水蒸气重新变成液态水。

c. 用毛巾等盖住水箱盖将其拧下来。注意不要让毛巾与风扇叶接触。

d. 如条件允许,徐徐加入热水补充冷却液。条件不具备时,只能加注冷水时,注意不要一次加入过多。首先,由于发动机过热,大量的冷水快速进入冷却水套,会在短时间内变成蒸汽向外喷出;其次,由于发动机过热,大量的冷水会使发动机局部降温过快,不同组成部分之间形成巨大的温差,产生巨大的热应力,使汽缸盖冷缩变形;第三,热应力的不均匀会使汽缸盖出现裂纹,从而对发动机结构件造成损坏。

e. 用分批次逐渐加注的方式将发动机降温。

需要说明的是,上述步骤只是出现特殊情况后方可采取的应急措施,不到迫不得已不可进行。最合理的方式是要在启动发动机之前对冷却系进行必要的检查和冷却水添加工作。在应急处理时,一定要注意安全,以防被喷出的高温水蒸气烫伤或被风扇碰伤。

(2)硬水加注

由于各地区水质区别很大,有的地区因水中矿物质含量大,水质较硬。一旦加入到水套中,水中的矿物质会逐渐析出,黏结到水套四周形成一层水垢。而水垢本身的导热性能很差,会直接影响到汽缸、汽缸盖等经水套向冷却液的传热,从而降低发动机冷却系的散热能力,因此非特殊情况尽可能不加注硬水。

在冷却水不足而又不得不加注硬水时,需对硬水采取软化措施。简单的方法是在1L硬水中加入碳酸钠(Na_2CO_3),即纯碱0.5~1.5g,或加入氢氧化钠(NaOH),即烧碱0.5~0.8g,也可加入10%的重铬酸钠,即红矾溶液30~50mL。

(3)专用冷却液加注

现代公路施工已完全实现了机械化,公路施工受季节因素的制约程度在逐渐减弱。随着冬季施工工程项目的增多,低温下工作的时间越来越长。传统的方式是在冷却系中每天早晨启动发动机前加注热水,施工结束后将冷却水放干净以防发动机冻伤。这样做受到客观条件的限制,比如在市政工程施工中,大量的公路施工作业是在夜间完成的,城市管理的有关规定不允许有污染环境的现象发生。采用传统的方式,大量的冷却水放出后会在地面结冰,形成安全隐患。同时,从环保的角度来看,这样做也是不科学的,会对水资源造成浪费。因此,现代筑路机械越来越多地采用在冷却系中加注防冻液的方式来解决冬季发动机冷却系保护问题。

由于不同牌号的防冻液,其化学成分往往区别很大,混合使用会降低冷却效果,所以加注专用冷却液(防冻液)时一定要注意,在补充添加时,同一台压路机(其他机械一样)的水套内不允许加注不同牌号的防冻液,更不能用添加普通水的方式来补充防冻液的不足。

模块四 风扇皮带外观检查及张紧度调整

在压路机使用的柴油机上，风扇皮带承担着驱动风扇进行散热及带动硅整流发电机发电的功能，还有一条皮带驱动转向液压油泵（如3Y12/15型三轮压路机）。

1. 皮带的外观检查

从皮带的结构可知，经过长时间的使用后，橡胶会逐渐老化，用来提高皮带抗拉强度的帘布层及线绳等会出现断裂现象，这无疑会影响到皮带的正常使用。同时，由于长时间的传递动力，皮带会发生部分塑性变形，其结果是经使用后的皮带较同型号的皮带变长了，皮带表面还会出现很多细小的裂纹。一般来讲，可根据皮带变形、表面裂纹的多少、帘布层及线绳断裂的程度，依经验来判断旧皮带是否还有利用价值。

2. 调整皮带张紧度

（1）皮带松紧度检查

作为一种皮带传动方式，主要是利用皮带与皮带轮之间的摩擦力将曲轴的动力传递给水泵、硅整流发电机及转向液压油泵。而摩擦力的大小与发动机工作时施加到皮带轮上的正压力成正比，而这个正压力的大小取决于皮带的松紧程度，即通常所说的皮带松紧度。

在正常情况下，压路机驾驶员即可对皮带的松紧度进行检查。检查的方法如下：

将手掌或拇指放在两个皮带轮的正中间位置，用力按压皮带，用直尺测量皮带向下挠曲变形的量，如下挠曲变形值在10~15mm，说明皮带张紧度合适，不用调整；若大于或小于这个数值，则需对皮带张紧度进行调整。

①挠曲变形值小于10~15mm，则皮带过紧。皮带过紧会增加水泵轴及硅整发电机的转动阻力，加速其磨损降低水泵及硅整流发电机轴承的使用寿命，同时也会使发动机的功率造成损失。

②挠曲变形值大于10~15mm，则皮带过松。皮带过松会减小皮带与皮带轮之间的摩擦力，使水泵的转速、硅整流发电机的转速降低，其结果是发动机冷却水循环速度降低，冷却效果变差，严重时会使发动机“开锅”，即冷却水因不能有效循环而被持续加热，最终变成水蒸气。

对于发电机来讲，由于转速低甚至完全不转动，会导致发出的电能不能满足压路机运行的需求，使蓄电池因启动马达损失的电能不能得到及时的补充；夜间施工时，不能满足照明的基本需求等。转向液压油泵皮带过松会导致油泵输出液压油的流量、压力不足，使压路机转向沉重，甚至失去液压转向能力。

通过以上分析可知，对水泵皮带及转向液压油泵皮带要进行经常性的检查，破损的皮带要及时更换，以防止皮带在工作中的突然断裂而影响公路施工作业的正常进行。皮带松紧度不符合要求时，应进行必要的调整。

（2）皮带松紧度调整

①风扇皮带的调整。由于冷却系风扇与硅整流发电机共用一条皮带，风扇皮带的松紧度一般是通过调整硅整流发电机在其支架上的固定位置（或角度）来实现的。

a. 先将发电机与支架的紧固螺钉拧松。

b. 转动发电机机体，一只手搬动发电机，另一只手按皮带紧张程度的检查方法按压皮带，直到皮带的挠曲变形达到规定的10~15mm时，再将发电机紧固螺钉拧紧。

②转向液压油泵皮带的调整。3Y12/15型三轮压路机转向液压油泵是用两条螺栓固定在压路机发动机下方的水平机架上的，在水平机架上有两个长方形的槽，用来移动转向液压油泵。转向液压油泵在槽内移动即可调整皮带的松紧度。其调整步骤与风扇皮带一样，不再赘述。

课题二　传动系保养

模块一　检查变速器润滑油油位

压路机变速器大多采用的是滑移齿轮式变速方式，主要靠选用不同的齿轮组来改变传动比，从而实现变速的目的。

由于柴油机转速很高，不同的齿轮组在进入啮合状态时，轮齿之间要承受较大的冲击荷载，特别是直齿圆柱齿轮承受的冲击荷载与斜齿圆柱齿轮相比更要大一些。为了保证齿轮不因反复冲击形成的交变荷载而过早损坏，在齿轮的结构上采取了表面淬火处理提高表面强度、内部韧性的方式以提高抗交变荷载的能力。在齿轮的使用上，具体应用在变速器中，主要是通过在齿轮轮齿表面形成一层坚硬的润滑油膜的方式来改善齿轮的抗磨损性能。这就需要在变速器中有足够多的润滑油以保证形成可靠的油膜，同时要求润滑油的品质要符合要求，必要时更换新的润滑油。

与发动机油底壳内润滑油的油位要求一样，可以通过油标尺来检查变速器内润滑油的油量，油量不宜过多，也不能过少，应在“max”、“min”刻度线范围之内。润滑油过多，则齿轮旋转阻力加大，浪费发动机功率；润滑油过少，则不能形成可靠的油膜，会加速齿轮副（即一对齿轮组成一组齿轮副）的磨损。

随着工作经验的积累，压路机驾驶员要逐渐掌握通过观察润滑油的颜色来判断润滑油品质的能力，以判断是否需要更换新的润滑油。对于初级工不作这方面的要求。

模块二　检查后桥壳润滑油油位

下面以3Y12/15三轮压路机为例说明其结构特点：

驱动桥是压路机机械式传动系统中一个比较大的总称，泛指变速器或传动轴之后，驱动轮之前所有的传力机构与壳体。压路机驱动桥为轮式驱动桥。

驱动桥主要是通过主传动器（一对锥齿轮传动）改变扭矩的方向，把扭矩传递到驱动轮上，通过主传动器和最终传动将变速器输出轴的转速降低，扭矩增大，通过差速器解决两侧驱动轮的差速问题，驱动桥的壳体起到支承作用。

在压路机后桥壳内主要有主传动器、带刚性差速锁的差速器，如图3-2-1所示。

从驱动桥的作用就可以知道，后桥壳内的一组主传动器齿轮、行星齿轮差速器齿轮以及牙嵌式差速锁，与变速器内的齿轮一样，在传递扭矩的同时，承受着反复的交变应力。为了减少各齿轮轮齿表面的磨损，需要有很好的润滑，并形成很好的油膜，对这一部分润滑油油位的检查不能忽视。油位的检查与前边所述发动机油底壳、变速器一样，可通过标尺来检查。

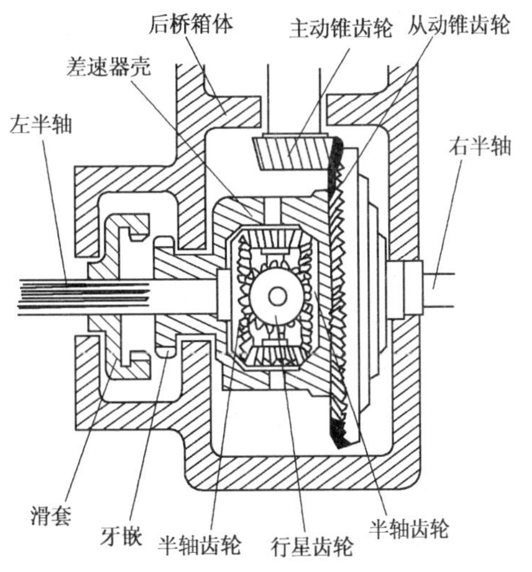

图3-2-1　带刚性差速锁的差速器

模块三　检查轮边减速器润滑油油位

轮边减速器较为常见的主要有两种形式：开放式轮边减速器和封闭式轮边减速器。

3Y12/15 型压路机的轮边减速器即为开放式，打开压路机驾驶室下方后侧盖板即可清楚地看到其结构。与主传动器相似（只不过将圆锥齿轮变成了圆柱齿轮），用一个小的圆柱齿轮驱动大的圆柱齿轮，实现最后一次减速增扭作用。

由于压路机的速度比较慢，这种开式轮边减速器主要通过定期加注润滑油脂的方法进行润滑。

大多数轮式机械的轮边减速器均采用行星齿轮机构，其优点是结构比较紧凑，可获得比较大的传动比。在轮边减速器内加注齿轮油对其进行润滑，用标尺对其进行检查。

课题三　电气系统保养

模块一　检查、清洁蓄电池外表

蓄电池的检查项目主要有：蓄电池存电量、电解液液面高度、蓄电池壳外观、极桩及卡头的松紧度等。

1. 蓄电池存电量

蓄电池存电量与电解液的密度、发电机及调节器的技术状况、起动机的正确使用方法及蓄电池的使用时间等因素有关。

（1）电解液的密度

电解液的作用是形成电离，促使极板活性物质溶离，产生可逆的电化学反应。电解液由密度为 1.84g/cm^3 的化学纯净硫酸和蒸馏水按一定比例配制而成。其密度一般在 1.24 ~ 1.30g/cm^3（25℃）。电解液密度与存电量之间的关系如表 3-2-1 所示。

电解液密度与蓄电池存电量之间的关系（单位：g/cm^3）　　表 3-2-1

初始密度 \ 存电量	100%	75%	50%	25%	0%
1.30	1.30	1.26	1.22	1.18	1.14
1.29	1.29	1.25	1.21	1.17	1.13
1.28	1.28	1.24	1.20	1.16	1.12
1.27	1.27	1.23	1.19	1.15	1.11
1.26	1.26	1.22	1.18	1.14	1.10
1.25	1.25	1.21	1.17	1.13	1.09
1.24	1.24	1.20	1.16	1.12	1.08

例如，如果选用的电解液初始密度为 1.30g/cm^3，当检测其密度为 1.22g/cm^3 时，其存电只有 50%；如果选用的电解液初始密度为 1.26g/cm^3，当检测其密度为 1.22g/cm^3 时，其存电只有 75%。

从表中可以看出：

①同样的检测密度值，蓄电池的存电量存在差别，主要与电解液的初始密度有关。

②蓄电池放电越多，其电解液密度值越低（表中数值从左向右看）。充电时正好相反，随着充电时间的延长，电解液的密度越来越高（表中数值从右向左看）。

③知道了电解液的初始密度，即可通过比重计来检测蓄电池存电量的多少。

(2)发电机及调节器的技术状况

发动机启动时，蓄电池消耗大量的电能，通过起动机带动发动机飞轮齿圈的转动，将电能转化成机械能。这部分消耗的电能需要在压路机工作过程中由曲轴皮带轮带动硅整流发电机（直流发电机已很少采用）旋转发出电能向蓄电池充电，从而使蓄电池保持足够的电能储备。

而发电机能否正常发电并向蓄电池充电，取决于三个方面的因素：

①发动机的转速。发动机的转速越高，发电机的发电能力越强。

②皮带松紧度。在发动机的检查部分已经分析过，风扇皮带不能过松或过紧。过松，会导致发电机转速降低，发电能力变差；过紧，会加速发电机轴承的磨损。

③调节器的技术状况。调节器的作用是保证发电机向外输出比较稳定的充电电压，一旦调节器失效，发电机无法向蓄电池正常充电。

(3)起动机的正确使用方法

起动机每次启动不允许超过5s，两次启动间隔不能低于10s。这是在发动机启动时起动机正确的启动方法。

在压路机实际使用中，由于各种因素的作用，发动机可能一次不能顺利启动，有的驾驶员就会连续启动起动机，没有严格遵循上述的两个时间间隔要求，结果导致蓄电池在短时间内消耗电能过大，蓄电池内部化学反应剧烈，极板变形、活性物质脱落等，最终缩短蓄电池的寿命，降低其储存电能的能力。

(4)蓄电池的使用时间

一般情况下，普通铅蓄电池使用寿命为1.5～2年，免维护蓄电池使用寿命可达4～5年，达到使用年限的蓄电池储存电能的能力下降是正常的。其主要原因在于经过长时间的使用，随着板板上活性物质的逐渐脱落、极板硫化及变形、电解液品质下降等，蓄电池内电化学反应的能力下降。

2. 电解液液面高度

(1)普通铅蓄电池

电解液液面高度一般应高出极板上端10～15mm，以保证蓄电池内有足够的电解液参与蓄电池放电、蓄电池充电的电化学反应过程。

在压路机实际使用中，主要是由于充电电流过大，电解液中的蒸馏水被电解成 H_2 和 O_2，从电解液加注口密封塞的通气孔中损失掉。长时间使用后，就会发现蓄电池中的电解液面高度下降了，严重时会降到极板上端面以下，因此需要及时地加以补充。

过去常用的方法是现场配制电解液，这种方法已逐渐被淘汰。目前，只需购买电解液成品直接加入蓄电池即可。在补充电解液时，需要注意安全，由于电解液是稀硫酸，对衣服、皮肤的腐蚀性很强，因此一定要小心注入，避免出现安全事故。

(2)免维护蓄电池（又称MF蓄电池）

免维护蓄电池由于在结构上采用了封闭式的外壳，内部采用了可将 H_2、O_2 还原成 H_2O 的化学结构，在使用过程中电解液没有损失（外壳破裂除外），所以不需额外添加电解液。其存电量的检查主要是通过检视窗内（俗称"电眼"）的颜色变化来判断：绿色——相对密度在 $1.22g/cm^3$ 以上，存电量在75%以上；黑色（或深绿色）——充电不足，应及时充电；浅黄色——

蓄电池无法正常使用,必须更换。

3. 蓄电池壳外观

长时间使用后,蓄电池外表会黏附电解液与尘土的混合物,必须要及时用清水进行清理。清理时应注意,由于电解液具有腐蚀性,清理后的污水不要溅到衣服或皮肤上。

4. 极桩

极桩及卡头经过长时间使用后,会因腐蚀发生化学反应,在表面出现一层白色或浅绿色的反应生成物。因此,应及时用细砂纸将其清理干净,以保证极桩和卡头正常接合。

5. 卡头的松紧度

卡头的松紧度非常重要,在压路机实际使用中,经常会出现蓄电池极桩被大电流烧毁的现象,究其原因是驾驶员在日常检查中对卡头松紧度的检查不到位。

从物理知识中可知,导电材料的电阻阻值与其长度成正比,与其截面积成反比。卡头与极桩均为导电材料,两者之间紧密贴合,接触面积大,一旦卡头与极桩之间的紧固力变松,实际接触面积变小,则电阻值在通电时将大幅增加。从式(3-2-1)中就可以看出电阻阻值大幅增加的后果。

$$Q = 0.24I^2Rt \tag{3-2-1}$$

式中:Q——表示启动电流通过时发出的热量,J;

I——启动电流,A;

R——卡头下极桩的接触电阻,Ω;

t——电流通过时间,s;

0.24——系数。

从上式不难看出,卡头与极桩的接触电阻 R 值与启动电流通过时发出的热量 Q 成正比。电阻阻值越大,发出的热量越多。而极桩的成分是 Pb(负极)或 PbO_2(正极),其熔点很低,由于卡头与极桩接触不实,短时间内产生的大量热能即可将极桩烧毁。因此,要经常在启动发动机前检查极桩松紧度,并形成习惯。

模块二 检查线路连接、绝缘和锈蚀缺陷

在压路机电气线路中,主要有以下几个线路:起动电路、充电电路、仪表电路、照明电路等。所有电路实行的是单线制,即均为火线。压路机机体本身作为一条线路,即零线(搭铁)。

在压路机使用中,电气线路部分的故障有很大一部分是由于线路接头部位断路、线路之间短路以及因锈蚀而绝缘等因素造成的。

虽然初级压路机驾驶员的主要工作是压路机操作,但是在日常工作中还是要养成检查线路连接状况的习惯,毕竟作为压路机的实际使用者,保持机械的完好率是责无旁贷的。在对压路机各部位进行清洁工作的同时,即可对电气线路的相关部位——主要是接头部位进行检查,发现问题及时处理。这里不作过多分析,电路分析主要是更高层级的压路机驾驶员应具备的能力。

模块三 检查照明设备

压路机照明系统是其行走和施工所必需的,照明系统的电路一般由电源、灯具负载、中间环节(如导线、开关、保险、继电器等)所组成。灯具间为并联连接,并由开关和保险控制,较大负荷的支路增加了继电器控制。

照明系统分为照明灯和标志灯两大类。照明灯主要指前照灯、雾灯、仪表灯、顶灯、工作灯等。其作用是保障压路机内外环境（道路或施工场地）的照明，提高驾驶员的辨识能力。标志灯主要指示宽灯、转向信号灯、制动灯、指示灯、报警信号灯等。其作用是在行驶和施工作业时向其他车辆及行人发出明确的运行信号，以保证施工安全。

初级压路机驾驶员在对照明设备的检查工作中应能及时发现灯光不亮等故障，对由于灯泡损坏等造成的简单故障应该能够独立解决。

课题四　液压系统保养

模块一　检查液压油箱油位

压路机液压系统主要有两个功能：

（1）液压转向功能。

（2）液压驱动功能。

目前压路机的转向系统均采用液压转向方式，这种转向方式可以极大地降低驾驶员的劳动强度，提高压路机转向的即时响应性能。对于振动压路机来讲，其配置于振动轮的液压马达，可驱动偏心轮以不同的振幅和频率振动，以适应公路施工工艺的技术要求需要。

液压系统的两个主要功能的实现需要液压系统的各个组成部分时刻处于完好的状态。具体来讲，作为动力元件的液压泵，作为执行元件的液压缸或液压马达，作为控制元件的液压阀（方向控制阀、压力控制阀、流量控制阀等）及作为辅助元件的液压油、液压油箱、液压油管、仪表等，应时刻保持完好。

由于液压系统零部件加工精密、结构复杂，理解液压系统工作原理需要扎实的理论基础，在修理方面对初级压路机驾驶员不作过多要求。在对液压系统的日常保养中，要求初级压路机驾驶员必须做到每日检查液压油箱的油量，将其作为“三油一水”中的一项重要内容，避免因液压油不足而造成的故障影响压路机的正常作业。能检查液压油箱的油量是对初级驾驶员最基本的要求。

模块二　补充液压油

经检查需要补充液压油时，一定要注意对液压油的过滤。从前边的分析可知，由于液压系统控制阀很精密，任何细小的杂质都有可能堵塞液压控制阀内的阻尼孔而使控制阀的功能失效，从而形成液压系统的故障，所以在加油时要注意：

（1）液压油的品质要符合要求。

（2）加油漏斗本身要干净，滤网的孔径尽可能小。如果采购不到带滤网的漏斗成品，可以用加工定做的方式获取。漏斗上口直径 ϕ200 ~ 250mm，下口直径 ϕ20 ~ 30mm，高 300 ~ 350mm 即可，也可以根据液压油箱在压路机上的位置，将漏斗下半部制作成一定角度；带滤网部分与漏斗主体可制作成两部分，两部分上、下套装在一起，这样有利于将滤网部分取下清洗。

（3）对液压油滤芯要进行清洗，对液压油箱中的液压油进行过滤后再加回到油箱中。

（4）对新液压油用漏斗过滤后加入油箱中。

（5）将加油后的漏斗清洗干净后保存。

（6）不要忘记加油后拧紧油箱盖。

模块三 液压油管和接头部位检查

液压系统的优点是可以远距离传递压力,而这个压力的传递需要很长的液压油管来实现。在压路机上,液压油管的布置主要靠其自身的抗拉强度悬浮在机体的外侧部位。这种不用专用卡具固定的方式会带来一个问题:随着压路机使用时间的增加,液压油管与机体某个部位长期反复摩擦,将导致液压油管外部橡胶密封层被磨漏,进而引发液压油大量外泄而造成损失。

经常性的检查可以及时发现磨损的部位,并采取相应的技术措施予以处理,以防止液压油管磨损破裂的现象发生。在工地施工中,一旦发生液压油管被磨损破裂,而又没有备用的液压油管,可采取以下方法进行应急处理:

(1)在破损位置两侧宽约15~20cm的范围内,用电工绝缘胶布(黑胶布)每圈重叠1/2缠绕一遍。

(2)在同样的宽度上,用细铁丝紧密缠绕一层以提高里层绝缘胶布的抗压能力。

(3)重复(1)(2)两个工序1~2次,即可解决液压油管漏油故障。

这种应急处理方法类似于在编织一层液压管的结构,铁丝起钢丝网的作用,绝缘胶布起橡胶密封作用。

尽管日常检查工作每日都在进行,但是有些故障是避免不了的。从这种应急处理工艺来看,作为初级压路机驾驶员,要习惯在出车前尽可能备齐必要的随车修理工具和用品,以灵活应对故障的发生。

液压油管接头部位发生泄漏的机会相对来讲比较少,除非是在拧紧过程中操作不当,造成液压油管扭曲变形,或采购到假冒伪劣产品。液压油管接头每拆卸一次,其内部的“O”形密封圈都要予以更换。因为经过长时间的挤压,旧的“O”形密封圈会发生塑形变形,密封性能下降。自锁型液压油管接头安装时同样要注意密封圈的正确使用。

模块四 清洁主要液压元件外表

安装在压路机上的液压元件在机械使用过程中难免会出现有局部液压油渗漏现象,所以对液压元件的清洁工作很有必要。

所谓的清洁工作,一方面是为了让压路机本身保持整洁;另一方面是通过清洁工作,及时发现故障隐患。编者本人曾经有过这样一次历险经历:1993年,在北京密云县城至古北口(密古路)山区二级路公路工程施工中,本人操作PY160A型平地机在做转场作业时,沿旧路高速行驶,右侧方向为悬崖。由于旧路很窄,在与对面来车会车时,做了一个向右侧悬崖方向调整方向的动作。待会车结束,欲回转方向时,转向轮转无法回转。根据多年工作经验,本人立刻踏下制动踏板,将车停住。此时,右前侧车轮外侧已与路边缘平齐。如果车辆没有及时制动,将发生车毁人亡的重大事故。下车后检查发现,由于没有检查到位,右侧转向轮转向油缸的活塞杆已从固定螺纹中脱落,因此无法引导右前轮回转,使平地机方向失去控制。

通过这个事例可以看出,经常性地检查各个油管接头,并对整机卫生进行清理,就可以及时发现存在的安全隐患。可见,看似简单的清洁工作,实际上起到的作用不仅仅是机械外观整洁这么简单。一名优秀的压路机驾驶员可以在清洁机械的过程中发现问题,使机械发生故障的概率下降很多。

总之，通过发动机保养、传动系统的保养、电气系统的保养及液压系统的保养知识介绍，结合一些事故案例，我们就会知道养成良好工作习惯的重要性。“细节决定成败”，做好每日班前、班后的各项例行保养工作就是最好的细节。根据该项工作完成质量的好坏，就可以从客观上评价自己能否成为一名优秀的压路机驾驶员。通过本单元的学习，能够为压路机操作工更高级别的技术工作打下坚实的基础。

思考题

1. 发动机例行保养技术要求是什么？
2. 传动系统例行保养技术要求是什么？
3. 电气系统例行保养技术要求是什么？
4. 液压系统例行保养技术要求是什么？

单元三 压路机故障判断

学习目标

本单元主要学习压路机发动机、传动系统、电气系统一般故障的判断方法。

知识要求

1. 掌握柴油发动机低压油路、冷却系统及机油滤清器常见故障和诊断方法；
2. 掌握压路机离合器打滑、分离不彻底及制动装置不制动的原因；
3. 掌握电气设备故障诊断常用方法；
4. 掌握启动电路工作原理。

技能要求

1. 能判断与排除低压油路堵塞或密封不严故障；
2. 能判断冷却系统管路泄漏故障；
3. 能判断离心式机油滤清器不工作故障；
4. 能判断离合器打滑、分离不彻底故障；
5. 能判断制动装置不制动故障；
6. 能判断与排除蓄电池电量不足引起的启动困难故障；
7. 能判断启动电路断路或接触不实引起的启动困难故障。

课题一 发动机故障判断

模块一 燃油供给系统低压油路堵塞及密封不严故障判断与排除

压路机以柴油机作为动力。柴油机的燃油供给系统又分为低压油路和高压油路两部分。

柴油机低压油路最常见的故障有两大类：一类是油路堵塞故障；另二类是密封不严故障，供油系统中有空气进入。这两类故障均会使发动机停机，或根本不能启动运转。

1. 低压油路堵塞故障的判断与排除

在基础知识部分，我们已经介绍了在柴油机低压油路中，可能发生堵塞的部位只有两个：一个是输油泵（也称低压油泵）进油口位置的滤网堵塞；另一个是位于输油泵之后的柴油滤清器滤芯堵塞。这种堵塞性质的故障处理方法比较简单，不需要修理工来解决，是初级压路机驾驶员应具备的能力。

当每日启动前的检查工作结束，准备启动发动机试运转时，有时会发现经过一次或数次启动起动机后,发动机仍然没有启动运转的迹象。这时应该立即停止启动操作,找出故障的原因。下面的分析以柴油机无机械结构方面的故障为前提,使大家逐渐具备判断并排除简单故障的能力。

分析思路:例如,如果某个人生病了,需要做手术,那么病人是希望由经验丰富的专家来做,还是希望由一位没有任何经验的新人或外行来做呢?答案是肯定的,即病人希望由专家来做手术。专家之所以能够成为专家,前提就是要十分熟悉人体的结构,在此基础上经过多年的手术实践经验积累,可以正确处理手术过程中发生的各种意外,确保病人的生命安全。

作为一名初出茅庐的新人,初级压路机驾驶员要想具备判断、排除故障的能力,首先要过的一关就是要熟悉压路机的构造,要知道供油系统由哪些组成部分。柴油机供油系的组成为:

柴油箱→输油→泵进→油口→输油泵出油口→柴油滤清器(有回油管)→喷油泵→高压油管→喷油器(外部有回油管)。箭头部分用油管连接。

细心的驾驶员会发现,上面列出的柴油机供油系组成部分是按照柴油在油路中的流动顺序排列的。这一点非常重要,因为一台机械由无数个零件组成,要想熟记其构造,必须要找出其内在规律。用柴油的流动顺序排序来记忆构造,会使构造知识的学习变得不再枯燥乏味,学习效率会提高很多。柴油机不能顺利启动首先就要从源头去找,确定油箱是否有油。这一点在检查“三油一水”时就已经进行过了,因此不是问题。

(1)故障一:输油泵进油口位置滤网堵塞

先松开输油泵上手油泵的柱塞,用手反复抽拉按压,如果向上提拉柱塞时感觉有阻力,那么应该检查输油泵进油口位置了。

用开口扳手旋松,并将进油口空心螺栓拆卸下来,抽出其中的滤网,就会发现滤网的周围已经被成分不明的杂质堵死了,柴油从油箱出来到这里被堵住了。在提拉手油泵柱塞时有阻力,就是因为滤网堵塞,向上提拉柱塞时产生了真空吸力。

将滤网放到盛有柴油的油盆中清洗干净,重新装入到空心螺栓中,拧到输油泵上。这时还要注意,进油管接头的两侧各有一个紫铜垫,千万不能漏装,否则会在排除了一个堵塞故障的同时,又制造了一个漏气故障,而自己却根本不知道。

将进油口空心螺栓装复后,下 步要做的工作就是排气。因为在拆卸、装复的过程中,有一部分空气会进入到油管中。这些空气若不予排除,发动机仍无法启动运转。

排气的方法如下:

①拧松喷油泵上的放气螺钉。这个螺钉是空心的,与输油泵进油螺栓的结构有相似之处,在螺钉的上方有两个与螺钉轴线方向垂直的圆孔,排气时,柴油可以从这两个圆孔向两侧喷油,而不会直接喷到操作人员的身上。

②用手反复提拉、按压手油泵柱塞。这时柱塞上的感觉与滤网未清理前的感觉有明显不同,喷油泵放气螺钉位置一开始没反应,随着柱塞操作次数的增加,逐渐有泡沫状的柴油流出。继续前述动作,直到从放气螺钉两侧流出液体状的柴油为止。

③将手油泵柱塞在固定螺纹上拧紧固定,将喷油泵上的放气螺钉拧紧。

启动起动机,柴油机可以顺利启动。至此,因为进油口位置滤网被堵塞引起的柴油机不能启动故障即判断、排除结束。

(2)故障二:柴油滤芯堵塞

松开输油泵上手油泵的柱塞,用手反复提拉、按压,如果向上提拉柱塞时感觉没有阻力,向下按压时感觉到有阻力,应该检查柴油滤芯位置是否堵塞。

方法如下：

①用开口扳手拧松滤清器固定螺钉。

②用手托住滤清器下体，防止脱落。

③将纸质滤芯取出更换(多数情况是纸质滤芯四周已被油泥堵死)。

④更换新的滤芯后将滤清器下体与上体安装好。

⑤用手油泵柱塞排气(方法同前)。

做完上述步骤，发动机即可正常运转。

2. 低压油路漏气故障

低压油路产生漏气故障主要有以下三种情况：

①燃油箱未及时补充燃油。燃油箱未及时补充燃油，导致油箱内的燃油被消耗干净后，油箱内的空气被吸入到低压油路中。由于油路中已经被吸入了空气，即使在油箱内重新注满燃油后，启动起动机，发动机也不可能正常运转，需要按前边所述方式将油路中的空气排除干净再启动发动机。

②排除进油口滤网堵塞故障、柴油滤芯堵塞故障时，空气会进入到油管中。

③排除油路中的故障时，漏装紫铜垫片，或油管接触表面不平导致密封不严而漏气。

无论是哪种原因造成的漏气故障，都必须将漏气问题予以解决，否则发动机无法正常运转。

模块二 冷却系统管理泄漏故障判断

冷却系管路泄漏故障一般通过外观检查即可发现，但在一些特殊的情况下比较难判断其故障位置。比如装有湿式汽缸套的柴油机，如果汽缸套下方的阻水圈老化、更换汽缸套时阻水圈扭曲变形、汽缸套中有砂眼以及汽缸垫被烧毁击穿等都有可能造成冷却系管路的泄漏。对这些较为复杂的故障原因判断能力，对初级压路机驾驶员不作要求。但是应该知道，造成冷却系管路泄漏的原因很多，如果在操作压路机过程中，通过观察水温表发现水温异常升高，而发动机机体外表及散热器、水泵、水管等表面没有明显的泄漏痕迹，应该及时通知机械维修人员查明故障原因，以防机械事故的发生。

就前边分析的特殊情况，下述分析仅作为参考：

如果冷却水损失明显，而外表无明显泄漏迹象，可以观察油底壳内的机油状况。一般情况下，若冷却水因汽缸套砂眼或阻水圈密封不严而泄漏，会流入油底壳内。这时，油底壳内的机油与冷却水在曲轴的高速搅拌下，会变成乳浊液，颜色发白。这是一种非常危险的情况，发动机必须停车等待修理。

如果油底壳内机油正常，而冷却水又损失很快，观察排气管的废气颜色。若废气为白色，则说明冷却水进入到汽缸内被高温气体加热而汽化。这时很有可能是汽缸垫被烧毁击穿，造成密封不严，使冷却水进入汽缸内，且一般会伴有发动机的异响。这种情况下，也需要对发动机进行及时修理。

模块三 离心式机油滤清器不工作故障判断

离心式机油滤清器是利用其滤芯的高速旋转来带动机油旋转，在离心力的作用下，将机油中质量较大的杂质从机油中分离出来。

1. 离心式机油滤清器的检查方法

将发动机运转至正常温度下，然后停机。用耳朵听或借助听棒倾听滤清器内有无“嗡嗡”声，并记下声音停止时间。如自停机至声音停止时间短于 2min，则说明其工作状况不佳。时间越短，说明其故障越严重。若声音持续少于 0.5min，且存在严重振动时，必须立即拆开检查，排除故障。

2. 离心式机油细滤器的常见故障

离心式机油细滤器的常见故障见表 3-3-1。

离心式机油细滤器的常见故障　　表 3-3-1

故障现象	原因	处理方法
转速低或根本不转	喷嘴、转子内的油孔被异物堵塞	清洗
	转子轴承阻力大或损坏	清洗或更换轴承
	转子不密封，喷嘴螺纹缺损、松动	更换密封件或喷嘴
	喷嘴磨损	更换喷嘴
振动严重、转子失去平衡	转子上体变形，严重刮伤转子上体内壁	更换转子
	清理沉积物不彻底	重新清理
	转子上、下体安装记号不对	重新安装
滤清效率降低	没有按时保养	保养
	转子内壁沉积层过厚	清洗
	润滑油太脏	更换润滑油

3. 离心式机油细滤器的装复

离心式机油细滤器的装复可参考拆卸的相反顺序进行，并注意以下事项：

(1)装合转子盖和转子体之前，应先检查密封垫是否完好。要小心、认真、干净、平整地将密封垫放在转子体的止口内，然后再仔细检查一遍垫片的上、下有无异物。

(2)装合转子盖与转子体时，应对准原箭头标记，否则会破坏原转子总成的动平衡。在拧紧转子盖上的压紧螺母时，要注意转子体是否均匀准确地落入转子盖的止口内，做到上下兼顾，防止歪斜。压紧螺母的旋紧扭力矩不能过大，以免受力变形。

(3)装外壳时前，要检查壳体的止口内不准有异物，密封垫必须完好无损、清洁。外罩的下沿应无缺口、碰伤。安装时要放正，否则易使转子变形，造成转子旋转阻力过大的故障。

(4)不要漏装零件。

(5)转子止推面，光面要朝向转子，不得装反。

课题二　传动系统故障判断

模块一　离合器打滑故障判断

压路机上常用的是弹簧压紧摩擦式主离合器，是利用在很大的压力下产生的静摩擦力使两个工作盘(主动部分、从动部分)紧密结合在一起传递扭矩的。弹簧压紧式主离合器中飞轮和压盘为主动部分，压盘在转动的同时，还能进行轴向移动。从动盘和离合器轴(也称变速器输入轴或变速器一轴)为主离合器的从动部分，从动盘的花键毂与离合器轴的花键相连接。

离合器盖固定在飞轮上，盖与压盘之间沿圆周均匀分布有压紧弹簧，在弹簧压紧力的作用下，压盘、从动盘和飞轮紧压在一起，发动机的动力通过它们之间的摩擦力，由主动件传给从动件，并经离合器轴传给变速器。

从结构角度来分析，造成离合器打滑故障的主要原因就是主动盘和从动盘之间的摩擦力不足以用来克服压路机的荷载，使得在离合器传递动力的过程中，主动盘与从动盘之间发生相对滑转，即所谓的离合器打滑，表现为压路机挂挡起步后，车速很慢，且有焦煳味。

造成离合器打滑的原因很多，下面仅就比较常见的几种故障原因作简单分析。

1. 弹簧弹力不足

离合器主、从部分依靠沿离合器圆周均布的弹簧弹力紧紧地压在一起，在正常情况下，弹簧的弹力可以保证主、从部分在压路机工作中不发生相对滑转。但是，经过长时间的使用后，特别是因离合器摩擦产生的热量会使弹簧受热造成弹力减弱，而离合器主、从动部分之间的摩擦力大小与弹簧的弹力（提供正压力）成正比，弹簧弹力减弱直接造成摩擦力降低而导致离合器打滑。

还有一种比较特殊的情况是在压路机使用过程中出现个别弹簧折断而直接丧失弹力，造成离合器打滑。

出现这种现象的解决办法是更换新的压盘弹簧，以解决弹簧弹力降低的问题。

2. 摩擦片间有油污

离合器主、从动部分之间的摩擦力大小，一方面取决于弹簧弹力提供的正压力的大小，另一方面还与两者之间的摩擦系数成正比。摩擦系数越大，产生的摩擦力也越大。一旦摩擦片被油污染（如黄油——润滑脂），油的润滑效果将大幅降低主、从动片之间的摩擦系数，使主离合器出现打油现象。

解决办法是将离合器主从动盘拆卸下来后，将摩擦片表面的油污清理干净，再重新装复。

3. 离合器踏板自由行程过小

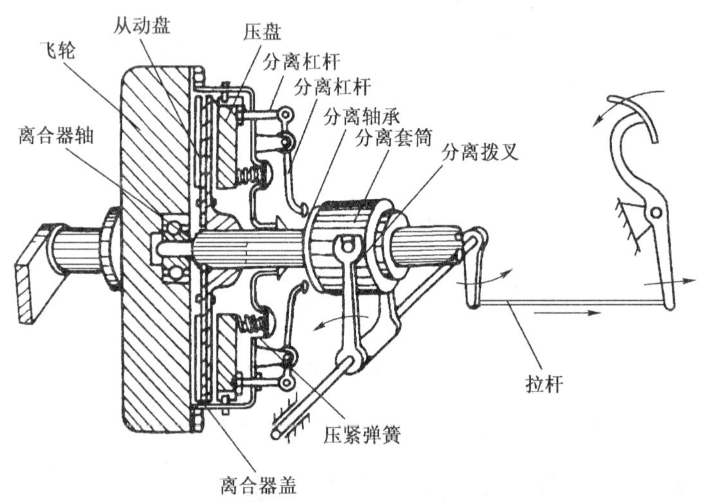

图 3-3-1 离合器工作原理示意图

离合器主从动部分的分离是依靠分离轴承对分离杠杆施加一个压力，拉动压盘克服弹簧的弹力而使主从动部分失去弹簧的正压力，摩擦力消失而分离，如图 3-3-1 所示。在压路机正常工作过程中，分离轴承与分离杠杆之间留有一定的间隙，这个间隙值所对应的就是离合器踏板的自由行程。

如果离合器踏板行程过小或没有自由行程，在踏板的自重作用下，相当于对分离轴承、分离杠杆施加了一个压力，这个压力的作用结果是使压盘存在一定程度的分离趋势，从而降低了主从动部分之间的正压力（弹簧力），使摩擦力减小而出现打滑故障。可以通过调节离合器踏板到分离轴承之间传动杆件的长度的方法来调整踏板自由行程至规定的数值。

4. 离合器摩擦片因长期使用而磨损变薄、铆钉外露

从结构原理可知，摩擦片磨损变薄的结果是使分离杠杆向分离轴承方向移动，减小了分离轴承与分离杠杆之间的间隙，其效果与离合器踏板自由行程过小的效果是一样的。解决方法是更换新的离合器片。

5. 离合器摩擦片受热变质

离合器摩擦片及飞轮表面因受热而使材料性质发生改变，改变的结果是摩擦系数下降，导致主、从动部分之间摩擦力变小而打滑。解决方法是更换摩擦片。

上述5种原因是比较常见的造成离合器打滑的原因。初级驾驶员要逐渐学会通过构造知识对故障的原因进行分析，以便为修理工作提供准确的判断依据。

模块二　离合器分离不彻底故障判断

与离合器打滑故障不同，离合器分离不彻底是指驾驶员尽管已经将离合器踏板踩到最大值，但是在挂挡及变挡时仍会有变速器打齿的现象或摘挡困难的现象出现。究其原因是，尽管做了切断发动机动力的动作，但是由于离合器主从动部分未能完全分离而使发动机的动力依然向变速器内传递，使挂挡及变挡工作不能顺利进行。表现为挂挡时，未松开离合器压路机即自行起步，换挡时摘挡困难，挂挡时有打齿现象。

离合器分离不彻底的主要原因有以下几个方面：

1. 离合器踏板自由行程过大

离合器踏板自由行程过大，其结果是有效行程（用来分离主从部分）变小，因为在驾驶室内，从踏板的最高位置到最低位置，其偏转角度是固定的，自由行程过大会使分离轴承与分离杠杆之间的间隙过大。当踩下离合器踏板时，有很大的偏转角度用来抵消这个过大的间隙值。而真正用来分离主从部分的有效行程太小而使离合器主、从部分不能完全分离，造成离合器分离不彻底。解决办法是通过调节离合器踏板至分离轴承间的传动杆件的长度，将踏板自由行程调整至规定值。

2. 换新后的摩擦片过厚

新摩擦片过厚，从结构角度来讲会使分离杠杆端部远离分离轴承，从而使分离轴承至分离杠杆之间的间隙变大，其作用效果与离合器踏板自由行程过大一样。调整方法是将摩擦片厚度经打磨至符合要求为止。

3. 分离杠杆不在同一平面上

按照离合器安装的技术要求，各分离杠杆的端面应在同一平面内，且与摩擦片之间的距离应符合要求。

各分离杠杆的端面在同一平面内是保证离合器主、从动部分在分离时，沿圆周方向上主、从动部分之间保持平行状态，一旦出现倾斜，就会造成分离不彻底的故障。分离杠杆不在同一平面内，那么在实施离合器分离的动作时，由于分离轴承表面接触到分离杠杆的时间不一致，

先接触到的部分先分离，且分离得比较彻底；后接触到的后分离，且分离得不够完全，出现离合器分离不彻底的故障。解决方法是将各分离杠杆重新调整，使其端面在同一平面内。

4. 个别或全部分离杠杆折断

由于离合器踏板操作方法不当或分离轴承长期未予以润滑而失效（无法转动），会使分离轴承与分离杠杆端部之间长期处于剧烈的摩擦状态，使分离杠杆端部越磨越薄，最后折断。

出现分离杠杆全部折断的故障之后，分离轴承在离合器轴上将会自由移动而根本不会使离合器主、从动部分分离。这是一种比较极端的故障现象。

个别分离杠杆折断的效果与分离杠杆不在同一平面是一样的。需要对折断的分离杠杆进行更新，然后再将各分离杠杆调整在同一平面内。

5. 压盘弹簧弹力不均

压盘弹簧弹力不均会使离合器在分离时，压盘出现歪斜，进而导致分离不彻底的故障，需更换新的弹簧，且弹簧长度要一致。

上述 5 种故障原因是离合器分离不彻底时比较常见的原因，具体到每一台压路机上，出现这种故障时，要仔细对其进行分析和判断，找出准确的故障原因。

模块三　制动装置不制动故障判断

压路机制动失效比较容易判断，当压路机行驶时需要减速或完全停止时，踩下制动踏板，压路机不能很快停下来或降速很慢，说明制动装置出现了不制动故障。

具体的故障原因因压路机结构的不同而有很大区别，故对其原因的判断不作要求。

课题三　电气系统故障判断

模块一　蓄电池电量不足故障判断

1. 蓄电池电量不足的判断方法

因蓄电池电量不足而引起启动困难的现象比较常见，判断方法有以下几种：

①按喇叭，听喇叭声音是否清脆。若清脆，则说明电量充足；否则，说明蓄电池电量不足。

②开前照灯，观察前照灯的亮度。若灯亮，则说明蓄电池电量充足；否则，说明蓄电池电量不足。

2. 蓄电池电量不足的解决办法

(1) 更换新蓄电池

更换新蓄电池时，一定要注意蓄电池的极性不能接反。现在的压路机电路多为负极搭铁，且需要用两块蓄电池串联成 24V。一般蓄电池的极桩上都标注有“+”、“-”以区分正负极。如果蓄电池使用时间过长，“+”、“-”标记不清楚，也可以通过极桩的颜色来区分正负极：颜色浅、呈灰色的为负极（成分为海绵状的纯铅——Pb）；颜色深、呈棕褐色的为正极（成分为二氧化铅——PbO_2）。

在连接蓄电池电路时，注意不要使手中的工具与正、负极直接接触，没有经验的驾驶员或学员很容易在这方面出现问题。手中的工具一旦同时与正、负极桩接触，过大的短路电流会将极桩烧毁。在紧固极桩卡头时，一定要注意拧紧，否则在启动发动机时，容易造成极桩烧毁故障。

(2)对蓄电池进行补充充电

对使用后的蓄电池充电,属于补充充电,具体的充电方法见表3-3-2。

蓄电池充电方法 表3-3-2

蓄电池型号	初充电				补充充电			
	第一阶段		第二阶段		第一阶段		第二阶段	
	电流(A)	时间(h)	电流(A)	时间(h)	电流(A)	时间(h)	电流(A)	时间(h)
3-Q-75	5	25~35	3	20~30	7.5	10~11	4	3~5
3-Q-90	6		3		9		5	
3-Q-105	7		4		10.5		5	
3-Q-120	8		4		12.0		6	
3-Q-135	9		5		13.5		7	
3-Q-150	10		5		15.0		7	
3-Q-195	13		7		19.5		10	
6-Q-60	4	25~35	2	20~30	6	10~11	3	3~5
6-Q-75	5		3		7.5		4	
6-Q-90	6		3		9		4	
6-Q-105	7		4		10.5		5	
6-Q-120	8		4		12.0		6	

对表中的数据分析可知,作为补充充电电流,第一阶段充电电流强度是其额定容量的1/10,第二阶段充电电流值为第一阶段的一半即可。

还有一种脉冲快速充电方式,其原理是利用可控硅快速充电机对蓄电池进行正反向脉冲充电。这种充电方法的优点是:

①充电效率高。对新蓄电池的初充电一般不超过5h;对旧蓄电池的补充充电只需0.5~1.5h,大大缩短了充电时间。

②可增加蓄电池的容量。

③具有显著的去硫化作用,即白色粗晶粒的硫酸铅被还原二氧化铅和海绵状铅,一旦不能被还原,即称为“极板硫化”,是一种蓄电池常见的故障现象。

模块二 起动电路断路或接触不实故障判断

3Y12/15型三轮压路机的起动电路如图3-3-2所示,其结构特点是:起动电路直接由启动按钮控制,拨叉和主电路由电磁开关控制工作。

当接通电源总开关并按下起动按钮时,吸拉线圈和保持线圈的电路被接通,其电流流径为:蓄电池“+”→主接线柱→电流表→熔断丝→电源总开关→启动按钮→吸拉线圈→起动机励磁绕组→电枢→搭铁→蓄电池“-”。

蓄电池“+”→主接线柱→电流表→熔断丝→电源总开关→启动按钮→保持线圈→搭铁→蓄电池“-”。

这时的活动铁芯被两个线圈的相同方向电磁力吸入,克服复位弹簧的弹力向右移动,带动拨叉,使驱动小齿轮与飞轮齿圈啮合。这是由于吸拉线圈的电流流径励磁绕组和电枢绕组,产生一定的电磁转矩,驱动小齿轮是在缓慢旋转的过程中啮合的。当齿轮啮合好以后,接触盘将

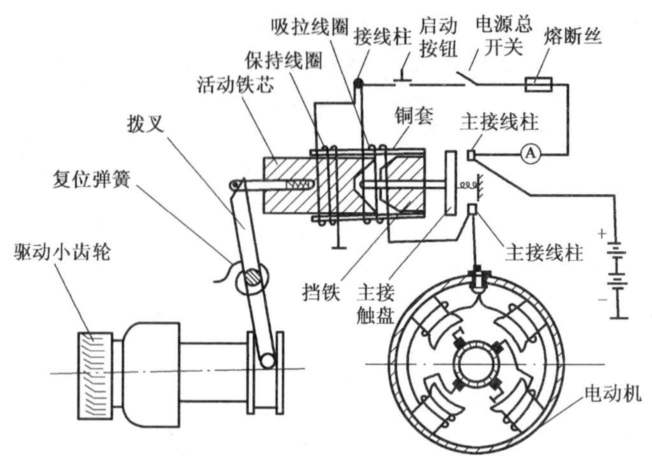

图 3-3-2 3Y12/15 型压路机的启动电路

主电路接通，蓄电池的大电流流经起动机的电枢和励磁绕组，产生正常的转矩，带动发动机曲轴旋转，与此同时，吸拉线圈被短路，齿轮的啮合位置由保持线圈的吸力来保持。

发动机启动后，在松开启动按钮的瞬间，保持线圈中的电流只能经吸拉线圈获得，这时流经两线圈中的电流所产生的磁通方向相反，电磁力互相抵消，因而活动铁芯在复位弹簧的弹力作用下迅速复原，驱使小齿轮退出啮合，接触盘脱离接触，从而切断其启动电路，起动机停止运转。

启动电路断路或接触不实主要体现在以下个位置：

①蓄电池（正极）极桩卡头接触不实。在初次启动起动机后，再次按动启动按钮，起动机不转，此时多为极桩被烧毁。

②保持线圈断路。按下起动按钮后，起动机开始运转，但马上又停转。反复启动，同样的现象一再出现。从起动电路的工作原理可知，当吸拉线圈被短路，齿轮啮合位置由保持线圈的吸力来保持时，由于保持线圈断路而使小齿轮与飞轮齿圈脱离啮合，发动机无法正常启动。

③熔断丝被烧断。这个故障比较容易检查，通过观察熔断丝是否被烧断即可判断。

④起动按钮被烧断。可以用完好的起动按钮予以替换，从而判断故障是否是由于按钮电路不导通而造成。

1. 如何判断柴油发动机低压油路、冷却系统以及机油滤清器的常见故障？
2. 如何判断压路机离合器打滑、分离不彻底以及制动装置不制动的原因？
3. 电气设备故障诊断的常用方法有哪些？
4. 压路机启动电路工作原理是什么？
5. 离合器打滑、分离不彻底故障的原因有哪些？
6. 如何判断蓄电池电量不足引起的启动困难故障？

第四部分　压路机操作工（中级）工作要求

单元一　压路机施工作业

学习目标

本单元主要学习使用振动压路机进行施工作业方面的知识。

知识要求

1. 掌握振动压路机振动装置的基本组成及工作原理；
2. 掌握振动压路机压实路基的技术要求；
3. 掌握振动压路机压实沥青混凝土面层的技术要求；
4. 了解沥青混凝土面层初压、复压、终压注意事项。

技能要求

1. 能按技术要求压实弯道、交叉路口等复杂路段路基基层；
2. 能按要求调整振动压路机振幅和频率压实路基基层；
3. 能按技术要求压实弯道、交叉路口等复杂路段沥青混凝土面层；
4. 能按要求调整振动压路机振幅和频率压实沥青混凝土面层；
5. 能碾压灌入式沥青路面面层。

课题一　路基压实作业

模块一　弯道、交叉路口路基基层压实

1. 弯道或交叉路口的碾压

在碾压这些区域时，要注意以下影响因素：线压力、滚筒宽度、滚筒直径、转弯半径、碾压速度、材料类型、材料的成分、铺层厚度等。在充分注意上述因素的同时，首先从内侧或弯道较低的一侧开始碾压，并且要尽可能地呈直线运行，在切向拐角时一条一条地碾压。由于振动压实有减少剪切力的作用，所以在这些区域的碾压最好使用振动压路机。

2. 陡坡上的碾压

(1)上坡

在碾压上坡道路时，启动、停车、变速都要缓慢进行。由于上坡时需要传递的剪切力最大，所以驱动轮应在后面，而使前面的从动轮先对路基基层进行预压实，以便承受来自后侧驱动轮的剪切力。

(2)下坡

在碾压下坡道路时，驱动轮也必须在后面，这是由于在下坡时，因压路机自重而产生的下滑力必须要通过驱动轮制动，而由此产生的作用力又必须通过材料来吸收。在碾压极为陡峭

的坡道时，要先使用轻型压路机进行预压实。

模块二 振动压路机路基基层压实

振动压路机是利用强制振动的方式引起被压实材料的共振，以消除被压实材料之间的孔隙，其压实效果一般可达同等吨位静力式压路机的 1.5 ~ 2.5 倍，极大地提高了压实效率。

在使用振动压路机压实路基基层时，一定要合理调整振幅和频率，碾压路基振动频率为 30 ~ 40Hz 时效果最好，碾压路面振动频率为 40 ~ 50Hz 时效果最好。与振动频率相比，振幅变化对压实效果的影响远比频率的变化所带来的影响大。大振幅能有效地压实基层底部，而较小振幅适合于压实表层。一般压实路基为大振幅 2.0 ~ 0.8mm，压实路面为小振幅 0.4 ~ 0.8mm。实际上，影响路基压实的因素还有很多，见表 4-1-1。

影响路基压实因素 表 4-1-1

影 响 因 素	说 明
含水率	材料只有在一定的含水率条件下压实才能达到最大干密度。与最大干密度相对应的含水率，称为最佳含水率。实际中，若含水率高于或低于最佳含水率，要想达到较大的密实度是困难的
击实功	材料的含水率接近压路机压实时的最佳含水率时，需要的压实功最小，即当增加压路机质量或碾压遍数，材料的最佳含水率要降低，而最大干密度要增加，但这种现象是有一定限度的
压实机械	静压路机压实厚度小；振动压路机压实厚度大；轮胎压路机碾压轮的接触面积大，有搓揉作用，有效压实深度大，适合于压实黏性土
碾压速度	高碾压速度要比低碾压速度的压实生产率高，而且比较经济，但速度过快，容易导致面的不平整。通常，碾压层厚和难以压实的材料，应采用较低的碾压速度
碾压层厚度和碾压遍数	有效的压深度主要与压实机械的类型、碾压遍数、材料性质和含水率有关
碾压工序	先轻后重、先静压后振压、先慢后快
地基或下承载层的强度	地基或下承层强度低对所需压层的密实度有明显影响
筑路材料类型和质量	二者对碾压后所能达到的密实度有明显影响

这里需要特别指出的是，在运用振动压路机压实路基基层时，有一种情况绝对不允许出现，即在灰土层或无机结合料层养生期使用振动压路机。

从灰土层及无机结合料强度生成原理可知，在其养生期，会发生如下的化学反应：

$CaO + H_2O = Ca(OH)_2$ 或 $MgO + H_2O = Ca(OH)_2$

$CO_2 + H_2O = H_2CO_3$

$Ca(OH)_2 + H_2CO_3 = CaCO_3 + 2H_2O$ 或 $Mg(OH)_2 + H_2CO_3 = MgCO_3 + 2H_2O$

其强度生成过程实际上就是 $CaCO_3$、$MgCO_3$ 的生成并与其他材料固结的过程，一旦在此期间使用振动压路机进行激振压实，会严重破坏路基基层的固结效果，起到与压实所要达到的目的完全相反的作用。

课题二 路面压实作业

模块一 弯道、交叉路口沥青混凝土路面压实

弯道、交叉路口等复杂路段沥青混凝土面层压实时，如果压路机按照与弯道相同的曲率半径进行曲线压实，会由于离心力的作用，在压实轮外侧边缘产生剪切力，而剪切力的作用结果就是在路的表面形成凸起，影响到沥青混凝土面层的平整度。因此，在碾压这些复杂路段时，与压实路基基层一样，从内侧或弯道较低的一侧开始碾压，而且要尽可能呈直线运行，在切向拐角时一条一条地碾压，尽量避免压路机曲线行驶，以减轻剪切力对路面压实质量的影响。必要时，采用振动压路机高频、低振幅压实作业。

1. 准备工作

(1)压路机停放在弯道内侧边缘位置，交叉路口压实时停放在开始摊铺一侧的路边缘位置。

(2)压路机的滚轮表面完全浸湿，以防止沥青混凝土黏结在滚轮表面。

(3)检查刮泥板弹簧弹力，使刮泥板紧贴在滚轮表面。

(4)向施工人员了解有关压实要求。

2. 压实作业步骤

(1)静力式压路机以一挡的低速起步，以直线方式行驶。

(2)弯道时，压路机滚轮运行方向呈与弯道相切的方式进行压实作业以减小剪切力。

(3)倒轴时，转动转向盘的速度要平缓，以免方向轮过大的转角对工作面形成局部凹陷。

(4)二轮静力式压路机及三轮压路机均可按压实轮宽度的1/3～1/2进行倒轴。

(5)最终压实后路面应无明显轮迹。

(6)如采用振动压路机，压实程序与静力式相似，可用低速、高频、小振幅方式进行压实作业。

3. 注意事项

(1)弯道作业时，压路机不能随着弯道的曲率变化呈曲线方式压实。否则，会在压实轮边缘产生剪切力，在路面形成凸起，影响平整度。

(2)压实轮表面必须完全浸湿，防止沥青混凝土黏附在滚轮表面。

(3)水箱内有足够的清水或添加了洗涤剂的溶液。

(4)刮泥板状况良好，紧贴在滚轮表面以清除可能黏附的物料。

(5)注意驱动轮的位置，应该在后侧方向。

(6)注意人、机安全，制动装置要可靠。

模块二 振动压路机沥青混凝土路面压实

运用振动压路机压实沥青混凝土面层与路基基层的区别在于其频率较高，振幅较小。采用这种方式可最大限度地保证路面平整度要求。

在进行路面面层压实时需要注意的是，如果路基层为无机结合料，需要经过充分的养生过程，以使无机料结构层的强度达到要求。过大的振幅会形成较大的激振力，对路基结构层形成损害，所以在利用振动压路机压实沥青混凝土面层时，一定要用较低的行驶速度，按要求的频率及振幅进行压实操作。

1. 准备工作

(1)压路机停靠在路的边缘,以便从路的两侧边缘位置向路中心线方向压实。

(2)压路机的滚轮表面完全浸湿,以防止沥青混凝土黏结在滚轮表面。

(3)检查刮泥板弹簧弹力,要求刮泥板紧贴在滚轮表面。

(4)向施工员了解有关压实要求。

2. 压实作业步骤

(1)压路机起步后再开启振动装置,绝对不允许先振动后起步。

(2)采用高频、小振幅方式,从路的两侧边缘向路中心线方向压实。

(3)压实轮重叠200mm左右或重叠1/2压实轮宽度。

(4)最终压实后路的表面应无明显轮迹。

3. 注意事项

(1)压实程序必须从两侧开始,压向路的中心线,不允许随心所欲地从任意位置开始压实作业。

(2)起步前注意鸣笛,以防止出现安全事故。

(3)压实速度不能过快,以低速运行。

(4)等候时,压路机不能停放在刚刚压实过的温度仍然较高的路面上,以防局部出现凹陷。

(5)保持水箱内有足够的用于浸湿滚轮的清水或添加了洗涤剂的溶液。

(6)保持与配合作业的静力式压路机及沥青混凝土摊铺机足够的距离,以保证安全。

(7)注意压实作业与摊铺作业的衔接,使沥青混凝土在最佳温度区域内进行压实作业,以提高路面质量。

模块三 灌入式沥青路面面层压实

灌入式沥青路面结构在一些地区还在采用,由于这种路面结构主要是通过在渣石中灌入沥青而成,其压实质量主要取决于渣石的大小及嵌缝料的洒布是否均匀、大小是否合理。一般来讲,由于渣石的稳定性比较差,在进行压实时,压路机的速度不宜过快,振幅不宜过大,否则会由于压路机水平方向的推挤力过大而影响路面平整度。振幅过大将产生较大的激振力,会将渣石击碎,从而产生过多的粉料,导致骨料相对减小,从而影响路面强度。

压实的工序与压实其他结构的沥青面层一样,由路的两侧压向路的中心,按照倒轴规定的宽度进行压实,直到没有明显的轮迹为止,从而达到规定的密实度要求。

1. 如何压实弯道及交叉路口路基基层?
2. 如何使用振动压路机压实路基基层?
3. 如何压实弯道及交叉路口沥青混凝土面层?
4. 如何压实弯道及交叉路口沥青混凝土面层?
5. 如何压实灌入式沥青路面面层?

单元二　压路机保养

学习目标

本单元主要学习压路机一级保养的有关内容。

知识要求

1. 发动机一级保养技术要求；
2. 传动系统一级保养技术要求；
3. 电气系统一级保养技术要求；
4. 液压系统一级保养技术要求。

技能要求

1. 能更换空气、燃油和机油滤清器滤芯；
2. 能按规定更换机油和冷却液；
3. 能检查调整主离合器、制动踏板自由行程；
4. 能检查万向节传动轴连接情况；
5. 能检查蓄电池、起动机和发电机；
6. 能更换液压油管、清洁液压油箱散热器及通气阀。

课题一　发动机保养

模块一　空气滤清器、燃油滤清器、机油滤清器更换作业

1. 空气滤清器、燃油滤清器及机油滤清器的作用及结构

(1)空气滤清器

空气滤清器的作用是过滤空气中的尘土和砂粒，以减少汽缸、活塞和活塞环的磨损。

空气滤清器分为惯性式、油浴式和过滤式等三类。目前发动机上使用的空气滤清器，是二种滤清方式的综合，称为综合式的空气滤清器，其结构如图 4-2-1 所示。近年来使用的纸质干式空气滤清器，其结构如图 4-2-2 所示。

长期使用后的空气滤清器因有附着物(杂质)而阻塞，造成发动机的进气量和动力性能降低，故需要定期保养。综合式空气滤清器应定期清洗积尘，并更换机油。装复时，滤芯上应粘有机油，壳内加入较稀的机油至规定高度。对于纸质滤芯，可将滤芯取出用手轻拍或用压缩空气吹去积尘后装复。

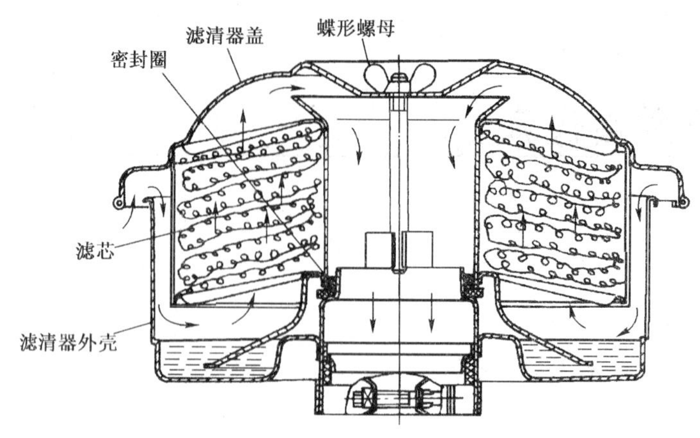

图 4-2-1　综合式空气滤清器

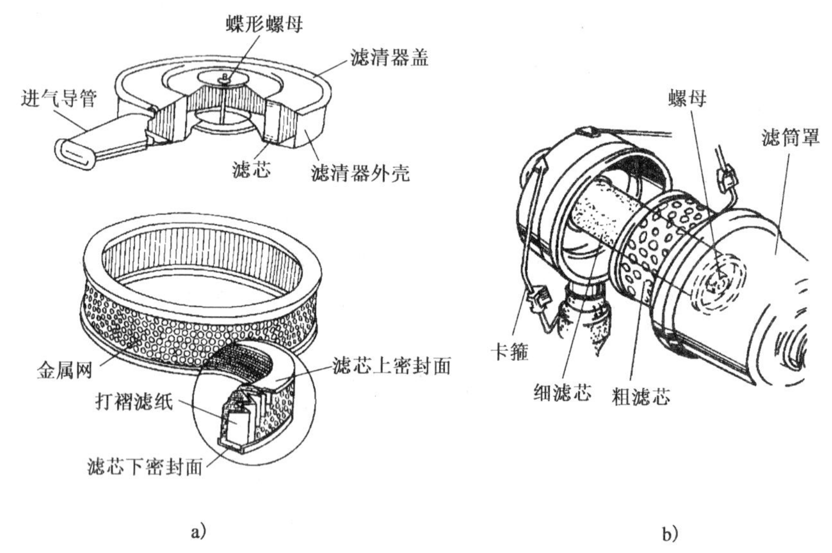

图 4-2-2　干式空气滤清器

(2)燃油滤清器

燃油滤清器主要是用来过滤机械杂质和沉淀水分。

柴油机为保证柴油清洁,多设有粗、细两级滤清器。图 4-2-3 所示为 Z12V190B 型柴油机燃油滤清器,由外壳和滤芯等所组成。外壳为两个铸制在一起的滤筒所构成。两个滤筒并联在一起,结构完全相同。滤芯是用毛毡制成,外面包着一层绸布,里面为钢板压制的钢筒,钢筒四周冲有孔。

滤芯装在芯杆上,下端由弹簧和毛毡密封圈支承着,滤清器盖压在滤芯上端,中间用垫片和毛毡密封圈将滤芯内部空间密封。

输油泵压送来的燃油经进油管接口,从壳体底部进入两个壳体内,然后经滤芯外面的毛毡过滤后进入内部,通过滤芯上的油孔从出油管接口流出,输送到喷油泵。

滤清器盖上端装有旋塞,用来排除滤清器内的空气。

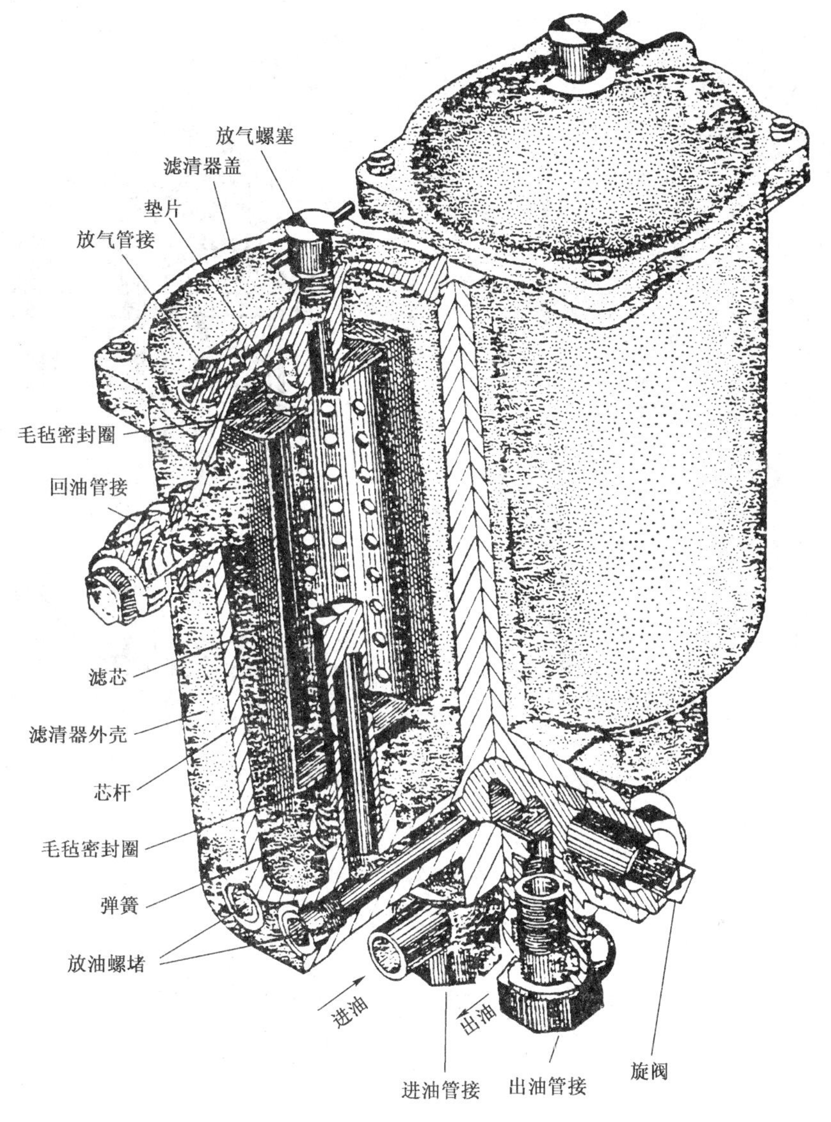

图 4-2-3 Z12V190B 型燃油滤清器

滤清器外壳下端装有旋阀，用来控制滤清器进油通路。在旋阀前端刻有“⊥”标记，如图 4-2-4 所示。柴油机正常工作时，旋阀应转到图 4-2-4a）所示位置，此时滤清器两个滤筒同时工作。当柴油机工作过程中需要清洗滤清器时，可将旋阀转到图 4-2-4b）或图 4-2-4c）的位置，保持其中一个滤筒工作，而将另一个滤芯进行清洗。清洗后仍旋回图 4-2-4a）的位置。当旋阀转到如图 4-2-4d）的位置时，两个滤筒同时关闭。

a) b) c) d)

图 4-2-4 Z12V190B 型燃油滤清器旋塞位置作用

图 4-2-5 所示为 12V150 型柴油机燃油滤清器。它的进出油口设在上部的滤清器盖上。工作时，燃油从进油口压入滤清器内，通过滤芯外面的丝套毛毡片过滤后，进入内部空间，从出油管接口流出。

如图 4-2-6 所示为 Y12/15 型三轮压路机配置的 4135 型柴油机燃油滤清器，其结构与

12V150 型燃油滤清器相似。它与 12V150 型燃油滤清器的区别在于其滤芯为经过树脂处理过的微孔滤纸结构,为一次性使用,保养时需要更换新的滤芯。

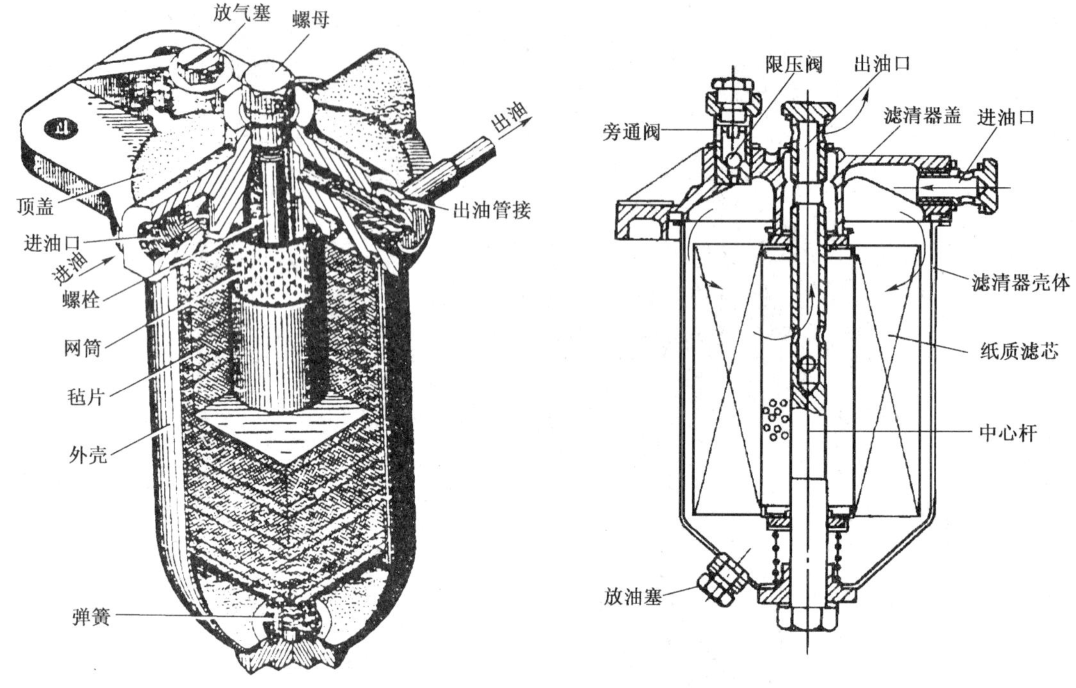

图 4-2-5 12V150 型燃油滤清器

图 4-2-6 纸滤芯燃油滤清器

(3)机油滤清器

机油滤清器的结构及工作原理可参照燃油滤清器。

2. 空气滤清器、燃油滤清器及机油滤清器更换作业

(1)准备工作

①查看从上一次保养滤清器至今,发动机累计运转多少小时。

②查看保养手册,确定滤清器保养周期。

③准备好更换用工具和滤芯、密封垫。

④将发动机熄火,切断电源开关,清除滤清器表面污物。

(2)工作步骤

①松开空气滤清器盖,取出滤芯,换装新滤芯。

②拆卸燃油滤芯,换装新滤芯,用手泵油方式排除低压油路空气。

③拆卸机油滤清器,换装新滤清器。换装前,新滤清器内要注满机油。

④启动发动机检查是否有外漏现象,并检查机油油量。

⑤填写保养记录。

(3)注意事项

①更换滤清器过程中要保持清洁。

②拆卸时应准备盛油容器,以防止泄漏油液污染机体。

③换装新滤清器前,应检查滤芯和密封垫质量,并正确安装,防止发生因安装不当造成滤清器“短路”或外漏。

模块二 机油、冷却液更换作业

由于发动机工作时会有一部分摩擦产生的杂质随着机油的循环流动进入到油底壳中，同时也会有部分燃烧室内的高温、高压燃气或燃烧过的废气通过活塞环缝隙进入到油底壳内而引起润滑油变质或变稀，缩短润滑油的使用寿命，破坏润滑质量，因此，对润滑油要按照柴油机保养的相关规定进行更换。

1. 准备工作

(1)查看从上一次更换机油和冷却液至今，发动机累计运转多少小时。

(2)查看保养手册，确定机油和冷却液型号、更换周期、加注容量。

(3)准备好更换用工具和盛油容器、加注容器。

(4)将发动机熄火，切断电源开关，清洁加注口表面污物。

2. 作业步骤

(1)趁热放尽油底壳内的机油，按规定型号和数量加注新机油。

(2)松开水箱盖，打开放水开关，放尽冷却液，然后按规定型号和数量加注新冷却液。

(3)清除加注口残留液体，并盖好加注盖。

(4)填写保养记录。

3. 注意事项

(1)更换时，车应停在水平的位置，并驻车制动。

(2)加注时，要防止油液溅溢，污染车体。

(3)妥善处理废旧机油和冷却液，防止环境污染。

课题二 传动系统保养

模块一 主离合器踏板自由行程的检查与调整

所谓离合器踏板自由行程是指踩下离合器踏板，从没有任何阻力的自由位置到开始感觉到有阻力时踏板所移动的距离。从离合器的结构可以知道，离合器踏板自由行程所对应的实际上是离合器分离轴承到分离杠杆之间的间隙，如图 4-2-7 所示。

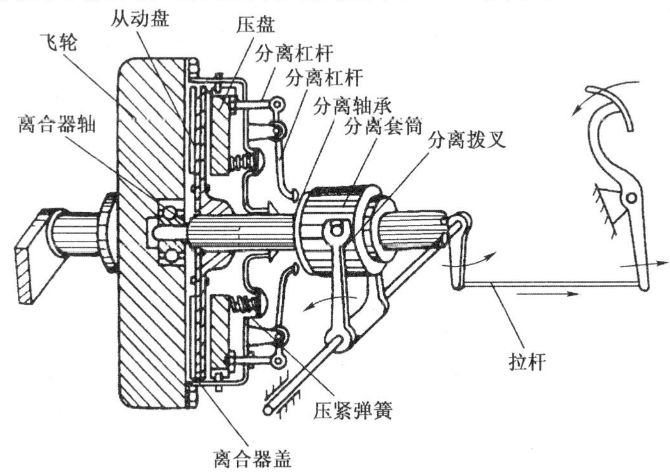

图 4-2-7 弹簧压紧式主离合器工作原理示意图

踩下离合器踏板没有任何阻力，这个过程是分离轴承向分离杠杆接近的过程。一旦感觉到有阻力，这时分离轴承已经在通过分离杠杆拉动压盘，克服压盘弹簧的弹力将离合器主、从动部分分离，这个阻力来自于压盘弹簧的弹力。此时分离轴承与分离杠杆之间的间隙已经完全消除。

1. 离合器踏板自由行程的检查

检查离合器踏板自由行程是为了保证分离轴承与分离杠杆之间的间隙值符合设计规定的要求。从主离合器的工作原理可知，为了使离合器可靠地工作，顺利地将发动机的动力传递给变速装置，在离合器踏板处于自由状态时（未踩下离合器踏板），通过分离轴承与分离杠杆之间一定值的间隙来保证压盘弹簧不被意外压缩，对压盘保持最大压紧力，使离合器主、从动部分之间的摩擦力达到最大值，彼此之间不会发生相对滑转（通常所说的离合器打滑故障）。

但是在压路机实际使用过程中，由于离合器的频率操作及驾驶员操作不当，离合器主、从动部分之间会因相对滑转而使摩擦片的厚度逐渐变薄。从离合器的结构原理可知，由于摩擦片变薄，导致压盘弹簧伸张，压盘带动分离杠杆向分离轴承方向移动，结果导致其间隙值逐渐变小。对应到离合器踏板上，是踏板自由行程逐渐变小。一旦这个自由行程完全消失，就会引起离合器部分或全部打滑，压路机无法正常行驶。因此，在对压路机进行保养时，需要对离合器踏板的自由行程进行检查。

2. 离合器踏板自由行程的调整

离合器踏板自由行程的调整，一般可通过调整踏板到分离轴承拨叉之间的传动杠的长度来进行。根据压路机结构设计的不同，在具体的调整方法上会有所差别，但是对这项调整内容的掌握与操作，应该是中级压路机驾驶员具备的基本技能之一。一般情况下，如果检查时发现自由行程的数值小于规定值，可以将传动杠的长度适当增加；若大于规定值，可以将传动杠的长度适当减小。

模块二　制动踏板自由行程的检查与调整

以液压制动方式为例，制动踏板自由行程所对应的是制动推杆球头与液压总泵之间的间隙。这个间隙符合规定值可以避免出现误制动故障。

目前压路机多采用盘式制动器，分为全盘式和钳盘式两种。钳盘式制动器又有固定钳型和浮动钳型两种，如图 4-2-8 所示。

其旋转零件都是制动盘。全盘式制动器固定零件是端面铆有环形摩擦片的圆盘；钳盘式制动器固定零件是位于制动盘两侧的一对或数对装有摩擦片的制动块，这些制动块及传动装置的制动分泵都装在横跨制动盘两侧的夹钳形支架中，总称为制动钳。压路机工作时，驾驶员踩下制动器踏板使制动总泵产生一定的压力，驱动制动分泵工作，从而达到制动的目的。图 4-2-9 所示为盘式制动器的工作原理。

盘式制动器装配调整按以下步骤进行：

（1）用酒精彻底清洗活塞、缸筒、油道、密封圈及防尘套的环槽，并吹干各环槽及油道。

（2）制动摩擦片表面应清洁无油污。

（3）安装时，用符合要求的润滑剂涂抹活塞的密封圈，并将其装入缸筒环槽内。同时，确保密封圈装配吻合。

（4）缸壁及活塞涂上制动液，将活塞推入缸内。

（5）安装固定式制动钳时，应与制动盘对正中间位置（浮动钳不需要），并用塞尺检查制动块与制动盘侧面是否平行。

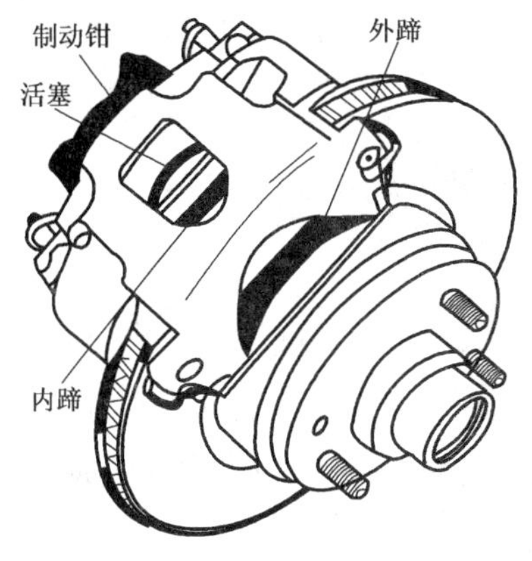

图 4-2-8 钳盘式制动器结构形式

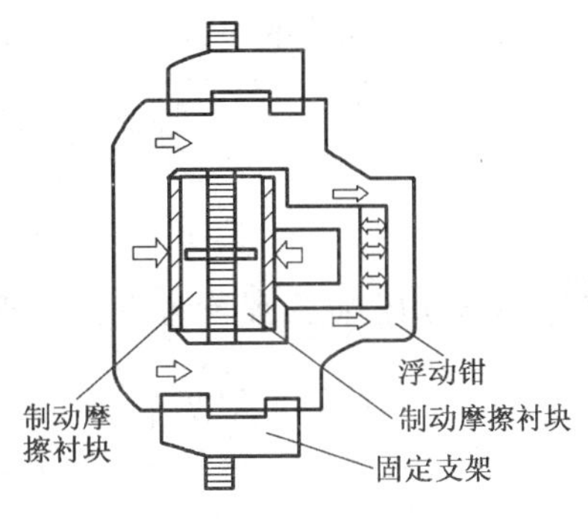

图 4-2-9 盘式制动器工作原理

安装后踩动制动踏板数次,使制动器恢复正确的间隙(其间隙靠活塞密封圈自动调整)。

制动器踏板自由行程的检查、调整方法可参考离合器踏板自由行程的检查调整。

模块三 万向传动装置检查

在压路机传动系统中,装有万向传动装置,用来连接两根不同心或成一定角度的轴,并传递扭矩。万向传动装置一般由万向节和传动轴组成。万向节分弹性和刚性两种,刚性万向节应用广泛,分为不等速万向节(普通十字轴万向节)和等速万向节两种。

图 4-2-10 所示为常用的普通十字轴万向节。两个万向节叉用十字轴相连,在十字轴轴颈和万向节叉孔之间装有滚针轴承。轴承套筒外端有一轴承盖,用螺钉固定在万向节叉上,并用锁片锁紧。十字轴的中心装有黄油嘴,轴颈内端装有带金属座圈的毛毡油封。

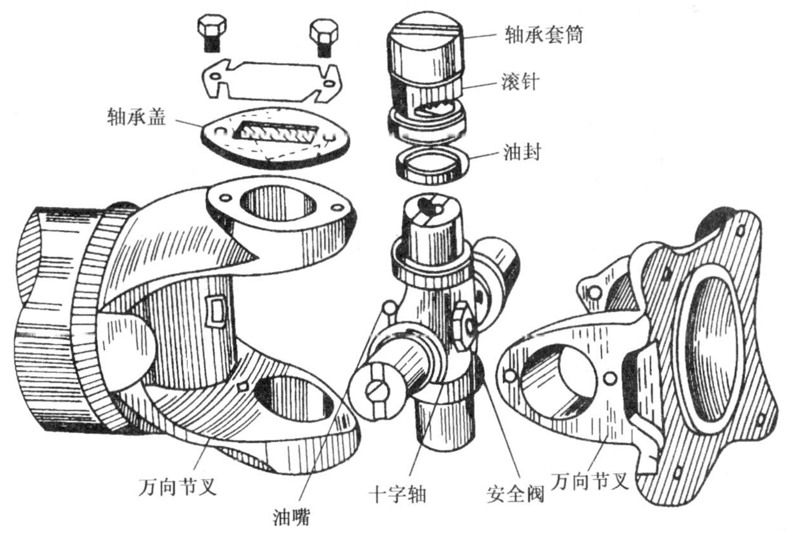

图 4-2-10 刚性万向节结构图

有的万向节,其万向节叉上与十字轴轴颈配合的圆孔不是一个整体,而是采用瓦盖形轴承盖,二者如连杆轴承盖一样有螺栓紧固。这类万向节必须按规定扭矩拧紧螺栓。

检查时,若发现十字轴轴颈有严重剥落、明显凹陷或滚针压痕深度大于 0.1mm 时,均应更换。若有轻微剥落，可用油石磨光后继续使用。万向节叉孔磨损、与轴承套筒配合间隙超过0.1mm，应更换轴承，叉孔处有裂纹，应予更换。

滚针轴承油封失效或滚针断裂缝、缺针，均应更换。

课题三　电气系统保养

模块一　蓄电池液面高度检查及补充液加注

为了保证蓄电池的正常使用，蓄电池内电解液液面高度一般应高出极板10～15mm，但是在实际使用中，由于充电时会有一部分蒸馏水被分解成H_2（氢气）和O_2（氧气）从加注口的旋塞孔中逸出，导致电解液液面高度达不到规定的要求，故需要及时予以补充。

补充方法多采用外购的成品补充液，在添加时应注意不要将补充液遗洒在蓄电池外部，以免酸性液体对驾驶员的皮肤和衣物造成伤害。

加注补充液后，应检查蓄电池的存电量，如储存的电能不足，需对蓄电池进行补充充电。冬季长时间停用压路机时，蓄电池应充足电后再存放。

免维护蓄电池由于从结构设计上保证了生成的H_2（氢气）和O_2（氧气）可以被还原为纯净水，在外壳没有破损的情况下，纯净水的含量没有损失，所以不需要对其进行电解液液面高度的检查。

1. 准备工作

（1）准备好空心玻璃管、直尺、补充液、漏斗。

（2）切断电源开关，拆除蓄电池负极搭铁线。

2. 工作步骤

（1）清洗蓄电池外表，并擦拭干净。

（2）打开加液孔盖，用空心玻璃管和直尺检查电解液液面高度（标准液面高度高于极板10～15mm）。

（3）向液面较低的蓄电池单格内添注补充液，至达到标准高度。

（4）盖好加液孔盖，并将残留物擦拭干净。

3. 注意事项

（1）蓄电池内的溶液为硫酸，检查时要特别注意安全，防止硫酸溶液溅溢到身体上。

（2）当发现蓄电池电解液异常损耗，应及时排除充电电流过大故障，避免因长时间过充电而损坏蓄电池。

（3）一定不要将工具放到蓄电池顶部，防止工具将极桩短路，产生电火花并加热工具，从而导致人身伤害。

模块二　检查、清洁起动机和发电机

由于压路机长期在野外作业，工作环境比较恶劣，会有大量灰尘黏附于起动机和发电机的外表，在对其进行保养作业时需及时加以清理，以保持其状态良好。

检查作业主要有各连接线是否牢固、电刷是否磨损过度等项内容。

在实际使用中，往往会忽略一项检查工作，即将起动机或发电机拆卸解体后润滑作业。从起动机及发电机的结构可知，其转子轴承为滑动轴承，依靠其安装时加注的润滑脂来润滑。如果长时间未对润滑脂进行补充，会加速轴承的磨损，使转子与定子不同心，严重时会使转子与定子线圈相刮擦（俗称“扫膛”），造成转子、定子线圈短路现象，引起起动机或发电机故障。在对其进行保养时，润滑脂的补充作业是一项非常重要的内容，不能忽视。

1. 准备工作

（1）将发动机熄火，并切断电源开关。

（2）准备好毛刷、工具、万用表。

（3）拆除导线接头，并做上记号。

2. 工作步骤

（1）清洁起动机和发电机外表脏物。

（2）用万用表测量发动机磁场线圈和电枢线圈电阻值。

（3）用万用表测量起动机机磁场线圈和电枢线圈电阻值。

（4）检查导线接头绝缘和接触是否良好。

3. 注意事项

（1）严禁用可易燃液体清洗发电机和起动机。

（2）正确连接导线，防止发生短路故障。

模块三　检查、清洁熔断器和电磁阀

熔断器是压路机电路中常见的保护装置，驾驶员应知道各个熔断器的作用及最大额定电流值。为了保证压路机不因某个熔断器接触不实、烧毁而造成局部电路断路故障，应经常检查、清洁熔断器，以保证熔断器接触紧固、烧毁的熔断器（丝）得到及时更换。

电磁阀是压路机上比较常见的电气元件，常用于起动机控制装置、液压阀动作控制等，其可靠性是保证压路机各功能正常工作的必要条件。

用于起动机控制装置的电磁阀一旦出现断路故障，将会引起起动机无法正常启动的故障，一般可用短路启动法来判断是否是电磁阀内部断路。

如按下启动按钮，起动机不能正常启动时，将图中的两个主接线柱（一个接蓄电池正极，一个经电流表等接电磁线圈）短路；如起动机正常启动，即可判断为电磁阀断路，更换新的电磁阀即可排除故障。

1. 准备工作

（1）将发动机熄火，并切断电源开关。

（2）准备好毛刷、工具、万用表。

（3）拆除导线接头，并做上记号。

2. 工作步骤

（1）清洁电磁阀和熔断器外壳脏物。

（2）用万用表测量电磁阀和熔断器电阻值。

（3）检查导线接头绝缘和接触是否良好状态。

3. 注意事项

（1）严禁用可易燃液体清洗发电机和起动机。

（2）正确连接导线，防止发生短路故障。

（3）禁止在通电状态下检查。

课题四　液压系统保养

模块一　液压油管更换

液压油管的缺陷主要有局部磨损漏油、油管接头部位破裂。一般采取更换新液压油管的方法，在更换新液压油管时，一定要注意不要漏装密封圈，在拧紧螺母时要防止油管发生扭曲变形。

对于野外施工作业过程中突然出现的油管被磨损漏油故障，在没有新液压油管可以替换时，可采用应急处理办法，将漏油位置进行封堵。具体方法如下：

(1)将漏油位置两侧各约5cm位置进行清洁。

(2)在该长度范围内用黑色绝缘胶布进行绑扎，每一圈重叠胶布宽度的1/2。

(3)在胶布上有细铁丝紧密缠绕，每一圈铁丝之间不能有空隙。

(4)再用胶布、细铁丝重复上述过程1~2次。

由于细铁丝有很高的强度，可承受油管内的高压，胶布可起到很好的密封作用。用这种方法可延长破损液压油管的使用寿命。

正常情况下液压油管的更换可按下述步骤进行：

1. 准备工作

(1)将工作装置处于自由落地或卸压状态。

(2)将发动机熄火，并切断电源开关。

(3)准备好工具、盛油容器、新液压油管、密封胶圈。

2. 工作步骤

(1)清洁液压油管接头脏物。

(2)松开液压油管接头，并用盛油容器接存油管流出的液压油。

(3)更换新液压油管和密封圈，将油管上的油液擦拭干净。

(4)启动发动机，运转工作装置，查看油管是否渗漏。

3. 注意事项

(1)更换后的新油管不能出现扭曲、弯曲角过小。

(2)更换油管时，要防止油液污染机体。

(3)严禁在发动机运转状态和工作装置负荷状态下拆卸液压油管。

模块二　清洁液压油散热器

液压油在使用过程中，由于液压油泵、液压马达及液压油缸的挤压作用和内部摩擦等因素，温度会逐渐升高。从液压油的特性可知，虽然液压油与发动机润滑油相比，其黏度受温度变化的影响较小，黏温特性比较稳定，但其黏度还是会随着油温的升高而降低。

在工程机械上(并非特指压路机)，对液压油有如下几方面的性能要求：

(1)保证液压执行元件(液压缸、液压马达)动作迅速而准确。为使液压执行元件动作迅速准确，要求液压油要有良好的流动性，并且为了保证液压缸缸壁和活塞皮碗能有很好的滑动，要求其具有很好的润滑性。

(2)不产生气阻。由于液压油工作中产生大量的摩擦热，如果选用沸点低的液压油，在温度升高时，会由于油液的蒸发，使液压系统内的局部管路中形成蒸气，从而产生气阻，使压力传递效率下降，所以在工程机械上采用的液压油应具有较高的沸点。

(3)良好的化学安定性。由于液压油使用周期一般较长，因此在使用时，不允许其发生分解，产生油泥、胶质等，即要求其具有良好的化学安定性，对机件无腐蚀作用，并具有良好的互溶性。

(4)皮碗膨胀率小。液压系统中有许多橡胶密封件，因长期浸泡在液压油中，造成机械强度降低，体积和质量发生变化，以致失去密封作用，引起液压缸内泄等故障。因此，要求液压油对橡胶制品的侵蚀性要小。

(5)良好的抗乳化性。液压油在工作时可能从不同途径混入水分。混入的水分在液压油中的存在状态取决于油的组成和性质，可能呈溶解状态，也可能呈游离状态。

液压油中混入水分，不仅会引起腐蚀、产生沉淀及其他有害物质，而且在泵、调节装置及其他元件的剧烈搅动下，会形成乳化液。这种乳化液妨碍冷却器的导热、阻止管道和阀门、降低液压油的润滑性。因此，要求液压油有良好的抗乳化性。

(6)良好的抗泡沫性。液压油中混入空气形成气泡，会使系统压力下降，润滑条件恶化，压力传递效率下降，且增加和空气的接触，加剧氧化。因此，要求液压油释放空气性能好，抗泡沫性好。

(7)清净性好。液压油在使用过程中，随着时间的延续，会逐渐变脏。脏物会堵塞过滤器孔，造成供油不足，产生气泡、引起振动和噪声，使液压系统的滑动部位动作困难，影响机件运动的可靠性和准确性，并使滑动部位产生早期磨损。为此，要求液压油的清净性要好。

其他性能要求还有：适宜的黏度，良好的黏温性能，良好的润滑性，抗氧化性好，对金属无腐蚀，对密封件的影响小等。

从以上对液压油的要求中可以看出，很多内容是与液压油的温度直接相关的。为了使液压油的技术状态符合要求，必须要使液压油散热器处于良好的清洁状态，以保证其可靠地散热能力。

1. 清洁工作步骤

(1)拆下液压油散热器，并封堵好进出油口。

(2)用刮铲清除黏附在外表的油泥，然后用高压水枪向空气流通的相反方向进行冲洗。

(3)按拆卸相反的程序安装散热器，并接好油管。

2. 注意事项

(1)拆装时，应采用正确方法操作防止损坏，造成油液渗漏。

(2)拆装过程中，要保持油管接头清洁，防止脏物混入油液中。

(3)拆装过程中，要防止油液污染机体。

模块三 清洁液压油箱通气阀

与燃油箱、冷却水散热器一样，液压油箱内需要随时与大气相通，在液压油箱内不能形成真空度。在压路机使用中，一方面由于各种不同的因素，液压油会有一定数量的损失；另一方面在液压系统进入工作状态时，液压油箱内的油量会因有一部分液压进入系统内而减少。一旦液压油箱通气阀堵阻，在油箱内液压油数量减少时，会在油箱内形成一定程度的真空度，从而使油箱内的压力低于大气压力。

由齿轮式液压油泵的工作原理可知，在液压泵工作时，进油口一侧，由于主、从动齿轮的一对(或数对)啮合齿从啮合状态到逐渐分离,两个齿与泵体内壁所密封的空间容积会逐渐增大,从而形成真空度,将油箱中的液压油吸入(进油口位置的真空度是相对于油箱内的大气压力而言的)。一旦在油箱内出现了不应有的真空度,两者将会彼此抵消,使油泵的吸油能力下降,降低了液压油泵的工作效率。因此,有必要对液压油箱通气阀进行必要的清洁维护工作,使其正常导通,从而保证油箱内外的压力平衡。

1. 工作步骤

(1)清除通气阀表面及周围脏物。

(2)拆下通气阀,并封堵座孔。

(3)分解、清洗、疏通气阀。

(4)组装和安装通气阀。

2. 注意事项

(1)拆装过程中,要保持座孔周围清洁,防止脏物掉入油箱中。

(2)安装时,要正确使用工具,防止螺纹损坏。

1. 如何更换空气滤清器、燃油滤清器和机油滤清器?

2. 如何更换机油、冷却液?

3. 主离合器踏板自由行程应如何检查与调整?

4. 制动踏板自由行程应如何检查与调整?

5. 如何检查万向传动装置?

6. 如何检查蓄电池液面高度及加注补充液?

7. 如何检查、清洁起动机和发电机?

8. 如何检查、清洁熔断器和电磁阀?

9. 液压油管应如何更换?

10. 如何清洁液压油散热器、液压油箱通气阀?

单元三　压路机故障判断

学习目标

本单元主要学习压路机常见故障的判断方法。

知识要求

1."断缸诊断法"的技术要求；
2.冷却系统技术状态对发动机使用寿命的影响及其常故障判断方法；
3.润滑系统技术状态对发动机使用寿命的影响及其常故障判断方法；
4.变速器的常见故障及判断方法；
5.发电机的常见故障及判断方法；
6.照明、信号装置的常见故障及判断方法；
7.液压泵皮带松紧度的检查标准及调整方法；
8.排除液压系统内空气的方法。

技能要求

1.能判断柴油发动机"单缸"不工作故障；
2.能判断润滑系统油压过高、过低故障；
3.能判断柴油发动机水温过高、过低故障；
4.能判断变速器乱挡、自动掉挡故障；
5.能判断发电机不发电故障；
6.能判断照明装置、信号装置不工作故障；
7.能判断、排除液压泵传动皮带过松引起的液压系统故障；
8.能判断、排除液压系统进气故障。

课题一　发动机故障判断

模块一　柴油发动机单缸不工作故障判断

柴油机经过长时间使用后，技术状况会发生一些变化，其中一个比较常见的故障现象就是个别汽缸不工作。

个别汽缸不工作的结果是发动机的功率明显降低，动力性能、经济性能比正常状态时有明显的下降。造成这种故障现象的原因很多，从发动机的结构角度去分析，有如下可能性：

(1)单缸活塞环折断。由于柴油机的燃料燃烧方式为压燃式,利用压缩行程时对吸入的新鲜空气加压,使其温度和压力达到可以使喷入的雾状柴油自燃的程度。但是在单缸出现活塞环折断故障后,由于燃烧室密封不严,汽缸压力下降很多,在压缩行程结束后,汽缸内的压力和温度不足以使柴油自燃,从而造成单缸不工作故障。

(2)汽缸套出现严重拉伤。活塞环折断、冷却水不足导致发动机过热都可能造成汽缸套严重拉伤故障。其结果与活塞环折断相似,会使汽缸压力下降,柴油不能正常燃烧。

(3)喷油嘴堵塞。长期的燃烧不完全会在燃烧室内形成大量的积炭,其中一部分积炭会将喷油孔堵塞。如果部分喷油孔堵塞会使单缸内柴油量减少,单缸功率下降。一旦所有喷孔全部被堵塞,即出现单缸不工作故障。

(4)喷油泵单泵柱塞卡死在不供油位置。喷油泵单泵的供油量调整是通过供油调节装置调节其单泵柱塞的有效行程来实现的。当单泵柱塞卡死在不供油位置时,其有效行程为零,即使喷油泵其他各单泵工作正常,被卡死的单泵也不会向其所对应的汽缸内供油,造成单缸不工作故障。

(5)出油阀卡死。喷油泵出油阀是一个单向阀,依靠出油阀弹簧将锥阀紧压在阀座上,从而起到密封作用。当单泵内的柴油压力足以克服弹簧弹力时,出油阀才被顶开,高压油进入到高压油管内经喷油器喷入汽缸。当出油阀弹簧被卡死时,即使单泵内的柴油压力已达到正常值,由于弹簧被卡死,高压柴油仍无法推开出油阀进入高压油管,造成单缸不工作故障。

以上只是列出了比较常见的5种可能性,还会有其他原因造成此类故障,需要驾驶员通过实践积累经验,从结构的角度分析各种可能性。

1. 准备工作

(1)准备好工具。

(2)启动发动机,并处于怠速运转状态。

2. 判断步骤

(1)在发动机怠速运转状态下,逐个松开高压油管接头,观察松开前后发动机转速变化。

(2)当进行上步操作时,发动机转速下降明显,说明此缸工作良好。

(3)当进行上步操作时,发动机转速无明显变化,说明此缸工作不良,可能的原因是汽缸密封不严,喷油器不喷油或雾化不良。

3. 注意事项

(1)判断故障前,应进行驻车制动,变速器处于空挡位置。

(2)发动机运转过程中,要特别注意安全,禁止乱放工具,禁止身体接触转动部件或排气管。

(3)检查后,要拧紧高压滑油管接头,并将残留柴油擦拭干净。

模块二　润滑系油压过低、过高故障判断

柴油机工作时需要润滑系统保持一定的压力,这个压力值不能过高或过低,具体压力值可参考相应品牌压路机的说明书。

机油压力的大小与其所要润滑的表面阻力有直接关系。以曲轴主轴颈与滑动轴承的配合关系为例,当主轴轴颈与滑动轴承之间的间隙数值符合技术要求时,在主轴轴颈和滑动轴承的支承表面会形成高强度的油膜,使主轴轴颈与滑动轴承之间不直接接触。这样即使发动机长时间工作,主轴轴颈与滑动轴承的磨损也是非常小的。如果柴油机在维修时主轴轴颈与滑动

轴承之间的间隙值过小,在润滑油自油道内压向二者之间的配合表面时,由于过流面积小、阻力大,在机油压力表上显示出过高的压力值;反之,如果间隙值过大,润滑油自油道内压向二者之间的配合表面时,由于过流面积相应增大,阻力变小,在机油压力表上显示出压力值过低。

压力值过大,可能有如下三种情况:

(1)说明在柴油机安装时,轴承与轴颈之间配合间隙小于规定值。这种因素对于经验丰富的修理工来讲,出现的机会相对较小。但不排除有这种可能性存在。

(2)润滑油道因杂质过多而出现堵阻。这个因素提醒压路机驾驶员必须按照压路机使用说明的要求,对柴油机润滑系及时进行保养,并按时更换润滑油。

(3)溢流阀压力值调整不当。为保护润滑系不因异常状况导致系统压力过高,需要对溢流阀的最高限压值进行调整。如果这个限压值调整不当,也会导致机油压力表显示压力过高。

压力值过低,也可以从以下三个方面分析:

(1)机油泵磨损严重,出现比较明显的内泄故障。由于机油泵本身的性能下降,不能使润滑系统建立起可靠的压力,从而使机油压力表显示的压力值过低。

(2)润滑油油量不足,同样会使机油泵的输出压力值过低,从而使润滑系统压力值过低。

(3)轴颈与轴承之间磨损严重,配合表面间隙值过大。这个因素说明,通过机油压力表的数值可以定性地判断轴承与轴颈之间的磨损状况,为柴油机大、中修提供评判依据。具体来讲,如果机油泵正常、润滑油量充足而表现出压力值过低,应该考虑是否因为轴承与轴颈之间磨损严重,需要进行相应的保养或维修工作。

还有一种情况需要压路机驾驶员注意。以一个工作日的时间段为参照,柴油机的机油压力值是变化的——刚启动柴油机时,压力值比较高;随着压路机工作时间的延长,发动机温度升高到正常值时,机油压力值会下降。这是正常的现象,主要是因为润滑油的黏温特性在起作用。其特点是,随着温度的升高,润滑油的黏度下降;反之,黏度上升。润滑油的黏度越小,其流动性越好,流动阻力小,其外观表现就是机油压力表的数值会下降;黏度大时,流动性变差,流动阻力大,表现为机油压力表数值上升。

如果润滑系压力值过高,往往会破坏油膜,使其强度下降;如果润滑系压力值过低,也不能形成可靠的油膜。因此,机油压力不能过高,也不能过低,应该在正常变动范围内。

1. 准备工作

(1)准备好油压测表及管路接头。

(2)检查油底壳机油油量,更换新机油滤清器。

(3)启动发动机,让发动机温度升至正常温度。

(4)查看发动机运转记录,确定发动机累计工作小时。

(5)查看相关资料,确定机油压力标准值。

2. 判断步骤

(1)将油压表接入到油压传感器座孔上。

(2)启动发动机,测量发动机在怠速状态下、中速状态下和高速状态下油压表指示读数,并进行记录。

(3)若测量值与标准值相符,说明机油压力传感器或显示器有故障。

(4)若测量值与标准值不相符,说明润滑系有故障。

3. 注意事项

(1)发动机运转过程中,要特别注意安全,禁止乱放工具,禁止身体接触转动部件或排气管。

(2)拆下的油压传感器接头应进行绝缘处理,防止搭铁短路。

模块三　柴油发动机水温过高、过低故障判断

对于水冷却式柴油发动机来讲,在使用中会出现冷却水温度过高或过低故障,需要及时查明原因,予以排除。

水温过高的故障原因主要有以下几个方面的因素:

(1)冷却水不足。

(2)水套内有大量水垢。

(3)水泵皮带过松或断裂。

(4)汽缸垫密封不严漏水。

(5)节温器旁通阀不能正常开启。

(6)散热器内结成水垢。

(7)散热器百叶窗关闭未打开。

(8)供油时间过迟等。

水温过高会导致活塞连杆组工作状况恶化,严重时会出现"涨缸"现象,导致发动机出现机械故障。因此,压路机驾驶员要时刻观察水温表的温度数值,一旦发现水温过高,要及时停车检查故障原因。

(1)冷却水不足。应予以补充,在补充添加冷却液时,一定要注意避免被烫伤。同时,要注意不要向热的发动机水套内迅速加入大量低温冷却液,以防发动机零件因突然降温收缩而导致出现裂纹。

(2)水套内有大量水垢。一般可通过化学方法配制水套清洗液,这项工作主要由修理工来完成。

(3)水泵皮带过松或断裂。如水泵皮带过松,可通过调节硅整流发电机的固定位置来进行调整。皮带断裂,则更换新皮带。

(4)汽缸垫密封不严漏水。可通过排气管的烟色来判断,如烟色为白色雾状,应考虑是否因汽缸垫密封不严,使冷却液进入汽缸所致。这种现象一般会伴随有汽缸垫被烧毁,个别汽缸不工作故障。

(5)节温器旁通阀不能正常开启。通过节温器的工作原理可以知道,节温器的作用就是在冷却液温度达到75℃以上时,旁通阀从逐渐开启到完全开启,冷却液由仅在水套内的小循环进入到大循环状态,开始经散热器散热,以提高散热速度。如果散热器旁通阀不能打开,当发动机温度很高,需要提高散热速度时,冷却液仍在水套内小循环而导致温度过高。一般可通过用手触摸上水管的方式来判断,如果上水管温度较低,说明冷却液未能经节温器进入散热器,需查找具体原因。

(6)散热器内结成水垢。需对散热器进行疏通修理。

(7)散热器百叶窗关闭未打开。检查百叶窗传动机构零件是否有松脱的现象。

(8)供油时间过迟。这是一种相对复杂的故障原因,需要有较为扎实的柴油机理论基础,可参考供油正时调整方法来排除此故障。

水温过低会造成发动机的冷磨现象,加速汽缸套、活塞环等磨损。这主要是由于节温器旁通阀始终处于开启状态,在发动机温度尚未达到正常值时冷却液就进入大循环强制散热。在

实际应用中，还会有个别驾驶员因为发动机过热而将节温器拆除的现象发生，这是极为错误的处理方式。当水温表长时间指示低温时，如果水温表本身技术状况正常，要查找水温过低的具体原因。

1. 判断步骤

(1)当发动机水温过低时，打开水箱盖，查看水箱上水管是否有大水流流入水箱。如果有水流流入，说明节温器可能有故障，应拆下节温器检查。

(2)当发动机水温过高时，进行下列步骤检查：检查水箱内冷却液液面高度，检查水箱外表是否过脏，检查风扇皮带张紧度，检查上、下橡胶水管有无变形，检查水箱上部与下部温度差，检查节温器是否损坏，检查水泵是否性能良好。根据上述检查结果，确定故障原因。

2. 注意事项

(1)检查时，将发动机熄火，切断电源开关。

(2)如需要在发动机运转时检查，应特别注意安全，禁止身体接触任何转动部件。

(3)当发动机温度过高时，严禁用冷水急剧注入水箱或用冷水浇泼内燃机强制降温。需要开启水箱盖时，应戴手套，并注意躲开水箱盖口，谨防烫伤。

课题二　传动系统故障判断

模块一　变速器乱挡故障判断

变速器从其结构设计上，为了避免同时挂上两个变速挡(变速器乱挡)，其操纵机构设置有互锁装置。比较常见的互锁装置有球销式和锁销式两种结构形式。以锁销式互锁装置为例，如图4-2-11所示。

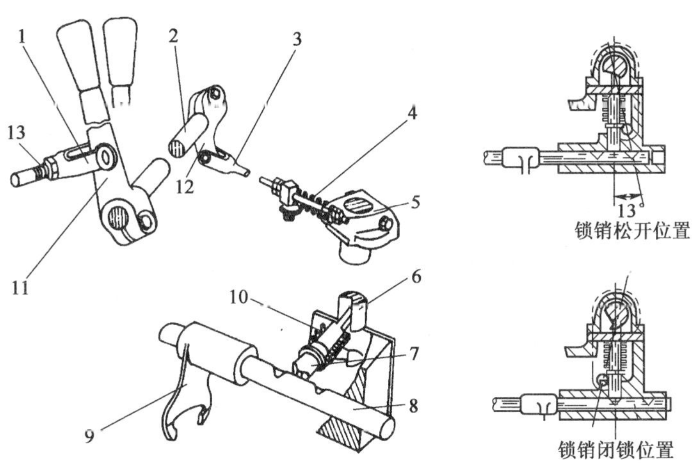

图4-2-11　锁销式互锁装置示意图

1-连接叉；2-操纵杆横轴；3-连接杆；4-弹簧；5-摇臂；6-锁销轴；7-锁销；8-拨叉轴；9-拨叉；10-锁销弹簧；11-离合器操纵杆；12-摇臂；13-拉杆

它的作用是防止在压路机行驶中变速器齿轮自由移动而引起跳挡，同时保证齿轮能正确地啮合。联锁装置包括锁销7、锁销弹簧10、锁销导板14、锁销轴6、摇臂5、12和连接杆3等。

锁销共有3～4个,其结构相同。锁销装在各拨叉轴后端一侧,其上套装有弹簧,弹簧一端顶在锁销的凸缘上,另一端压在锁销导板上。锁销导板与壳体固定在一起,其上有4个导向孔,锁销在弹簧作用下,内(左)端的楔头能可靠地顶入拨叉轴的“V”形槽内。锁销的外端装有锁销轴,锁销轴沿轴向开有“L”形槽,为防止锁销轴上下窜动,在轴的下部制有径向环槽,固装在外盖上的卡铁卡在其槽内。锁销轴通过摇臂、拉杆和横轴受主离合器操纵杆控制。

摇臂固定在锁销轴上端。拉杆后端穿过摇臂上的拉杆接头,其尾部装有弹簧和弹簧座,拉杆被拉动时,通过弹簧带动摇臂转动,这样弹簧可起到缓冲作用。

联锁装置的工作情形是当分离主离合器时,通过操纵杆横轴、拉杆和摇臂的联动作用,锁销逆时针转一角度,使“L”形槽对正锁销末端,如图4-2-12a)所示。此时,移动拨叉轴可将锁销从拨叉轴的“V”形槽内挤出,进行换挡。被挤出的锁销压缩弹簧,换挡后,锁销在弹簧的作用下又可进入另一“V”形槽内。

当结合主离合器时,锁销轴顺时针转过一个角度,“L”形槽越过锁销,轴的圆柱面部分将锁销顶紧,如图4-2-12b)所示。锁销的另一端被压紧在拨叉轴上的“V”形槽中,拨叉轴不能移动,此时不能换挡,行驶或作业时也不会自动跳挡。

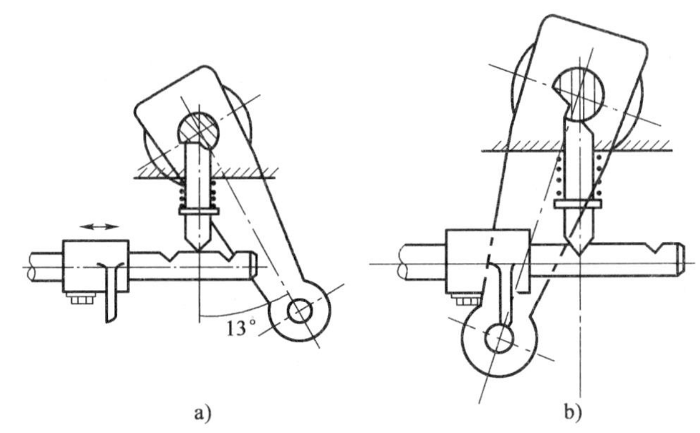

图4-2-12　联锁装置工作原理

a)离合器分离;b)离合器结合

变速器乱挡主要有以下几方面的原因:

(1)变速杆球部过度磨损或球形座固定螺钉松脱。

(2)变速杆下端和拨叉臂缺口过度磨损或弯曲。

(3)内杠杆与其横轴的固定螺钉松动或横轴端挡盖脱落使横轴窜动移位。

压路机变速杆挂入某一挡位,松开离合器时压路机无法行驶时,可从以上三个方面来分析故障出现的原因。

模块二　变速器自动掉挡故障判断

压路机在以某一挡位运行过程中,变速杆自动回到空挡位置,导致压路机无法正常行驶,这时即可判断压路机变速器出现了自动掉挡故障。

从变速器的结构原理可知,变速器自动掉挡可能的原因有以下几个方面:

(1)联锁机构调整不当。

(2)拨叉固定螺钉松动。

(3)锁销、锁销轴和拨叉轴“V”形槽磨损过甚。

可由专业维修人员对具体故障原因进行判断和排除。

课题三　电气系统故障判断

模块一　发电机不发电故障判断

压路机发电机与蓄电池一起构成了其电源系统，发电机的技术状况对压路机能否正常工作影响很大。具体来讲，由于蓄电池在启动发动机的过程中消耗了大量的储存电能，需要由发电机在压路机工作的过程中发出的电能予以补充，如果是夜间施工作业，还需要有足够的电能来保证照明系统的正常工作，所以需要发电机的技术状况良好。

压路机电源系统不能正常充电，除了发电机本身的原因之外，可能还有线路故障原因、电压调节器故障原因等多方面因素。下面仅就发电机不发电引起的不充电故障进行分析和判断。

1. 硅二极管的检查(解体检查)

拆开定子绕组与硅二极管的连线后，用 MF500 型万用表 R ×1 逐个检查每个硅二极管，如图 4-2-13 所示，用万用表测得正向电阻值应在 8 ~ 10Ω 范围内，反向电阻值应在 10 000Ω 以上。若正、反向测量的电阻值均为零，说明二极管短路；若电阻值均为无限大，说明二极管断路。

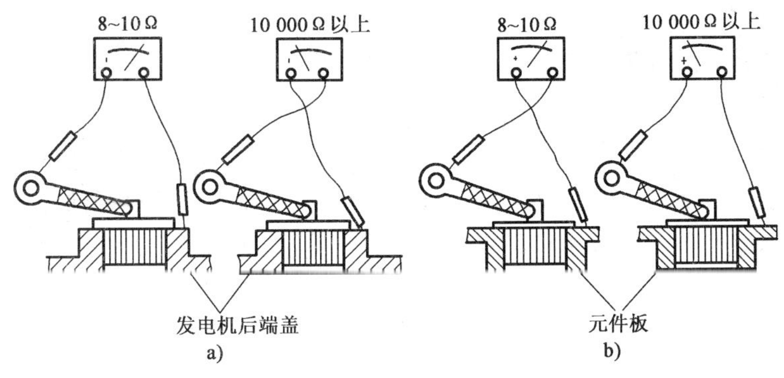

图 4-2-13　硅速二极管的检查

2. 励磁绕组的检查(解体检查)

如图 4-2-14a)所示，用 MF500 型万用表 R ×1 挡检查励磁绕组短路、断路故障。测得的电阻值无限大，说明励磁绕组断路；若测得的电阻值小于规定值，说明励磁绕组短路。如图 4-2-14b)所示，用 220V 试灯法检查搭铁故障，若灯亮，说明励磁绕组或滑环搭铁。

3. 定子绕组的检查

如图 4-2-15a)所示，测得某绕组两接头的电阻值无限大，说明该绕组断路；若电阻值小于规定值，说明该绕组短路。如图 4-2-15b)所示，若灯亮，说明定子绕组有搭铁故障。

一般的不解体检测可按下述步骤进行：

(1)准备工作

①准备好试灯、万用表及工具。

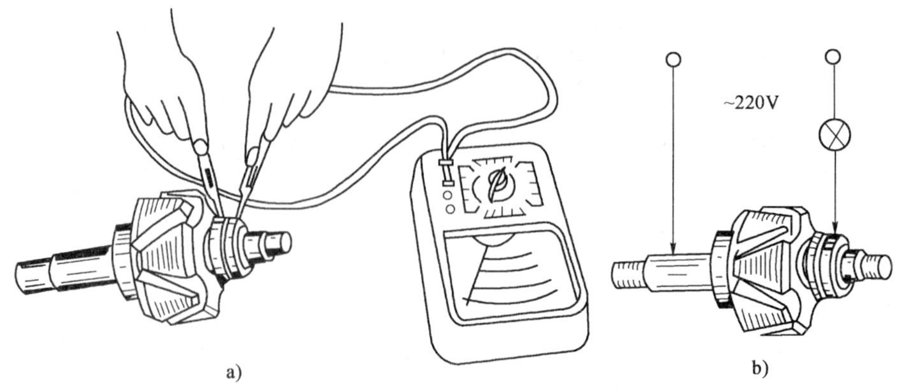

图 4-2-14　励磁绕组的检查

a)断路和短路的检查;b)搭铁检查

②拆下发电机电枢接线柱,磁场接线柱,并作绝缘处理。

③启动发动机,并逐渐将转速增加到 1 800r/min左右。

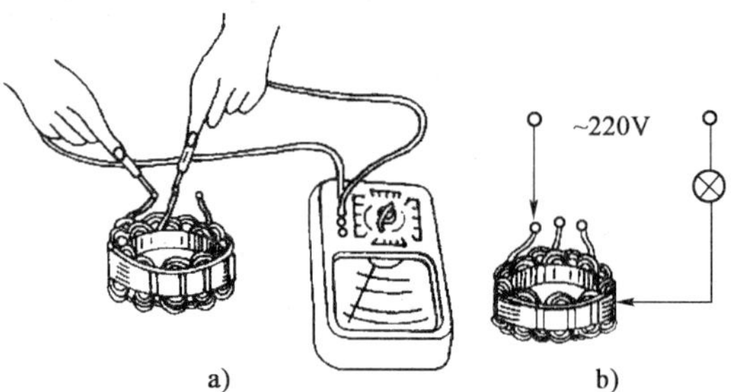

图 4-2-15　定子绕组的检查

(2)检查步骤

①用试灯连接发电机电枢端头和磁场端头,进一步确定发电机是否有故障。

②将发动机熄火,并切断电源开关,用万用表测量磁场线圈是否短路或断路。

③检查电刷磨损程度。

(3)注意事项

①发动机在运转状态下进行检测时,应防止导线和身体与发动机任何部位接触。

②禁止用"短路"试火的方法检测发电机是否充电。

③拆下的导线应做上记号,防止连接时错误,导致人为故障。

模块二　照明装置、信号装置不工作故障判断

(1)前照灯常见故障。前照灯电路常见的故障现象有:前照灯全部不亮;某一个灯不亮;远近光不全。

①故障原因。故障原因有:导线连接松动造成接触不良,熔断器烧断,线路断路或短路,电源电压过高或过低,灯泡烧坏等。而造成工作电压偏低的原因有:发电机输出功率不足,蓄电池存电不足,前照灯线路压降过大。

②故障判断方法。根据前照灯电路的拉线特点以及故障原因不同,分别用试灯检查法或断路试验法排除故障,尤其要检查熔断器是否烧断或继电器是否损坏。

a. 试灯检查法,如图 4-2-16 所示。将试灯一端与电路中某接线柱连接,另一端搭铁。若试灯不亮,前段电路可能有断路故障;若试灯亮,则前段电路正常。

b. 断路试验法。当前照灯电路发生搭铁(短路)故障时,可将怀疑搭铁的某段电路断开,看故障现象是否消除来判断断开电路是否搭铁。

(2)转向灯电路故障。转向灯电路常见的故障有:单边不亮,频率不当等。原因多为连线断路或短路、闪光器损坏、线头松动和灯泡烧坏等。

①单边不亮。以图4-2-17为例,单边不亮说明电源电路到转向灯开关均正常,故障原因为转向灯开关到该侧转向灯支路上有断路。应检查灯丝有无烧断,灯泡是否接触不良,插接器是否接触不良。

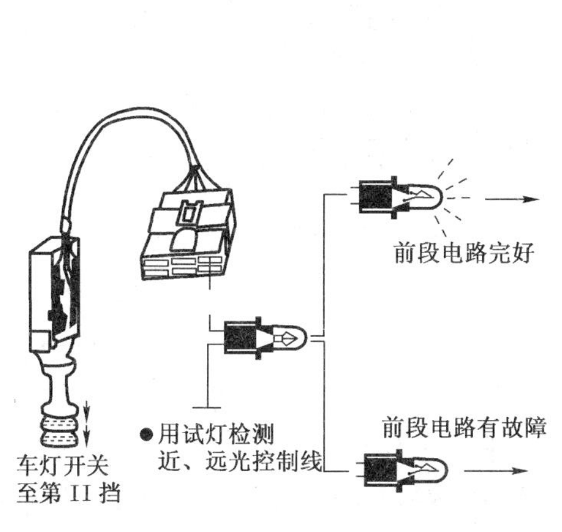

图4-2-16　试灯检查法

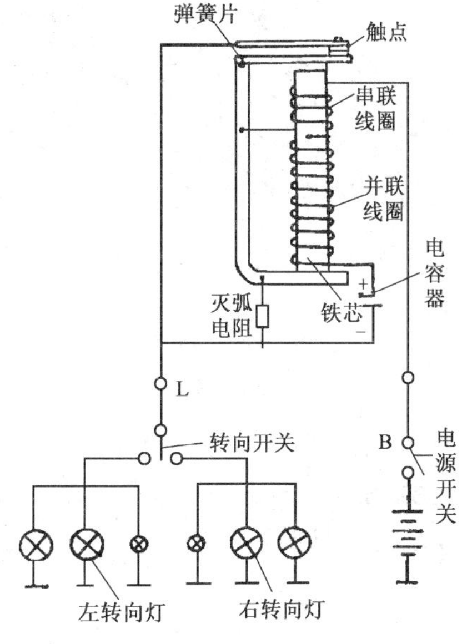

图4-2-17　电容式闪光器转向灯电路

②频率不当。转向灯闪光频率应为90次/min±30次/min,启动时间不大于1.5s。频率不当说明流经闪光器的电流失常。应检查灯丝是否烧断,灯泡与灯座是否接触不良,灯泡功率是否符合规定。因为个别转向灯线路有断路时,负载电阻增大,电流变小,使闪光器频率变快。电容式闪光器具有监控功能,当一侧转向灯有一只或一只以上灯泡烧断或接触不良时,闪光器就使该侧转向灯接通时只亮不闪。

(3)报警灯电路故障。现代压路机仪表盘上安装了许多报警信号装置,如机油压力过低报警灯、水温过高报警灯、真空度过低报警灯和空气滤清器堵塞报警灯等。其作用是及时提醒驾驶员排查压路机运行中出现的有关故障。报警灯一般与电源和传感器串联,传感器为开关式,出现异常时,传感器便接通报警灯的电路。有的筑路机械上除了有灯光报警外,还有声音报警。

①机油压力过低报警灯。其传感器有弹簧管式和膜片式油压报警传感器两种,如图4-2-18、图4-2-19所示。

弹簧管式传感器结构外形为盒形,内有一管形弹簧,管形弹簧一端经管接头与润滑系主油道相通,另一端则与动触点相接,静触点经接触片与接线柱相连。当机油压力过低时,管形弹簧变形很小,触点闭合,电路接通使报警灯发亮。

膜片式传感器的工作原理是:当润滑系油压降到一定值时,其活动触点下降并与固定触点相接触,电路通电,使报警灯发亮。

②水温报警灯。水温报警灯的作用是:当冷却系水温升高到一定限度时,报警灯自动发亮,以示警告。其电路如图4-2-20所示,传感器的密封套管内装有条形金属片,双金属片自由

端焊有动触点，而静触点直接搭铁。当水温高出一定限度时，双金属片向静触点方向弯曲，使两触点闭合，报警灯亮。

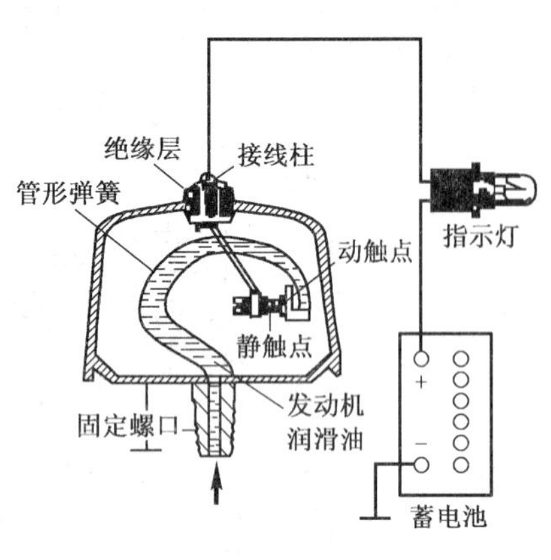

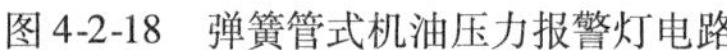
图 4-2-18　弹簧管式机油压力报警灯电路

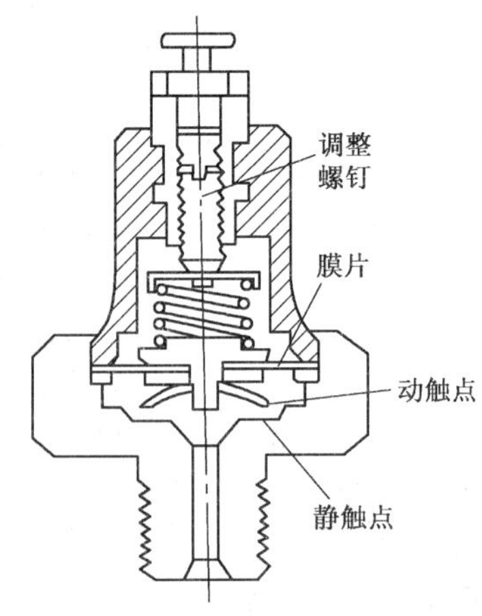

图 4-2-19　膜片式油压报警传感器

③真空度报警灯。真空增压器可以使压路机的车轮制动力增大数倍。为了指示真空筒内的真空度，在仪表板上装有红色真空度报警灯，并由装在真空筒上的真空度报警传感器控制，传感器结构如图 4-2-21 所示。

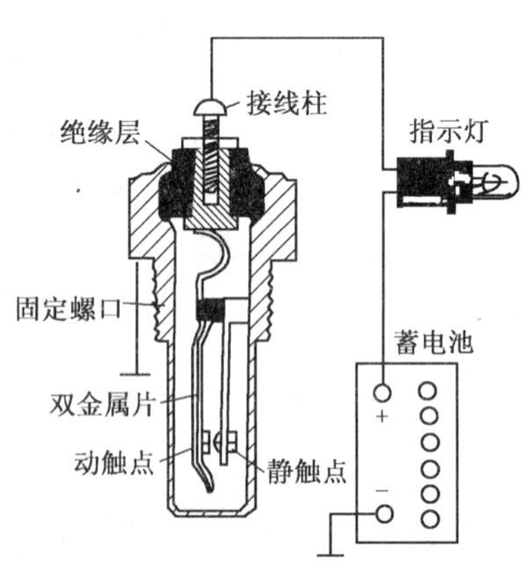

图 4-2-20　水温报警灯电路

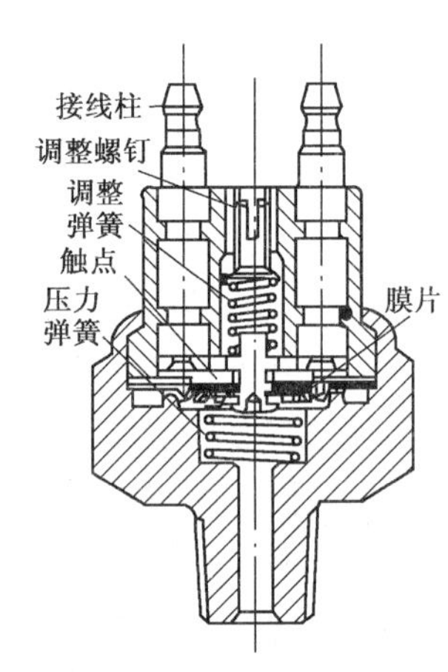

图 4-2-21　真空度报警传感器

当真空筒的真空度下降到一定程度时，在压力弹簧的作用下，膜片向上拱曲，使触点与接线柱接触，报警灯亮。

④空气滤清器堵塞报警灯。为提醒压路机驾驶员及时保养空气滤清器滤芯，在空气滤清器出口端装有空气滤清器堵塞传感器。其传感器结构如图 4-2-22 所示，传感器外壳接地，报警灯置于仪表板上。当空气滤清器滤芯受阻，真空度超过 5.9 ~ 6.4kPa 时，报警传感器接通电路，报警灯亮。

⑤冷却水、制动液等液面过低报警灯。如图 4-2-23 所示，当浮子随液面下降到规定值以下时，永久磁铁吸动舌簧开关使之闭合，接通电路，使报警灯发亮；反之，舌簧开关在自身弹力作用下，使电路断开，报警灯熄灭。

上述报警灯电路出现故障时，可根据其工作原理来对故障原因进行分析和判断。

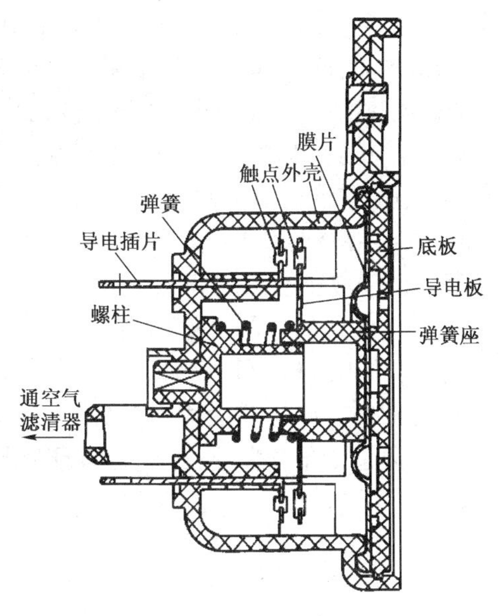

图 4-2-22　空气滤清器报警传感器

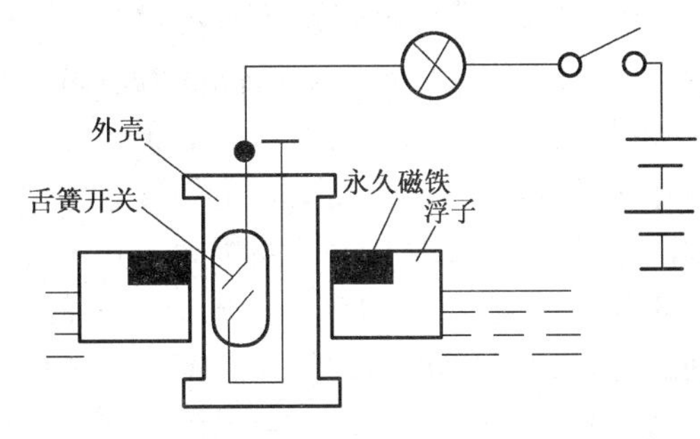

图 4-2-23　液面过低报警灯电路

1. 准备工作

(1)准备好试灯、万用表及工具。

(2)将发动机熄火,并接通电源。

2. 检查步骤

(1)用万用表检测熔断丝是否熔断。

(2)用试灯检测其控制装置是否通电和接触良好。

(3)用试灯检测控制装置至照明装置、信号装置的连接导线是否断路。

(4)用试灯检测照明装置、信号装置搭铁部位是否接触良好。

(5)根据检测结果确定故障部位。

3. 注意事项

(1)应防止导线与机体任何部位接触。

(2)禁止用"短路"试火的方法检测。

(3)拆下的导线应做上记号,防止连接时错误,导致人为故障。

课题四　液压系统故障判断

模块一　液压油泵皮带过松故障判断

对于以 3Y12/15 型三轮压路机为代表的传统的机械传动系统压路机而言,其液压系统的结构比较简单,整机只在转向机构中采用了液压传动方式,其结构组成主要有齿轮式液压油泵、方向控制阀、转向油缸、油箱及油管等。由于液压转向系统结构比较简单,在压路机的结构布置上,只在压路机的底部车架上安装一个齿轮式液压油泵,由曲轴皮带轮通过一根皮带将发动机的动力传递给液压油泵,从而将液压油从油箱内吸出,经加压后由方向控制阀控制液压油进入液压油缸的方向(有杆腔或无杆腔,也称小腔或大腔),从而达到转向操纵的目的。

在压路机底板车架上开有两个平行的直槽，液压油泵由两条固定螺栓紧固在两个平行槽中，通过液压油泵在直槽中移动可以调整皮带的松紧度。皮带的松紧程度决定了液压油泵能否正常地输出压力油。在实际使用中，由于液压油泵这种固定形式比较简单，经常会由压路机的振动而导致液压油泵在直槽内移动，而移动的结果是皮带过松。在正常情况下，皮带的松紧度与水泵皮带相似（可参考水泵皮带松紧度标准：在皮带中间位置用力按压，挠曲变形量为 10～15mm）。

如果在压路机运行过程中，在液压油箱内油量充足、方向控制阀及转向液压油缸技术状况均为正常的情况下，出现转向沉重的现象，就要检查是否是由于液压油泵皮带松动引起的。检查方法比较简单，就是在将压路机熄火并可靠制动后，用手在皮带的中间部位用力按压，若皮带挠曲变形量大于 10～15mm 或出现明显的松懈现象，就要检查液压油泵紧固螺栓是否出现松动。必要时，调整液压油泵在直槽内的位置后（皮带松紧度合适），再将紧固螺栓旋紧，启动发动机，观察转向沉重故障是否消失。在正常情况下，液压油泵皮带松紧度合适，油泵能够顺利输出压力油，转向沉重故障可以被排除。

模块二　液压系统进气故障

仍以 3Y12/15 型三轮压路机为例。当出现转向沉重故障时，如果液压油箱内液压油充足、方向控制阀、液压油缸及液压油泵皮带松紧度正常，则故障原因多为液压系统内进入了空气。

从液压系统工作原理可知，液压系统利用的是液体（液压油）的不可压缩特性来传递动力的。一旦液压油中混入了空气，而空气又很容易被压缩，这样一来液压油泵输出的压力油会因混入的空气被压缩而造成压力损失，最终导致出现转向沉重故障。

排除液压油中空气的方法如下（在液压油管及密封圈完好的前提下）：

（1）拧松有杆腔油管接头，逆时针方向转动转向盘（左转向）到极限位置。这时会发现有泡沫状的液压油流出，此时有杆腔中的空气被排除。

（2）拧紧有杆腔油管接头。

（3）拧松无杆腔油管接头，顺时针方向转向转向盘（右转向）到极限位置。这时会发现有泡沫状的液压油流出，此时无杆腔中的空气被排除。

（4）拧紧无杆腔油管接头。

按上述步骤可反复几次进行作业，即可排除液压系统内混入的空气。

1. 如何判断柴油发动机单缸不工作故障？
2. 如何判断润滑系油压过低、过高故障？
3. 如何判断柴油发动机水温过高、过低故障？
4. 如何判断变速器乱挡故障？
5. 如何判断发电机不发电故障？
6. 如何判断液压油泵皮带过松故障？
7. 如何判断液压系统进气故障？

第五部分　压路机操作工(高级)工作要求

单元一　压路机施工作业

学习目标

本单元主要学习压路机施工作业组织及压实质量缺陷预防等方面的技术。

知识要求

1. 掌握路基基层压实质量标准；
2. 掌握常见路基基层压实质量缺陷及原因；
3. 掌握沥青混凝土面层压实质量标准；
4. 掌握常见沥青混凝土面层压实质量缺陷及原因。

技能要求

1. 能制订多台压路机联合作业压实路基基层方案；
2. 能观测路基基层压实质量缺陷，提出预防和解决措施；
3. 能碾压横向、纵向接缝；
4. 能碾压预埋路缘石路段路面；
5. 能制订多台压路机联合作业压实沥青混凝土面层方案；
6. 能检查沥青混凝土面层压实质量缺陷，提出预防和解决措施。

课题一　路基压实作业

模块一　多台压路机联合作业压实路基基层

大规模公路工程施工，一般会配置多台压路机进行联合压实作业，合理地制订压实方案可极大地提高生产率。具体来讲，如果压路机吨位相似，最好采用分段压实方式。每一台压路机负责的施工路段长短要适宜，尽量减少结合部位的数量，以保证压实密度的连续性。同时，分段压实方式可以防止压路机之间因距离过短而出现意外事故。

1. 准备工作

(1)了解路基压实密实度指标的具体要求。

(2)完成密实度指标需压实的遍数要求。

(3)压路机之间配合作业的具体安排——分段压实的距离、起压点等。

2. 压实作业

(1)压路机选择由两侧开始逐渐压向中间的方式。

(2)多台压路机间隔一定距离，同时开始向一个方向倒轴压实，压实距离保持一致，以使施工进度尽可能保持一致。

(3)振动压路机压实轮重叠宽度保持在200mm,三轮压路机倒轴重叠为1/3~1/2压实轮宽度。

3. 注意事项

(1)各台压路机之间的倒轴宽度要保持一致。

(2)尽可能配置吨位相同的压路机,且压实遍数、振幅和频率要保持一致。

(3)各台压路机之间压实衔接部位尽可能少,且必须按倒轴要求进行压实,以保证路基基层密实度指标的一致。

(4)注意安全,防止压路机之间因距离过短而出现安全事故。

模块二 路基基层压实质量缺陷及预防解决措施

路基基层质量缺陷主要是密实度不足。主要有以下几个原因:

(1)因路基土中黏土较多或含水率过大而形成的"弹簧土"现象。

(2)因路基土中砂土较多或含水率过低而无法实现压实目的。

(3)灰土结构层或无机结合料层缺乏养生工序或洒水不均匀,导致路基的整体密实度指标下降。

(4)压路机吨位过小以及振动压路机振幅及频率选择不当、碾压遍数不足等都会影响到路基基层的最终密实度。

通过以上原因分析,作为压路机驾驶员要及时与施工管理人员进行协调,提出相应的解决办法,以避免压实质量出现缺陷。

课题二 路面压实作业

模块一 路面横向接缝、纵向接缝压实

在路面碾压施工作业中,横、纵接缝的碾压与正常碾压作业方法有一定的区别,为了保证压实质量,需要严格按照横、纵接缝特殊的压实方法来完成相关作业。

1. 横向接缝的碾压

(1)准备工作

①压路机滚轮表面预先洒水,以防沥青混凝土黏附到滚轮表面上。

②碾压前,压路机沿与路的纵向中线呈90°的方向摆放。

③压路机滚筒与新铺砌的沥青面层接触宽度为100~200mm,滚筒的大部分位于已压实过的旧铺砌层上。

(2)压实作业

①压路机自压实过的旧铺砌层上逐渐地横向移动,直到滚筒宽度的1/2位于新铺砌层上为止。

②先用静力式压路机,再用振动压路机,按上述方式碾压。

(3)注意事项

①压路机的滚轮在进行与路的纵向中线呈90°的方向调车时,转向盘控制转向轮在新铺砌沥青面层上的转动速度要尽可能缓慢,以免轮的水平方向分力引起沥青面层的推挤效应,导

致沥青面层出现微小凸起，影响路面的平面度。

②在进行横向接缝碾压时，该接缝的性质一般为冷接缝，一定要注意对施压滚筒表面的技术处理，在与热的沥青混合料接触之前，滚筒表面用清水或加入了洗衣粉的水溶液等完全覆盖，以免高温的沥青混合料黏附到低温滚筒上，从而影响到新铺砌层的表面光洁度。

2. 纵向接缝的碾压

(1)准备工作

①压路机滚轮表面预先洒水，以防沥青混凝土黏附到滚轮表面上。

②碾压前，压路机沿与路的纵向中线平行的方向摆放。

③冷接缝碾压、热接缝压实方法不同，要注意区分。

(2)压实作业

①冷接缝压实作业。新铺的热沥青混合料铺层与旧的冷料铺层的接缝，在这种情况下，压路机应位于新的热料铺层上，将压路机滚筒的100～200mm宽度位于旧铺料层上，这样可把来自热混合料一侧的压力导入到冷料层边缘内，从而增强接缝的密度。

②热接缝压实作业。由于接缝位置温度差不大，在压实方法上可采用正常压实方式从路的两侧向中间线方向顺序碾压，在接缝位置宜将压路机滚筒的100～200mm宽度位于旧铺料层上，以保证接缝的平整。

(3)注意事项

①要注意冷接缝和热接缝压实方法之间的区别。

②避免压实轮的轮边缘与接缝位置重叠，以防止出现明显的轮迹。

③滚轮表面一定要完全浸湿，以防止热的沥青混合料黏附在滚轮上。

④倒轴作业时，转向轮转动速度不宜过快，以防因此造成路面平整度指标下降。

模块二 预埋路缘石路面压实

为了使沥青混凝土路面完整平顺，目前公路工程施工多采用预埋路缘石方式。预埋路缘石主要有两种方式：

(1)低等级路上采用普通平路牙作为路缘石

路缘石铺砌时，其预留高度与沥青混凝土铺层厚度相等或略高于铺层厚度。压实时，压路机滚筒将沥青混凝土与路缘石一起压实，这种路面结构对压路机操作技术要求相对较低。

(2)高等级路或城市道路多采用特殊设计的异形结构件作为路缘石

路缘石铺砌时，其预留高度根据沥青混凝土铺层最终压实后与路缘石上平面(或最高点)的设计高程来决定。压路机进行压实操作时，滚筒不允许压到路缘石上，这种路面结构对压路机操作技术要求较高。压路机滚筒侧面应紧贴路缘石的侧面进行压实，不能出现局部漏压现象。

作为高级压路机操作工，应具备准确定位观测点的能力，即在保持正常的驾驶姿势的条件下，确保上述压实要求。

模块三 多台压路机联合作业压实沥青混凝土面层

沥青路面压实作业，一般本着先轻后重、先静力式后振动式的原则选择压路机，一般根据工程进度要求、压路机的技术状况来决定多机联合作业的具体方案。

1. 准备工作

(1)准备1~2台小吨位、静力式压路机。

(2)准备1~2台振动式压路机。

2. 压实作业

(1)沥青混凝土摊铺机将沥青混凝土摊铺后,温度降到100~120℃,先用静力式压路机按倒轴要求进行初步压实。

(2)用振动压路机按倒轴要求进行最终压实,直到密实度、平整度达到要求为止。

3. 注意事项

(1)静力式压路机开始压实的温度不能过高,否则沥青混凝土的流动性较强,从而影响到路面的平整度;反之,温度也不能过低,否则会因沥青混凝土的内摩擦阻力增加,流动性变差,最终造成路面平整度下降且路面粗糙,达不到质量要求。

(2)振动压路机压实时幅度、频率要控制好,注意与压实路基时的区别。

(3)静力式压路机不能与沥青混凝土摊铺机距离过近,以保证安全。

(4)等候作业时,压路机不能停放在刚刚压实过的路面上,以防局部出现下陷。

模块四 沥青混凝土路面压实质量缺陷及预防解决措施

影响路面压实质量的因素很多,主要有含水率、击实功、压实机械、碾压速度、筑路材料类型和质量、碾压工序、地基或下承载层的强度、碾压层厚度和碾压遍数以及碾压时滚轮表面的隔离效果等。

1. 含水率

含水率的大小在压实路基基层时对压实质量的影响比较大,在压实沥青混凝土面层时也有一定的影响,特别是在雨雪天气施工时,会在沥青混凝土面层与路基层或原铺层之间形成一层水膜,影响到两个铺层之间的黏结效果。最好的预防方法是回避在恶劣天气下的施工作业。

2. 击实功

击实功主要是指振动压路机的激振力大小。该项指标受压路机选用的振幅影响比较大。在沥青混凝土面层初压时,如果没有小吨位的静力式压路机配合作业,宜选用高频、小振幅的方式进行碾压,以防过大的击振力导致路面平整度指标下降。

3. 压实机械

压实机械的选择已有论述,即采用先轻后重、先静力式后振动式方式制订多机联合作业方案,以达到最佳压实效果。

4. 碾压速度

碾压速度对路面的质量影响很大,由于沥青混凝土摊铺时温度很高、稳定性差,过高的行进速度会在压实表面上形成比较大的水平方向推力。这个推力是有害的,会在滚轮前形成凸起,致使路面平整度指标变差。正确的方法是以较低速度进行初压实,随着密实度的增加,可适当提高行驶速度。

5. 筑路材料的类型和质量

筑路材料的类型和质量会对路面质量形成比较大的影响,合理的油石比会使路面碾压后形成光滑平整的表面。沥青过多,会形成“油包”;沥青过少(俗称“花料”),则会使路面不可能被压实,导致路面松散破坏。而路面的结构形式的不同,如采用沥青灌入式路面,其压实方法与厂拌沥青混凝土成品的压实方法有较大的区别。

6. 碾压工序及碾压时机

碾压工序及碾压时机的安排同样会影响到路面质量。具体来讲，如果压路机开始压实时温度过高，由于沥青混凝土的稳定性差而不易被压实；而温度过低（不能低于60℃），沥青黏结效果变差，路面易松散。由于压实时沥青的润滑效果降低，也会使路面出现明显的凹凸不平，所以要根据季节变化及室外温度来选择适当的碾压时机。

7. 地基及下承载层的强度

地基及下承载层的强度是制约沥青混凝土面层质量的重要因素。由经验可知，在对老路面进行维修作业时，如果在已经龟裂的沥青面层上再覆盖一层新铺砌的沥青混凝土，经过一段时间后同样会出现龟裂破坏现象，其主要原因就是“治标没治本”。下承载层的强度不足会使整个路面的强度下降，根本不可能消除公路病害。在公路施工的典型案例中，同样有因为专业知识不足而导致的人为病害。比如，在某地公路大修工程施工时，为了赶工期，或者由于施工管理人员知识欠缺，在无机结合料层刚刚压实完毕，即冒雪摊铺沥青混凝土面层，结果不到三个月路面就出现大面积的龟裂破坏，不到一年，全部施工路段完全龟裂，不得不再次大修，造成了数百万元的损失，公司形象被严重破坏，负责人也被免职处理。在这个案例中，负责人犯了两个错误：其一是雨雪天气强行施工；其二是无机结合料层未进行必要的养生作业，导致地基强度不足使得路面被破坏。

8. 碾压层厚度及碾压遍数

碾压层厚度及碾压遍数对路面的质量影响非常大，过厚的铺层直接导致路面平整度下降，而碾压遍数不足会在路面形成明显的轮迹，路面密实度不足。

9. 碾压时滚轮表面与路面材料之间的隔离

碾压时滚轮表面与路面材料之间的隔离是一个常识，温度很高的沥青混凝土成品遇到温度较低的压路机滚轮，会使部分沥青混合物黏附在滚轮表面，进而无法进行正常的压实作业。因此，在压路机进行碾压前，一定要用清水或加有洗涤剂的水溶液将滚轮表面与沥青混凝土面层完全隔离，以防人为疏忽造成的路面病害的发生。

思考题

1. 如何利用多台压路机联合作业压实路基基层？
2. 路基基层压实质量缺陷及预防解决措施有哪些？
3. 路面横向接缝、纵向接缝应如何压实？
4. 预埋路缘石路面压实方法是什么？
5. 多台压路机联合作业压实沥青混凝土面层应如何进行？
6. 沥青混凝土路面压实质量缺陷及预防解决措施有哪些？

单元二　压路机保养

学习目标

本单元主要学习压路机二级保养方面的知识。

知识要求

1. 掌握发动机二级保养技术要求；
2. 掌握传动系统二级保养技术要求；
3. 掌握电气设备二级保养技术要求；
4. 掌握液压系统二级保养技术要求。

技能要求

1. 能检查喷油器喷油质量；
2. 能调整喷油器喷油压力；
3. 能检查、调整气门间隙；
4. 能检查节温器性能；
5. 能拆装、检查传动轴；
6. 能检查并清洁变速器、分动箱、后桥、轮边减速器外表；
7. 能检查刮泥板弱弹力；
8. 能检查蓄电池电解液密度和端电压；
9. 能更换发电机电刷；
10. 能更换起动机电刷；
11. 能更换液压油滤清器滤芯；
12. 能目测检查液压油品质，更换液压油；
13. 能检查液压油泵进油管路密封状况。

课题一　发动机保养

模块一　检查喷油器喷油质量

喷油器的作用是将来自喷油泵的柴油雾化，并按一定的要求（如合适的油束形状，喷入燃烧室的相应位置等）将柴油喷射到燃烧室中，还应保证喷油开始和终了的时刻正确，停止喷油干脆，不发生滴油现象。

根据喷油器的作用，须对喷油器的针阀密封性、喷油压力、喷油雾化质量、喷油锥角及喷油干脆程度进行检验，以保证喷油器的喷油质量符合要求。

喷油器的检查、调试须在喷油器试验器上进行，如图 5-2-1 所示。试验时，将喷油器装在试验器的高压油管上，用手压动试验器手压泵杆，高压油经出油阀压入压力表及喷油器，使喷油器喷油，同时压力表显示喷油压力。安装结束后，即可对喷油器进行上述 5 个项目的检验。

(1)针阀密封性检验。将喷油器安装在试验器的高压油管上，压动手泵杠杆，观察压力表状态。松开喷油器压力螺塞锁紧螺母，用起子转动调整螺塞，使喷油压力升高到 25MPa，停止压动手泵杠杆，观察压力下降速度。当压力降至 20MPa 时，用秒表开始计时；当压力下降到 18MPa 时，计时停止。正常工作的喷油器，压力从 20MPa 下降至 18MPa 所需时间一般为 10 ~ 20s。当该压力下降时间少于 10s 时，说明针阀密封性差，应更换新针阀偶件或对严针阀及针阀座。

(2)喷油压力的检查与调整。针阀密封性检验合格后，继续压动手泵杠杆，当感觉到有压力时，压动手泵杠杆的速度放慢，并观察压力表的读数。喷油器开始喷油一瞬间的压力，即为该喷油器的喷油压力。喷油压力不符合规定要求时(具体数据查阅相关机型说明书)，松开调整螺塞的锁紧螺母，用起子转动调整螺塞。顺时针转动调整螺塞可使喷油压力升高，反之压力降低。边调边试，直到符合要求为止。调整结束后锁紧螺母。此时应注意用起子固定调整螺塞，以防在锁紧螺母过程中，螺塞随之转动，改变调整结果。

(3)喷油雾化质量检验。将喷油器的喷油压力调到规定值后，用每分钟 10 次左右的速度压油，喷油器喷出燃油。雾状油粒应细小均匀，不能有线条状或羽毛状的油束。多孔式喷油器所有喷孔喷油均匀，不允许有堵塞现象。各孔等量喷油形成“雾柱”。轴针式喷油器应形成伞形雾状油束。喷油结束时，针阀座下端面不能有明显的油迹，更不能有滴油现象。

(4)喷油锥角的检查。喷油器针阀、喷孔磨损后，喷油锥角会发生变化，因此喷油器调试时应检查喷油锥角。检查喷油锥角时，在喷油器下面放一张白纸，将喷油器喷孔与纸面的垂直距离 S 调整到 100mm 或 200mm，以方便计算，如图 5-2-1 所示。压动试验器手泵杠杆，使喷油器对着纸面喷油。然后用量具测量喷在纸面上的油迹直径 d。此时喷油锥角 α 可按下式计算：

$$\tan\frac{\alpha}{2} = \frac{1}{2}d/S = \frac{d}{2S} \tag{5-2-1}$$

$$\frac{\alpha}{2} = \arctan\frac{d}{2S} \tag{5-2-2}$$

$$\alpha = 2\arctan\frac{d}{2S} \tag{5-2-3}$$

将计算出的喷油锥角与标准值进行比较，即可确定喷孔是否有堵塞、磨损现象，必要时，应进行维护或更换。

(5)喷油干脆程度的检验。缓慢压动手泵杠杆，燃油喷射应连续、雾化良好。喷油时响声清脆，喷油结束时应干脆利落，不能有滴油现象。将试验油压到低于喷油压力 0.2MPa 时(用手泵杠杆维护这一压力)，喷油器针阀偶件处不应有油渗出。

1. 准备工作

(1)清除喷油器安装部位周围的脏物，然后将喷油器从发动机上拆下。

(2)清洗喷油器外表，清洗前用专用护盖密封高压油管接头。

(3)准备好喷油器试验器和密封垫片，将喷油器安装在试验器上。

(4)查看有关技术资料，确定本型号发动机的喷油器标准喷射压力和喷射质量要求。

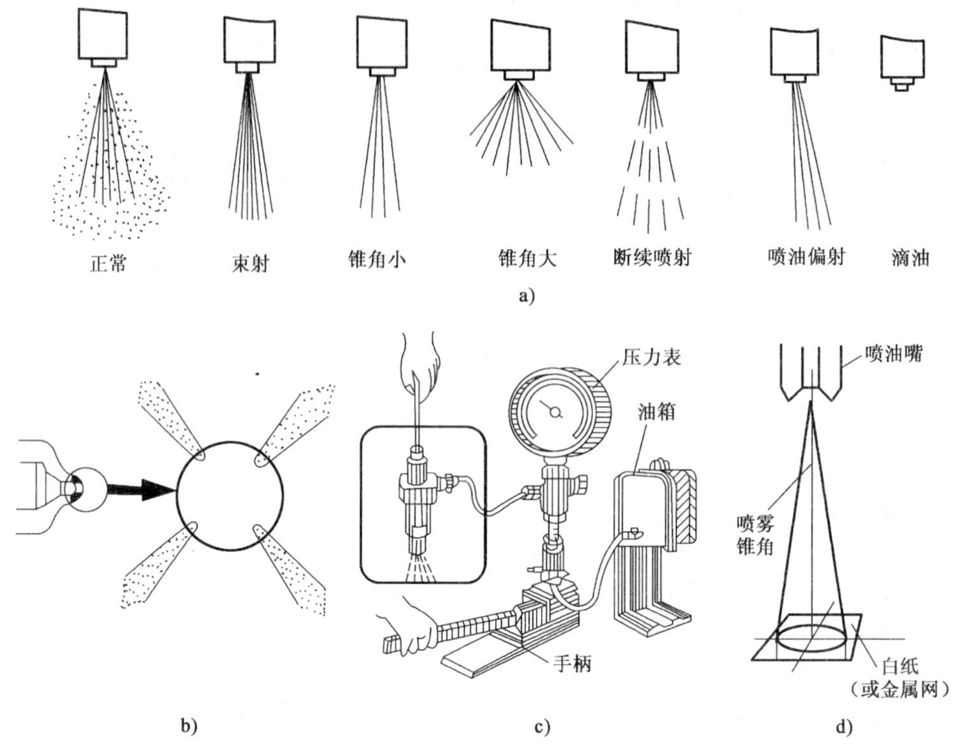

图 5-2-1 喷油锥角的调试

a)喷油器雾化情况;b)长型孔式喷油器喷雾形状;c)在试验器上检查和调整喷油压力;d)检查喷雾锥角

2. 检查步骤

(1)以 60 次/min 以上的速度均匀地揿动试验器手油泵柄,直至喷油器喷油。

(2)读取喷油器试验器上压力表在喷油器喷射瞬间时的压力值。

(3)观察喷油器是否出现滴漏现象。

(4)观察喷油器喷射雾化质量和油束角度。

(5)确定喷油器的密封性、喷油压力、雾化质量是否达到要求。

(6)将喷油器从试验器上拆下,并用护盖密封好高压油管接头。

3. 注意事项

(1)喷油器试验器中的柴油必须保持清洁。

(2)安装喷油器时,应将管接头部位清洗干净。

(3)检查过程中要防止强力碰撞喷油器喷嘴和高压油管接头。

(4)将喷油器装回发动机之前,要清洁安装孔内脏物,并更换新的密封垫,以确保密封。

模块二 喷油器喷油压力调整

当检查喷油器的喷射质量达不到规定要求时,需更换喷油嘴偶件,并将调整喷油器喷射压力调整到规定值,图 5-2-1 所示。

1. 准备工作

(1)清洗喷油器和试验器管接头。

(2)拧松喷油器喷射压力调整螺栓的上锁紧螺母,将喷油器安装在试验器上。

(3)查看有关技术资料,确定本型号发动机的喷油器标准喷射压力和喷射质量要求。

2. 调整步骤

(1)以 60 次/min 以上的速度均匀地撤动试验器手油泵柄,直至喷油器喷油。

(2)读取喷油器试验器上压力表在喷油器喷射瞬间时的压力值。

(3)用标准喷射压力与实际喷射压力相比较,通过拧动压力调整螺塞行进行调整。

(4)喷射压力达到标准喷油压力时,将压力调整螺栓的上锁紧螺母拧紧,然后重新按上述方法验证。

(5)从试验器上拆下喷油器,并安装好护盖。

3. 注意事项

(1)喷油器试验器中的柴油必须保持清洁。

(2)安装喷油器时,应将管接头部位清洗干净。

(3)检查过程中要防止强力碰撞喷油器喷嘴和高压油管接头。

模块三 气门间隙调整

在发动机工作过程中,由于高温使气门杆受热膨胀伸长,如果没有适当的气门间隙会造成气门关闭不严故障,而过大的气门间隙也会缩短气门开启时间,使进气不充分,废气排除不彻底。因此,需要对发动机气门间隙进行检查、调整。

气门间隙在冷车和热车时是不一样的。冷车气门间隙是指发动机未工作或未走热时的气门间隙。柴油发动机的冷车气门间隙一般为:进气门间隙 0.25 ~ 0.30mm,排气门间隙 0.30 ~ 0.35mm。热车气门间隙是指发动机已达到正常工作温度后停车检查的气门间隙。一般热车气门间隙要比冷车气门间隙小 0.05mm 左右。气门间隙用塞尺检查,间隙不符合要求时应进行调整。

调整气门间隙时,松开摇臂上调整螺钉的锁母,将塞尺中与所调气门间隙相同厚度的塞片插入摇臂压头与气门脚之间,用螺丝刀旋转调整螺钉,并来回拉动塞尺。当感到拉动塞尺略有阻力时,将调整螺钉锁紧即可,如图 5-2-2 所示。

图 5-2-2 气门间隙的调整

气门间隙必须在气门关闭状态才允许调整。通常,可采用逐缸检查调整和两次检查调整两种方法查找关闭状态的气门,并予以调整。

1. 准备工作

(1)查看机械保养与运转记录,确定发动机累计运多少小时及上次检查调整气门间隙的日期。

(2)查看相关技术资料,确定本型号发动机冷状态下进、排气门标准间隙、发动机工作旋向、各缸工作次序、进排气门排列顺序。

(3)准备好检查调整工具,打开气门室盖。

2. "逐缸法"检查调整气门间隙步骤(以直列6缸,工作次序为1、5、3、6、2、4柴油机为例)。

(1)按发动机工作旋向扳转飞轮,使第6缸进排气门处于叠开状态,使1缸活塞处于压缩上止点位置。

(2)检查调整第1缸进、排气门间隙。

(3)按发动机工作旋向继续扳转飞轮,依次将第5、3、6、2、4汽缸活塞处于压缩上止点位置,检查调整进、排气门间隙。

3. 注意事项

(1)检查调整时应切断发动机电源开关。

(2)验证某缸活塞是否处于压缩上止点位置时,在扳转飞轮的过程中,观察与其相对应汽缸的进排气门是否处于叠开状态(排气上止点)。

注:气门叠开——当某一汽缸的活塞处于压缩行程上止点位置,其气门间隙可以调整时,与其对应的汽缸排气门上升(即将完全关闭),进气门下降(刚刚开始打开),进气门及排气门的尾部在同一高度上,称为气门叠开。

模块四 节温器性能检查

图5-2-3所示为单阀门式节温器的结构,目前在压路机的发动机上被广泛采用。在发动机冷却系中,节温器是控制冷却水进行小循环或大循环的主要装置。

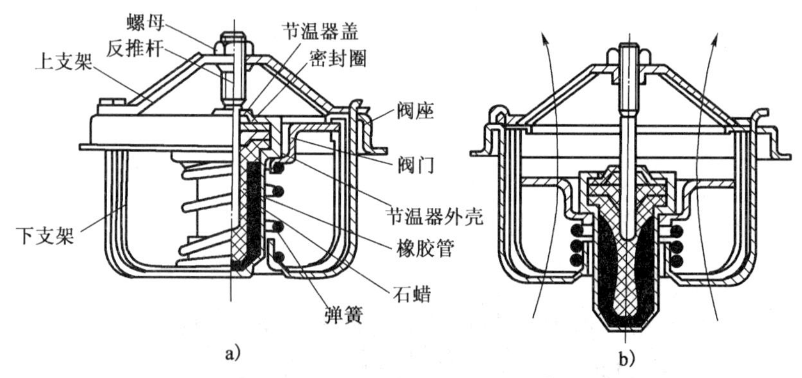

图5-2-3 单阀门式节温器的结构

a)关闭状态;b)开启状态

当温度升高时,节温器外壳中的石蜡由固体变为液体,体积增大,在外壳容积不能增大的情况下,石蜡挤压橡胶套,橡胶套收缩将反推杆往外推,由于反推杆固定在支架上不能移动,只能使外壳、压缩弹簧向下移动,并带动阀门下行,成为图5-2-3b)所示的开启状态;当温度下降,石蜡由液体变为固体收缩,橡胶套恢复原形,在弹簧作用下关闭阀门。

1. 准备工作

(1)准备一个透明的烧杯。

(2)准备一只温度计。

(3)准备一只搅棒。

(4)准备一个酒精灯。

(5)准备一个用来悬挂节温器的支架。

(6)将发动机内的冷却液放出后,从出口水管拆下节温器。

(7)查看有关技术资料,确定本型号发动机节温器的型号、开启温度、全开温度、阀门最大开启高度。

2. 操作步骤(图 5-2-4)

(1)将节温器卸下后,放在图示的检验装置中,挂在支架上。

(2)用温度计标示烧杯内水的温度,为使杯中水温均匀,要经常用搅棒搅动。

(3)将水加热至节温器阀门的开启温度,保持该温度 5min 以上。一般良好的节温器,温度在 70℃ 时开始开启,然后再继续加热,将水温升高至完全开启的 80 ~ 83℃,保持 5min 以上或更长一段时间,再检查节温器阀门的升程是否达到规定的数值。

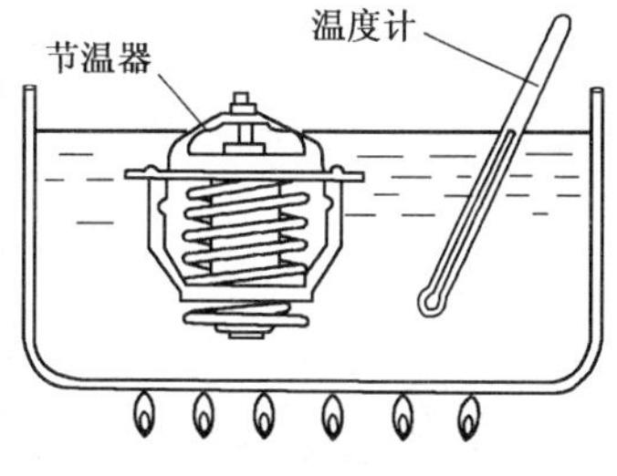

图 5-2-4　节温器的检查

(4)将水温降至开始开启的温度,检视阀门是否回落。

(5)若初开和全开温度高于规定温度或升程过小,则说明节温器不合格,应予更换。

(6)按与拆卸相反的步骤安装节温器。

3. 注意事项

(1)烧杯及酒精灯要放好,以免出现安全事故。

(2)搅棒要连续搅动以保持水温均匀。

(3)测量阀门升程时,因节温器温度较高,应采取必要的防护措施,以免烫伤。

(4)安装节温器时,要注意安装方向,安装后要保证密封不漏水。

(5)检查时应切断发动机电源开关。

课题二　传动系统保养

模块一　传动轴的拆装与检查

传动轴的结构,如图 5-2-5 所示。

传动轴由空心管制成,并经过动平衡试验,传动轴的一端有花键和套管叉,可使传动轴的长度自由变化。

为了减少花键与套管叉之间的摩擦损失,提高传动效率,有些筑路机械已采用滚动花键来代替滑动花键,如图 5-2-6 所示。

1. 准备工作

(1)必要的拆卸安装工具。

(2)百分表及支架。

(3)检测平台及一对 V 形铁。

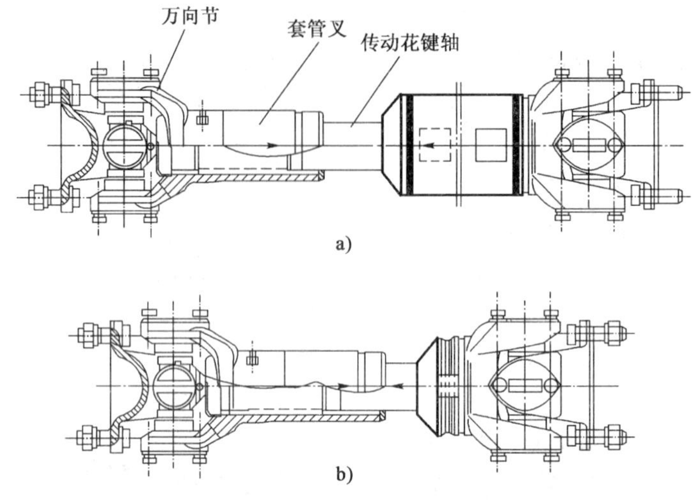

图 5-2-5　传动轴的结构

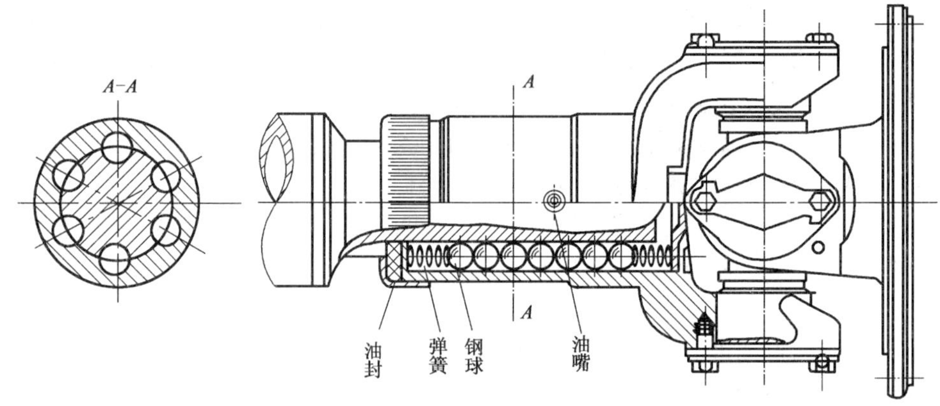

图 5-2-6　滚动花键传动轴的结构

(4)检测传动轴一根。

(5)台钳一个。

2. 操作步骤

(1)检验

①将图示的传动轴解体后清洗,用压缩空气吹净油道孔。

②用百分表测量传动轴中部的弯曲量,如图 5-2-7 所示。弯曲量大于 1mm 时,应冷压校正,压头的形状应与轴管的外表面吻合。

③花键轴与套管叉配合间隙的检查方法如图 5-2-8 所示。把套管叉夹在台钳上,花键轴按装配标记插入套管内,并使部分花键齿外露,摆动花键轴,百分表的摆动量即为配合间隙值。当配合间隙超过 0.5mm 或花键轴有横向裂纹时,可采用局部更换法修复或换用新件。

(2)装配

①各轴承及花键在安装时应涂抹钙基润滑脂。

②装配时先组装万向节,再组装传动轴。

③传动轴的连接螺栓不能用其他螺栓代替,且各螺栓的拧紧力矩必须符合规定。

④装配后,应对传动轴总成进行动平衡试验,动不平衡量一般不大于 100g · cm。超过规定时,应加焊平衡片进行调整。

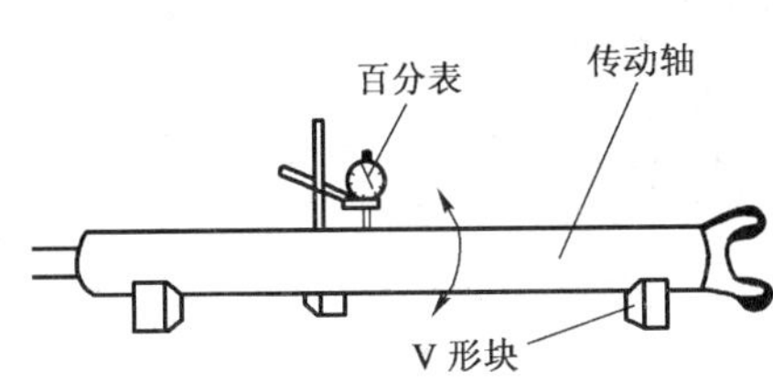

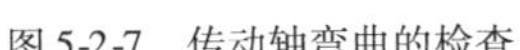

图 5-2-7 传动轴弯曲的检查

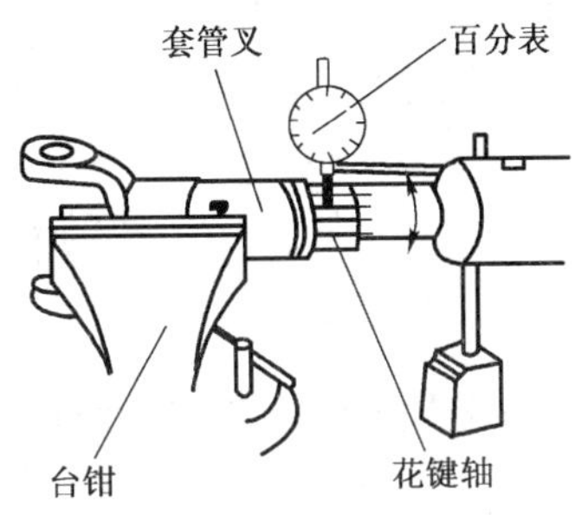

图 5-2-8 花键轴与套管叉配合间隙的检查

3. 注意事项

(1)不能用铁锤在零件表面直接敲打,以免损坏零件。

(2)传动轴花键与套管叉应对准记号装配,使传动轴两端的万向节叉处于同一平面内。

(3)传动轴管上的平衡片,不得随意变动或去掉。

(4)各万向节油嘴应在一条直线上,且均朝向传动轴,各油嘴按规定加注润脂。

模块二 变速器、分动箱、后桥、轮边减速器外表检查

主要检查内容有:密封性能检查、螺栓紧固情况检查、润滑油量检查等。

1. 密封性能检查

主要检查变速器、分动箱、后桥及轮边减速器的各个密封面是否有润滑油泄漏现象。如有局部存在泄漏问题,可由修理工进行处理。具体来讲,可采用两种方式:

(1)石棉纸涂润滑脂(黄油)密封。这是一种比较传统的密封处理方式。

(2)石棉纸涂密封胶密封或直接用密封胶密封。

无论采用哪一种密封方式,在密封前都需要对密封表面进行处理,清除残留物,使密封表面平滑、干净、无杂物,以提高密封效果。

2. 螺栓紧固情况检查

由于压路机的工作环境比较恶劣,特别是在压实路基结构层或以自行方式转移场地时,比较剧烈的振动容易造成紧固螺栓的松脱。另外,如果压路机使用时间较长,用于加强紧固效果的弹簧垫圈的弹性也会减弱,从而造成紧固螺栓松脱。

螺栓松脱会给压路机存在严重的安全隐患,特别是变速器、分动箱、后桥及轮边减速器作为压路机重要的传力机构,紧固螺栓的松脱会使力的传递过程性能变差,对压路机本身也会造成伤害。因此,对这些部位紧固螺栓的检查非常重要。

3. 润滑油量的检查

润滑效果的好坏对机械传动零件的使用寿命影响很大,为了在零件表面形成可靠的油膜,需要保持足够的润滑油量,不足时要及时予以补充。

模块三 刮泥板弹簧弹力检查

刮泥板在弹簧力的作用下应紧贴在压路机滚轮表面,以及时清除黏附在滚轮表面的物料。随着压路机使用时间的延长,刮泥板被磨损而使弹簧逐渐伸张、弹力减弱。当刮泥板过度磨损或弹簧出现折断现象时,就要考虑更换刮泥板或弹簧。

刮泥板弹簧弹力可根据出厂说明书提供的技术数据进行检查,一般利用经验检查法进行,通过驾驶员直接检验即可判断弹簧弹力是否满足使用要求。

课题三　电气系统保养

模块一　蓄电池电解液密度和端电压的检查

从蓄电池的结构原理可知,为了使蓄电池可靠地工作,并及时提供启动电能、储存发电机发出的电能,其电解液的密度和端电压应符合要求。必要时,应进行补充充电或添加电解液。

1. 准备工作

(1)准备好高率放电计和密度计。

(2)切断电源开关,拆下蓄电池搭铁线。

(3)清洗蓄电池外表,并擦拭干净。

(4)打开加液孔盖,根据需求添加补充液。

2. 工作步骤

(1)用密度计测量蓄电池各单格内电解液密度,正常情况下密度为1.25 ~1.26g/cm^3(环境200℃时),各单格电解液密度差值不超过0.025 ~0.030g/cm^3。

(2)用高率放电计测量蓄电池端电压,正常情况下端电压应高于9.6V。

(3)分析测量结果,确定蓄电池电量是否充足。

3. 注意事项

(1)蓄电池内的溶液为硫酸,检查时要特别注意安全,防止硫酸溶液溅溢到身体上。

(2)读取密度时,应水平观测,以保证数值准确。

(3)用高率放电计检测时,应在5s之内实施,防止高率放电计损坏。

模块二　更换发电机电刷

发电机经长期运转,电刷磨损造成接触不良,影响发电机正常工作,因此,要定期更换电刷。

1. 准备工作

(1)将发动机熄火,切断电源开关。

(2)准备好新电刷及所用工具。

(3)查看机械保养与运转记录,确定发动机累计运转多少小时及上次更换电刷的日期。

2. 更换步骤

(1)拆除励磁导线接头,取下电刷支座上盖。

(2)取出旧电刷,并换装新电刷。

(3)按拆除相反程序进行装复。

(4)启动发动机运转,验证发电机是否工作正常。

3. 注意事项

(1)换装后要保证密封,不渗透雨水。

(2)拆卸时应注意导线连接位置,必要时做好记号,防止导线接错。

模块三 更换起动机电刷

起动机经长期运转,电刷磨损造成接触不良,产生火花,烧蚀整流器,影响起动机正常工作,因此,要定期更换电刷。

1. 准备工作

(1)将发动机熄火,切断电源开关。

(2)准备好新电刷及所用工具。

(3)查看机械保养与运转记录,确定发动机累计运转多少小时及上次更换电刷的日期。

2. 更换步骤

(1)拆除起动机防尘罩。

(2)逐个取出旧电刷,并换装新电刷。

(3)按拆除相反程序进行装复。

(4)启动发动机运转,验证起动机是否工作正常。

3. 注意事项

(1)换装后要保证密封,不渗透雨水。

(2)拆卸时应注意导线连接位置,必要时做好记号,防止导线接错。

(3)换装时要注意导线绝缘情况,防止出现内部搭铁短路故障。

课题四 液压系统保养

模块一 更换液压油滤清器滤芯

定期更换或清洗液压油滤清器是保养液压系统的一项常见工作,其意义在于保证液压油清洁,防止因滤清器被杂质堵塞造成液压泵吸油阻力过大,影响液压系统的正常工作。

1. 准备工作

(1)查看机械保养与运转记录,确定机械累计运转多少小时及上次更换滤清器的日期。

(2)将发动机熄火,切断电源开关。

(3)清洁滤清器外表脏物,如需要放出油箱内液压油。

(4)准备好新滤清器和更换工具。

2. 更换步骤

(1)拆除旧滤清器。

(2)换装新滤清器。

3. 注意事项

(1)更换新滤清器时,要避免在灰尘较大环境下进行。

(2)更换滤清器过程中,要特别注意保持液压系统清洁,防止灰尘、碎屑、棉丝等混入液压油中或管路中。

模块二 目测检查液压油品质、更换液压油

保持油液的清洁，对液压元件的寿命有很大影响。由于行走系统的液压泵、液压马达及液压转向系统中的转向阀等元件精度很高，对液压油是否洁净特别敏感，使用维护时必须特别注意。液压系统的管道、油箱应定期清洗，更换新油，油的规格要符合厂家要求；加入液压油时必须经10um滤油器进行过滤，严禁将未经过滤的液压油加入油箱；严禁不同牌号的液压油混加；严禁向液压油箱内添加柴机油、机械油之类非液压油；油箱应该是密封的，不允许随便打开，以免灰尘进入。

1. 准备工作

(1)查看机械保养手册与运转记录，确定机械已累计运转多少小时、更换液压油周期及上次更换液压油的日期。

(2)按规定要求准备好新液压油及加注容器。

(3)选择一个洁净且无灰尘场所。

2. 工作步骤

(1)启动发动机，让各工作装置动作，将液压油温度升高。

(2)从油箱内取出少量的陈旧液压油，并将陈旧液压油和同牌号的新液压油滴放在一张白纸上，观察两种液压油之间的颜色差别。如果差别很大，则需要更换。

(3)将发动机熄火，切断电源开关，趁热放出油箱内液压油。

(4)更换滤清器，清洗油箱，检查放油塞上沉淀物。

(5)将新液压油倒入油箱内，并密封好加注油口。

3. 注意事项

(1)在更换液压油过程中，要按规定牌号和数量加注液压油，且应特别注意保持油液清洁，防止脏物进入油箱内。

(2)在更换液压油的过程中，若发现油箱内的旧油颜色发白或有粒径较大金属和非金属杂物，要查明原因。

(3)要妥善处理放出的陈旧液压油，防止造成环境污染。

模块三 液压泵进油管路密封状况检查

液压油泵至液压油箱之间的吸油管路要保持密封，以防吸入空气，影响系统正常工作。

1. 检查步骤

(1)检查吸油管及接头有无渗漏痕迹。

(2)检查吸油管有无破损、凹陷。

(3)紧固油管接头螺栓或油管卡箍。

(4)清洁油管接头外表油污，用试漏液涂在油管接头连接处，并在运转状态下检查有无气泡，如发现密封不严，应更换接头油封和油管。

2. 注意事项

(1)在运转状态下检查时，要特别注意安全。

(2)在运转状态下，应注意检查油管是否出现凹陷。

(3)更换接头油封或油管时，要保持油液清洁，防止杂质混入油液中。

(4)更换过程中，要防止油液污染机体和环境。

思考题

1. 如何检查喷油器喷油质量?
2. 喷油器喷油压力调整的步骤是什么?
3. 气门间隙调整方法是什么?
4. 如何对节温器性能进行检查?
5. 传动轴的拆装与检查方法有哪些?
6. 变速器、分动箱、后桥、轮边减速器外表的检查方法有哪些?
7. 如何对蓄电池电解液密度和端电压进行检查?
8. 如何更换发电机、起动机电刷?
9. 如何更换液压油滤清器滤芯?
10. 如何目测检查液压油品质及更换液压油?
11. 液压泵进油管路密封状况的检查方法是什么?

单元三　压路机故障判断

学习目标

本单元主要学习压路机复杂故障的判断方法。

知识要求

1. 掌握柴油发动机高压油路常见故障及判断方法；
2. 掌握涡轮增压器工作原理、常见故障及判断方法；
3. 掌握评定发动机技术状况的外部特征参数；
4. 掌握制动系统常见故障及判断方法；
5. 掌握启动继电器常见故障及判断方法；
6. 掌握发电机电压调节器常见故障及判断方法；
7. 掌握阀用开关式电磁铁和比例式电磁铁的工作原理及检测方法；
8. 掌握液压马达内漏故障及判断方法；
9. 掌握振动装置液压系统常见故障及判断方法。

技能要求

1. 能判断柴油机燃油供给系统高压油路故障；
2. 能判断涡轮增压器工作异常引起的发动机功率下降故障；
3. 能判断制动系统制动力不足故障；
4. 能判断制动系统拖滞故障；
5. 能判断启动继电器故障；
6. 能判断发电机电压调节器故障；
7. 能使用数字式万用表检测阀用电磁铁参数；
8. 能判断液压马达内漏故障；
9. 能判断振动压路机振动力不足故障。

课题一　发动机故障判断

模块一　柴油发动机燃油供给系高压油路故障判断

柴油发动机高压油路故障会使发动机运转异常，严重时发动机不能启动或出现“飞车”等事故性故障。发动机不能正常工作时，在排除了低压油路故障因素后，需要对高压油路进行故障判断，以找出故障的原因并予以排除。

1. 判断步骤

(1) 当发动机不能启动，排气管无烟排出，确定低压油路工作正常后，松开喷油泵高压油管接头，并将加速踏板放到最大供油位置，用起动机带动发动机转动，观察喷油泵出油阀是否有燃油排出。若油量很小或无油排出，说明喷油泵柱塞磨损严重或供油拉杆卡死在不供油位置。

(2)当发动机功率下降，运转不平稳，冒黑烟，确定低压油路工作正常后，将发动机处于怠速工作状态，用“断缸法”判断出是哪一个汽缸工作不良，然后外接上一个新喷油器，进一步确定是此缸的喷油器故障还是喷油泵故障。

2. 注意事项

(1)判断故障前，应进行驻车制动，使变速器处于空挡位置。

(2)发动机运转前和运转过程中，要特别注意安全，禁止乱放工具，禁止身体接触转动部件或排气管。

模块二 涡轮增压器工作异常引起的功率下降故障判断

增压是一个将空气加压后压入发动机，获得更多功率和转矩的过程。涡轮增压器是利用热排气中的能量转动涡轮，并带动一个压气机将空气加压后压入发动机。损坏的涡轮增压器可能带来很多问题，常见的问题包括发动机功率不足、排气冒黑烟等。

1. 准备工作

(1)将发动机熄火，并切断电源开关。

(2)确定不是因为燃油不足或空气滤清器堵塞等其他原因造成的发动机功率不足、排气冒黑烟。

2. 判断步骤

(1)拆除同涡轮增压器连接的进气管和排气管。

(2)检查压气机叶轮是否转动灵活、叶轮轴是否径向或轴向松旷、叶片是否损坏。

(3)根据检查结果确定涡轮增压器发生故障的部位。

3. 注意事项

(1)操作时，应避免意外碰到热排气管，造成烫伤。

(2)判断涡轮增压器故障前，应先检查进气管和排气管连接处是否密封，并确定燃油供给系工作正常，避免随意拆卸涡轮增压器。

课题二　传动系统故障判断

模块一 制动系制动力不足故障判断

压路机的制动主要靠液压制动和液压马达制动两种方式。液压制动方式与其他机械相似，利用制动主泵对制动液施压，将制动液的内部压力提升到规定的压力值，并驱动液压制动分泵达到制动效果。液压马达制动多以驱车制动的方式出现。

制动力不足会大大增加制动距离，从而带来比较大的安全隐患，这一点在山区或坡道施工中尤为明显，所以压路机操作工需要具备此项故障判断能力。

1. 液压制动

这是目前大多数振动压路机所采用的制动方式。在施工前，可以在比较坚硬的路面上进行制动效果检验。可参考压路机的随机资料中的数据进行对比，通过制动距离的长短来判断是否出现了制动力不足的故障，为修理工及时排除故障提供及时可靠的信息。

2. 液压马达制动

可在不大于压路机允许的最大坡度上进行相关制动力检测。如果液压马达内部磨损程度较低，内泄不明显，驱车制动效果会非常明显。一旦出现溜滑现象，说明液压马达内泄比较严重或液压操纵阀闭锁能力下降，应由修理工对具体故障原因进行分析与排除工作。

模块二 制动拖滞故障判断

制动拖滞主要是因为在压路机解除制动后，制动装置不能顺利复位，局部还处于制动状态，使压路机不能达到与发动机转速相应的行驶速度。

制动拖滞会加速压路机制动装置的磨损，降低工作效率，增加发动机的功率损耗。如果此故障长时间得不到有效解决，因剧烈摩擦产生的高温会改变制动装置材料的性能，缩短其使用寿命。

课题三 电气系统故障判断

模块一 起动继电器故障判断

压路机配置起动机为24V，功率较大，若采用直接按钮启动的方式，会因电流强度过大而对启动电路造成损坏。因此，在压路机的启动电路中多采用启动继电器，用通过继电器电磁线圈的小电流来控制进入起动机电磁线圈的大电流，对启动电路进行有效的保护。启动继电器出现故障会影响到压路机的正常启动，所以当起动机不能正常运转时，应对启动继电器进行检测，以判断是否启动继电器故障。如启动继电器正常，再考虑是否起动机电磁线圈故障或者是起动机内部故障，如图 5-3-1 所示。

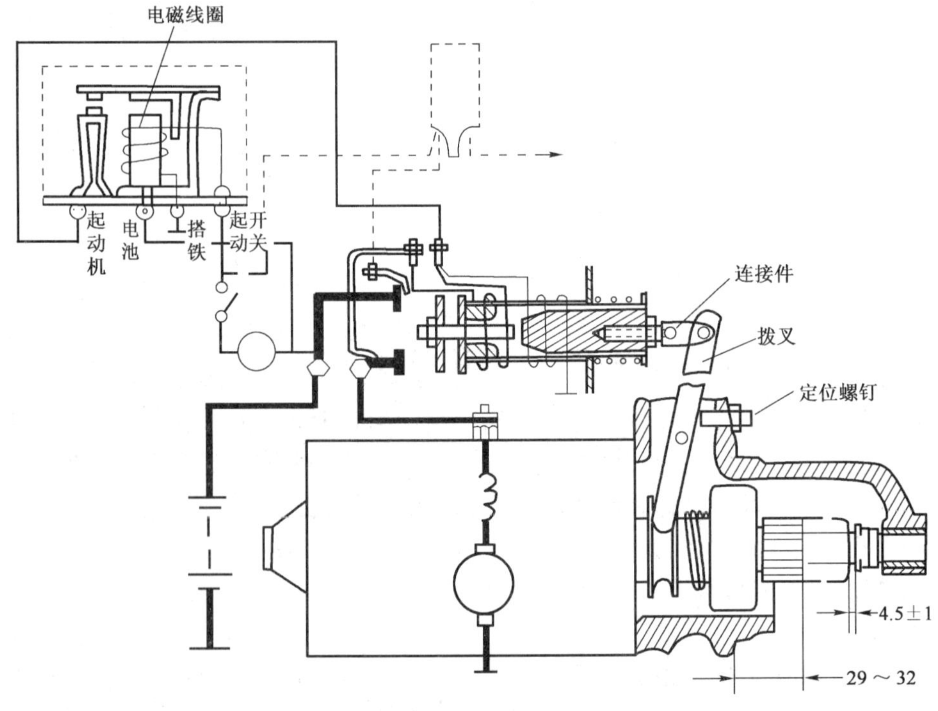

图 5-3-1 带起动继电器的起动电路

1. 准备工作

(1)准备好试灯、万用表和工具。

(2)确定启动继电器安装位置,并分析继电器控制原理。

2. 判断步骤

(1)接通启动开关,观听继电器触点是否发出吸合声。

(2)接通启动开关,用试灯判断继电器线圈是否通电。

(3)用试灯判断继电器电源线是否通电。

(4)用万用表检测继电器至起动机电磁开关的导线是否导通。

(5)根据上述检查结果,确定继电器故障部位。

3. 注意事项

(1)检查前,应进行驻车制动,并将变速器置于空挡。

(2)检查过程中,禁止身体接触任何运转部件。

(3)禁止用"短路"试火的方法检测电路故障。

(4)禁止随意拆卸更换电气元件和连接导线。

模块二 发电机电压调节器故障判断

从发电机电压调节器的结构原理可知,当发动机的转速发生变化时,电压调节器可以自动调节发电机的输出电压,使其电压值保持恒定。具体来讲,当发动机转速较低时,因发电机的转速很低,可通过提高励磁电流强度的方式提高发电机的输出电压;当发动机转速很高,带发电机以很高的转速旋转时,可通过串联电阻的方式,降低励磁电流强度,使发电机的输出电压在规定的范围内,保护发电机不因电压过高而损坏。

压路机电源系能否正常工作,电压调节器起着重要的作用。当电源系出现异常时,应对电压调节器进行检测,以判断其技术状况是否正常。

(1)电磁振动式调节器的检查与调整

①触点、电阻和线圈状况的检查。若触点有氧化和烧蚀现象,应用"00"号砂纸打磨干净。用万用表欧姆挡测量电阻是否烧断及线圈有无断路、短路等故障。

②调节器的调整。不同规格的调节器触点间隙都有其规定值,若不符合规定,应通过改变空气气隙或弹簧弹力的大小予以调整。具体调整部位如图 5-3-2 的箭头所示。

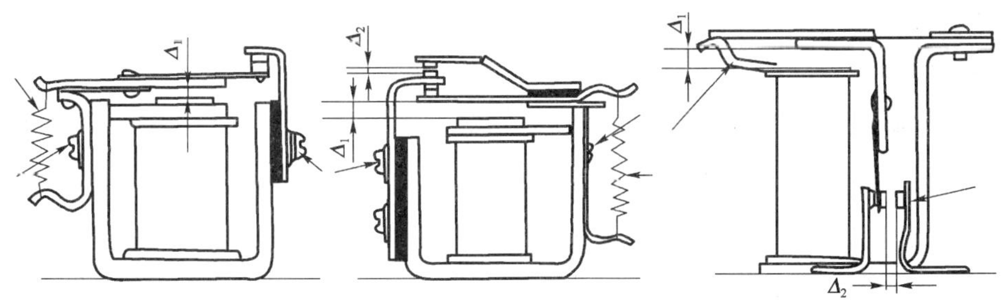

图 5-3-2 触点式调节器的调整

(2)电子调节器的检查

①电子调节器搭铁形式的判断。电子调节器的搭铁形式的判断方法是:用一个 12V 蓄电

池和两只12V、2W的小灯泡按图5-3-3所示接线。如接“-”与“F”接线柱之间的灯泡发亮，而在“+”与“F”接线柱之间的灯泡不亮，则该调节器为内搭铁式；反之，则为外搭铁式。

②用万用表检查调节器质量。用万用表R×10Ω挡测量调节器三个接线柱之间的电阻值，应符合表5-3-1所列的标准值。若测量数值与标准值相差甚大时，应更换调节器。

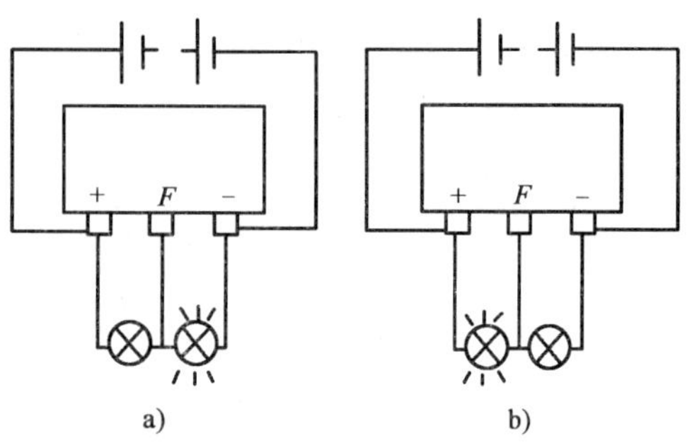

图5-3-3　电子调节器搭铁形式的判断

a）内搭铁调节器；b）外搭铁式调节器

1. 准备工作

（1）准备好试灯、万用表和工具。

（2）确定电压调节器型号及安装位置，并分析电压调节器控制原理。

JFT126、JFT246型调节器各接线柱之间的电阻值（单位：kΩ）　　表5-3-1

型号	“+”与“-”之间	“+”与“F”之间		“-”与“F”之间	
		正向	反向	正向	反向
JFT126	1.5～1.6	4.5～5	7.5～8	5.5	6.5～7
JFT246	3	4.6～5	9.5～10	5.5	8.5

2. 判断步聚

（1）将发动机熄火，在交流发电机上连接电压表，负极表笔接搭铁，正极表笔接发电机电枢端。

（2）启动发动机，并逐渐将转速增加到1 800r/min，观察电压表上的读数。

（3）当电压表指针指示读数逐渐增加，并在27～28V停止，说明调节器工作正常。

（4）当电压表指针指示读数逐渐增加，并在26V以下停止，说明调节器可能有故障。

（5）当电压表指针指示读数逐渐增加，并在27 ～28V以上停止，说明调节器有故障。

（6）当电压表指针指示读数24V不动，说明充电系统不充电。

3. 注意事项

（1）检查前，应进行驻车制动，并将变速器置于空挡。

（2）检查过程中，禁止身体接触任何运转部件。

（3）禁止用“短路”试火的方法检测发电机是否充电。

（4）禁止随意拆卸更换电气元件和连接导线。

模块三　阀用电磁铁参数检测

随着压路机制造技术的不断改进，其操纵阀控制装置也由手动控制转变为电磁控制，电磁阀的应用越来越广泛。阀用电磁铁技术状况的好坏，直接影响到其所控制的液压阀的功能是否正常，其技术状况可通过对其参数的检测来判断。

1. 准备工作

（1）查看有关资料，确定电磁阀标准电阻参数。

(2)准备数字万用表。

2. 检查步骤

(1)拆下电磁阀导线接头,用万用表检测电磁阀电阻值。

(2)用万用表检测电磁阀绝缘性能。

(3)在电磁阀接头与电磁阀之间串联接入电流表,闭合开关,测量电磁阀工作电流。

3. 注意事项

(1)禁止用"短路"试火的方法检测电磁阀是否通电。

(2)检测电磁阀电阻值时,应在不通电状态下进行。

课题四 液压系统故障判断

模块一 液压马达内漏故障判断

液压马达主要有两种用途:为压路机行驶提供动力的驱动液压马达;调频液压马达。

驱动液压马达出现内漏会使压路机的行驶速度变慢,在发动机高速运转的情况下,压路机的行驶速度不能同步提高,工作效率下降。而调频液压马达出现内漏,会使压路机的频率调整失真,达不到正常的工作要求。因此,一旦压路机的行驶速度缓慢或频率调整出现异常,就要考虑是否是液压马达出现了内漏故障。以齿轮液压马达为例分析如下:

1. 齿轮液压马达工作原理

齿轮液压马达工作原理如图 5-3-4 所示。当高压油进入齿轮马达的进油腔(由齿 1、2、3 和 1′、2′、3′、4′的表面以及泵体和端盖的有关内表面组成)之后,由于啮合点半径 x 和 y 永远小于齿顶圆半径,因而在齿 1 和 2′的齿面上,便产生如箭头所示的不平衡液压力。该液压力就相对于轴线 O_1 和 O_2 产生转矩。在该转矩的作用下,齿轮马达按图示箭头方向旋转,拖动外负载做功。随着齿轮的旋转,齿 1 和齿 1′所扫过的容积要比齿 3 和 4′所扫过的容积小,这样进油腔的容积不断增加,高压油便不断进入。同时,又被不断地带入回油腔排出。这就是齿轮马达按容积变化进行工作的原理。在马达的排量一定时,马达的输出轴转速只与输入流量有关,而输出转矩随外负载变化。随着齿轮的旋转,啮合点是不断变化的,即输入瞬时流量为一定值时,齿轮马达的输出转速和输出转矩也是脉动的,所以齿轮马达的低速性能不好。

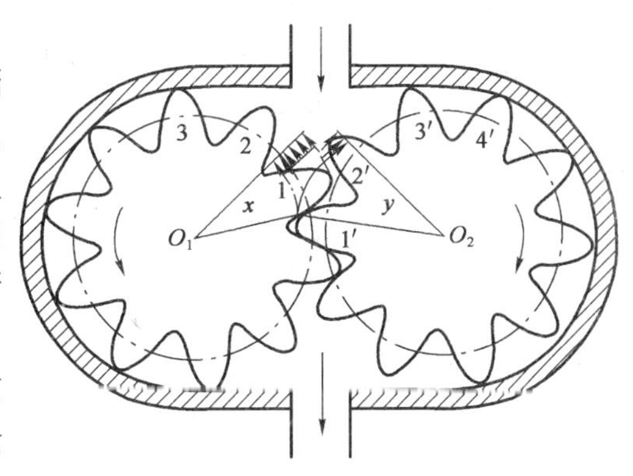

图 5-3-4 齿轮液压马达工作原理

齿轮马达和齿轮泵的结构基本一致,但由于齿轮马达需要带负载启动,而且要能正、反方向旋转,所以齿轮马达在实际结构上和齿轮泵还是有差别的。

2. 常见故障及其排除方法

(1)常见故障——转数降低、输出扭矩降低。主要原因有:

①油泵供油量不足。油泵因磨损轴和和径向间隙增大,内泄量增大,或者由于油泵电机转数与功率不匹配等原因造成输出油量不足,使进入液压马达的流量减小。

②液压系统调压阀调压失灵,压力不能提升,各控制阀内泄漏量大等原因,造成进入液压

马达的流量和压力不够。

③油液黏度过小,致使液压系统各部泄漏量大。

④液压马达本身的原因,如 CM 型液压马达的侧板和齿轮两侧面磨损拉伤,造成高低压腔之间内泄漏量大,甚至串腔;YMC 型液压马达由于没有间隙补偿,转子和定子以线接触方式进行密封,且整台液压马达中的密封线较长,因而引起泄漏,效率低,特别是当转子和定子接触线因齿形精度差或者拉伤时,泄漏更为严重,造成转速下降,输出扭矩降低。

⑤工作负载较大,转速降低。

⑥液压马达本身径向间隙超差。

(2)排除方法如下:

①排除油泵供油不足的故障,如清洗滤油器,修复油泵,保证合理的轴向间隙,更换能满足转数和功率要求的电机等。

②排除各控制阀的故障,特别是溢流阀,应检查调压失灵的原因,并有针对性地排除。

③选用合适黏度的液压油。

④对液压马达的侧板和齿轮两面研磨修复,并保证装配间隙,即液压马达也要研磨成相应的尺寸。

⑤检查负载过大的原因,并排除。

模块二　振动压路机振动力不足故障判断

振动压路机振动的振幅和频率是影响压实效果的主要因素,因此振动压路机上均采用了调频、调幅机构,通过改变频率、振幅来满足不同的压实要求。对于频率的调整,通常由液压马达驱动激振器,通过调整液压马达的转速来达到改变频率的目的;对于振幅的调整,则由变幅机构来实现。

压路机振动力不足可从以下几个方面来进行分析和判断:

①传动皮带的松紧度。

②起振离合器是否打滑。

③液压油泵是否供油不足。

④起振控制阀是否严重磨损或卡滞,电磁控制阀是否损坏。

⑤液压马达是否严重磨损或漏油,联轴器是否完好。

⑥液压油箱的油量及液压油的黏度是否符合要求。

⑦液压系统的最高压力是否过低。

⑧液压油管及接头是否有破裂漏油现象。

⑨减振器是否老化变硬、弹性降低等。

1. 准备工作

(1)压路机水平位置停放,做好驻车制动工作。

(2)准备好必要的修理工具及压力表。

(3)准备好备用的液压油管及密封件。

(4)查看压路机运转记录。

2. 判断步骤

(1)检查传动皮带的松紧度及皮带是否完好,必要时进行调整和更换。

(2)检查液压油箱内液压油的油量是否充足,液压油管及接头是否有破裂漏油现象。

(3)通过压路机运转记录,查看液压油更换的时间,以判断油质是否发生变化,必要时进行更换。

(4)检查减振器外观,是否有老化变硬现象。

(5)检查联轴器是否完好,必要时进行更换。

(6)检查起振控制阀及电磁控制阀是否正常。

(7)用压力表检查溢流阀的开启压力值,并将其与技术资料提供的标准值进行对比。如压力值低于标准值,可通过调整提高开启压力。

(8)检查起振离合器是否打滑。

(9)检查液压马达是否有内泄,必要时进行更换。

3. 注意事项

(1)外观检查部分要全面,对有可能造成振动力不足的因素不能遗漏。

(2)需要拆卸液压油管的地方要用油盆盛接流出来的液压油,不要对环境形成污染。

(3)拆卸液压油管的位置应更换密封圈。

(4)溢流阀(或安全阀)的压力调整参照技术说明书提供的数据。

思考题

1. 如何对柴油发动机燃油供给系高压油路故障进行判断?

2. 如何对涡轮增压器工作异常引起的功率下降故障进行判断?

3. 如何对制动系制动力不足故障进行判断?

4. 如何对启动继电器故障进行判断?

5. 如何对发电机电压调节器故障进行判断?

6. 如何检测阀用电磁铁参数?

7. 如何对液压马达内漏故障进行判断?

8. 如何对振动压路机振动力不足故障进行判断?

第六部分　压路机操作工（技师）工作要求

单元一　压路机保养

学习目标

本单元主要学习压路机三级保养方面的知识。

知识要求

1. 掌握发动机三级保养技术要求；
2. 掌握传动系统三级保养技术要求；
3. 掌握电气设备三级保养技术要求；
4. 掌握液压系统三级保养技术要求。

技能要求

1. 能检测汽缸压力；
2. 能清洗冷却系统水道；
3. 能清洗润滑系统油道；
4. 能检查、调整供油提前角；
5. 能更换变速器、分动箱、后桥、轮边减速器、振动轴承室润滑油；
6. 能检查振动装置；
7. 能检查制动装置；
8. 能拆检、润滑起动机和发电机；
9. 能对蓄电池补充充电；
10. 能检查、调整液压系统压力；
11. 能检查液压油温传感器。

课题一　发动机保养

用汽缸压力表检测汽缸压缩压力，是一种不解体检查发动机技术状况的重要方法。通过分析所检测出的汽缸压力，间接确定汽缸与活塞环、气门与气门座圈、汽缸盖与汽缸垫的技术状态，从而为确定维修方式和内容提供依据。

模块一　柴油发动机汽缸压力检测

发动机经过使用，会由于汽缸套、活塞环的磨损导致活塞环间隙增大；燃烧产生的积炭导致气门密封不严；汽缸套活塞因润滑不足产生拉伤；活塞环折断；气门间隙过小或完全消失等因素造成汽缸压力降低。其结果是发动机不容易启动，动力不足，并且燃料消耗明显增加，使压路机不能正常工作，因此需要对汽缸压力进行检测。

1. 准备工作

(1)查阅技术资料,确定所测发动机汽缸压缩压力标准值。

(2)准备好量程合适的压力表。

(3)启动发动机预热,将发动机温度升到800℃以上。

(4)将发动机熄火,卸下各汽缸的喷油器,并将压力表安装在所要检测汽缸的喷油器孔内。

(5)检测蓄电池存电量,电量应充足。

(6)操作加速踏板或熄火拉钮,使喷油泵处停止供油状态。

2. 检测步骤

(1)用起动机驱动曲轴转动3~5s。

(2)待汽缸压力表表针指示,并保持最大压力读数后停止转动。

(3)记录压力表读数,取下压力表,按下单向阀使压力表指针回零。

(4)用同样的方法检测其他汽缸的压缩压力。

(5)将实际检测的压力值与检验标准相比较(极限压力和各缸压差),分析汽缸密封性。

3. 检测注意事项

(1)要清除干净喷油器孔周围杂物,防止杂物进入汽缸。

(2)为了检测数据准确,要保证驱动转速达到规定值。

(3)检测过程中要防止汽缸高压气体喷出对人的伤害。

(4)压力表安装要牢固且密封。

模块二 冷却系统水道清洗

换季保养时应清洗发动机冷却系,以保持冷却系原有的冷却效果,确保发动机正常的工作条件。清洗的方法有两种:一种是当水垢过多,可用专用清洗液清洗;另一种是当水垢不多,可采用强力水流冲洗。

1. 准备工作

(1)查看保养记录,确定上一次清洗冷却系时间及发动机累计运转小时。

(2)准备好专用清洗液,并阅读使用说明书。

(3)冷车状态下将冷却系内冷却液放出。

(4)准备好冲洗水源。

2. 清洗步骤

(1)强力水流冲洗。

①拆去节温器、分水管。

②用强力水流清洗发动机水道。

③安装分水管,用强力水流清洗散热器。

(2)用专用清洗液清洗。

①拆下节温器。

②按使用说明要求配制好清洗液,并注到发动机冷却系中。

③启动发动机并怠速运转20~30min,然后放出清洗液。

④用清水冲洗冷却系2~3次。

模块三 润滑系统油道清洗

为了使发动机润滑可靠，保持润滑油道畅通无阻，在对压路机进行三级保养时，需要对其进行清洗作业。

1. 准备工作

(1)查看保养记录，确定发动机累计运转小时。

(2)准备好低黏度机油。

(3)在发动机热车状态下将油底壳机油放出。

2. 清洗步骤

(1)将清洗用的低黏度机油加入曲轴箱，加注量为润滑系容量的60% ~70%。

(2)启动发动机，低速(600 ~800 转/min)运转3 ~4min。

(3)放出曲轴箱、滤清器和管路中的清洗油。

(4)清洗滤清器、油底壳、集滤器、曲轴箱通风滤网。

(5)加注符合规定要求的机油。

3. 注意事项

(1)清洗过程中禁止发动机高速运转。

(2)如果有专用清洗设备，要用专用设备进行清洗作业。

(3)清洗后要将清洗油放干净。

模块四 供油提前角的检查与调整

为了保证柴油机燃烧气体能在活塞到达上止点时产生最高压力，必须在压缩上止点前一定角度将柴油喷入汽缸。随着发动机使用时间的增长，喷油泵中一些零件磨损，会造成供油提前减小，因此，要定期检查调整供油提前角。

1. 准备工作

(1)弄清发动机和喷油泵的实际工作转向。

(2)拆下喷油泵第一缸高压油管。

(3)用手动泵油方式，排除油路空气，让低压油路充满燃油。

(4)退回熄火拉钮，并将加速踏板固定在中位。

(5)查看有关技术资料，确定本型号发动机规定的标准供油提前角是多少。

2. 检查与调整步骤

(1)按发动机工作转动方向扳转曲轴，使第一缸活塞处压缩上止点位置。

(2)正反向往复扳转曲轴，使喷油泵第一缸高压油管接头内充满燃油。

(3)反向扳转曲轴40°，然后开始缓慢正向扳转曲轴，并观察喷油泵第一缸高压油管接头燃油油面。

(4)当油面刚一上升时，立即停止扳转，并检查飞轮壳上指针或标记所指飞轮齿圈上标注的距离上止点的角度，此角度为发动机实际供油提前角。为了保证检查出的实际供油提前角精确，可重复检查2 ~3 次，并取平均值。

(5)将检查出实际供油提前角与标准供油提前角相比较，当供油提前角不符合规定时，应进行调整。

(6)扳转曲轴,使飞轮壳上指针或标记对准飞轮齿圈上所标注的标准供油提前角度。

(7)松开喷油泵前端联轴器上的连接螺栓,反向扳转喷油泵凸轮轴一定角度,然后再正向(喷油泵实际工作转向)扳转喷油泵凸轮轴,同时观察喷油泵第一缸高压油管接头燃油油面。

(8)当油面刚一上升时,立即停止扳转,并原位置拧紧喷油泵前端联轴路上的连接螺栓。

(9)用上述第3、4条的方法重新验证调整后的供油提前角是否符合规定值。当不符合时,可重新进行调整。

(10)安装第一缸高压管。

3. 注意事项

(1)检查调整时,为保证安全,应将电源总开关断开。

(2)检查调整时,为了保证供油提前调整准确,应使油路充满燃油,同时注意发动机和喷油泵的实际工作转向。

(3)调整后必须进行验证。

(4)检查调整过程中,应保持第一缸高压油管接头清洁,防止脏物混入高压油路中。

课题二　传动系统保养

模块一　变速器、分动箱、后桥、轮边减速器及振动轴承室润滑油更换

润滑油经长时间使用后,会因机械零件磨损产生的杂质、油质的氧化以及外部杂质的进入等因素品质变差,影响到其正常的润滑功能。因此,在对压路机进行三级保养时,需要对变速器、分动箱、后桥、轮边减速器及振动轴承室等部位的润滑油进行更换作业。

1. 准备工作

(1)将压路机停放在修理专用的地沟位置,以便于对较低位置进行作业。

(2)准备足够的相应牌号的润滑油。

(3)必要的工具及油盆等。

(4)清洗用的部分柴油。

2. 更换步骤

(1)依次拧松各放油螺塞,放出需更换的陈旧润滑油,倒入专用的废油油桶中保存。

(2)用干净的柴油进行清洗,用油盆将被污染的柴油倒入专用的废油油桶中保存。

(3)可用部分干净的润滑油冲洗残存的柴油,然后旋紧放油螺塞。

(4)加入干净的润滑油至规定液面高度。

3. 注意事项

(1)压路机在停放到修理专用地沟时,一定要有专人指挥,注意安全。

(2)压路机进行可靠制动。

(3)润滑油室内一定要将废润滑油、清洗用油及杂质等清理干净。

(4)润滑油的牌号要符合要求。

(5)重新加注后润滑油的液面高度要符合要求。

(6)废润滑油及清洁用油一定要倒入专用的废油油桶中,以避免对环境造成损害。

模块二 制动踏板自由行程的检查与调整

为了使压路机制动可靠，制动器踏板要保持一定的自由行程，自由行程过小或没有容易导致压路机制动拖滞；自由行程过大，又会因为有效制动行程过小而使制动力不足。因此，压路机制动踏板自由行程应符合要求。

以液压制动为例，制动踏板自由行程实际上是指制动推杆与制动总泵活塞之间的间隙值的大小。间隙值越大，踏板自由行程越大；反之，踏板自由行程越小。

1. 准备工作

(1)压路机发动机停止运转，停放在水平地面上。

(2)压路机前后滚轮用垫木倚住，可靠制动，以防止溜滑。

(3)准备好直尺以测量踏板行程数值大小。

(4)准备好开口扳手，以便用于调整踏板自由行程。

2. 检查与调整操作步骤

(1)将直尺沿与制动踏板垂直方向与驾驶室地板接触，测量自由状态下制动踏板的高度。

(2)用手掌轻轻地向下按压制动踏板至感觉到有阻力时为止，测量此时制动踏板的高度。

(3)计算上述两个数据的差值，该差值即为未调整前制动踏板的自由行程的大小。

(4)如检查的自由行程数值小于标准值，可松开连接锁紧螺母，将连接杆的长度向缩短的方向调整；反之，将连接杆的长度向伸长的方向调整。

(5)将锁紧螺母紧固即可。

在实际使用中，由于制动装置磨损、连接杆因外力弯曲等因素，制动踏板的自由行程会发生变化，需要驾驶或维修人员及时进行检查和调整。

3. 注意事项

(1)进行检查调整时，压路机一定要放在水平地面，不能停放在坡道上。

(2)不能在发动机运转的情况下进行检查调整工作。

(3)检查调整时，一定要在压路机周围设置安全警示标志，以防止意外情况发生。

(4)一定要对压路机进行可靠制动。

(5)检查调整完毕后，一定要经过试车检验，以检查调整的效果。

模块三 振动装置检查

压路机振动装置主要有机械驱动和液压驱动两种结构形式。实际使用中，液压马达驱动、偏心块式的振动压路机应用较多。一旦在压路机使用中出现振动力不足的现象，需要对振动装置进行检查，如图 6-1-1 所示。

检查主要从以下几个方面进行：

(1)液压油是否充足。

(2)液压油泵是否工作正常。

(3)液压马达是否工作正常。

(4)电磁阀、起振阀是否工作正常。

(5)辅助振动油泵单向阀是否能够正常开启。

(6)振动装置连接机构是否良好等。

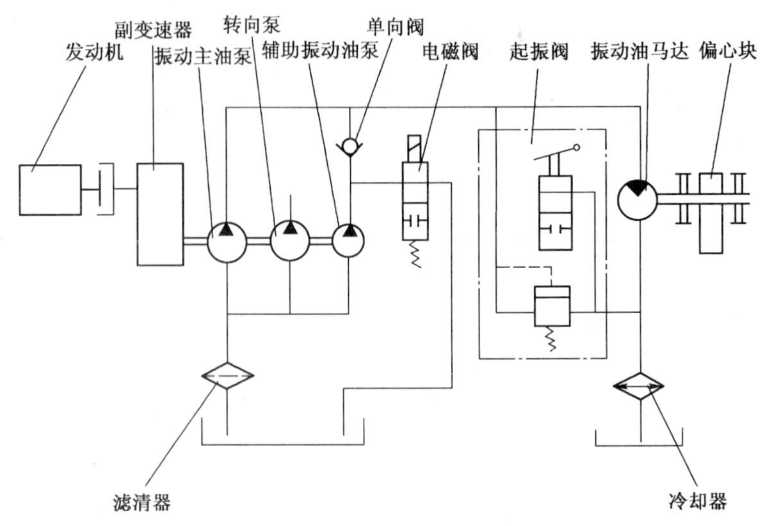

图 6-1-1　压路机工作装置液压操作系统原理图

1. 准备工作

(1)压路机停放在水平地面上,并进行可靠制动。

(2)准备必要的工具,如开口扳手、梅花扳手及万用表。

(3)准备好更换用的液压密封圈。

(4)通过查阅随车技术资料确定必要的技术数据。

2. 检查步骤

(1)检查液压油箱的油量是否符合要求。不足时,补充添加,并检查是否有泄漏的故障。

(2)启动发动机,可以用手握振动主油泵、辅助振动油泵出油管的方式,以确定油泵是否工作正常;如感觉到液压油管内正常的脉动,说明液压油泵工作正常;否则,予以更换。

(3)用同样的方法确定液压马达的技术状况是否正常,必要时进行更换。

(4)用万用表检测电磁阀是否工作正常,并检查起振阀是否密封不严或溢流阀压力调整不当。

(5)检查辅助振动油泵单向阀是否有卡死故障。

(6)检查振动装置连接机构是否连接可靠。

3. 注意事项

(1)需要拆卸液压油管的位置,必须更换液压密封圈,以保证可靠的密封。

(2)对液压系统进行必要的排气工作,以排除液压油管拆卸、安装过程中进入的空气。

(3)检查时,对压路机进行可靠的制动,并做好安全警示工作。

(4)注意环境保护。

模块四　制动装置检查

压路机的制动主要有两种方式:压路机制动系统,驱动液压马达制动。对压路机制动装置的检查主要从以上两方面进行。

对压路机制动系统(以液压制动为例)的检查主要有:制动液是否充足;制动总泵是否良好;制动踏板自由行程;制动管路是否有泄漏,管路内是否有空气;制动装置间隙调整是否符合要求等。

对驱动液压马达的检查主要有:液压马达是否有严重磨损和内泄;联轴器是否有损坏;驱动液压油路的压力调整是否符合要求等。

1. 准备工作

(1)压路机停放在平整场地上,用垫木进行可靠制动。

(2)准备必要的检查工具、量具。

(3)准备好补充制动液。

2. 检查步骤

(1)制动装置的检查调整。

①拧松制动液罐密封盖,观察罐内制动液的液面位置,不足时添加。

②在驾驶室内踩踏制动踏板,如没有明显的阻力感,则需要拆检制动总泵。

③制动踏板自由行程的检查与调整(同前)。

④排除制动管路内的空气。

⑤调整制动装置间隙值,直至符合技术要求为止。

(2)驱动液压马达的检查调整。

①检查联轴器是否完好。

②检查驱动液压回路的溢流阀压力调整是否符合要求。

③检查液压马达是否因磨损严重而内泄(指导修理工完成)。

3. 注意事项

(1)制动液要用统一牌号,不能混用。

(2)压路机进行可靠制动,并做好安全警示工作。

(3)注意环境保护。

课题三　电气系统保养

模块一　拆检、润滑起动机

起动机是利用滑动轴承(青铜套)支承的,由于其结构特性,润滑条件较差,随着压路机使用时间的延长,润滑油的品质下降会直接影响到其润滑效果。在压路机使用中曾有这样的案例:由于没有对起动机进行及时和必要的拆检、润滑,滑动轴承(青铜套)过度磨损导致起动机转子定位失准,转子与定子之间的间隙消失,在起动机转动过程中转子与定子直接接触,发生剧烈摩擦而将转子、定子线圈的绝缘损坏,起动机无法正常使用。因此,在压路机使用中,要及时对起动机进行拆检和润滑。

1. 准备工作

(1)将起动机从车拆下,并准备拆装工具。

(2)准备好万用表及润滑油。

2. 拆检、润滑起动机步骤

(1)拆除电磁开关。

(2)拆除后轴承端盖及电刷支座。

(3)拆除电枢。

(4)检查电枢轴与轴套之间的间隙,检查电枢轴是否有弯曲。

(5)检查整流器表面是否粗糙、烧蚀和裂痕,检查整流器磨损度。

(6)检查电枢线圈和磁场线圈是否断路和短路。

(7)检查电刷支座的绝缘,检查电刷弹簧张力,检查传动小齿轮是否有磨损,检查起动机离合器性能。

(8)按拆除时相反的程序组装起动机。

3. 注意事项

(1)安装时注意在轴承、轴套、离合器、传动杆等活动处上涂上润滑剂。

(2)组装后起动机应转动灵活,无卡滞现象。

(3)驱动小齿轮与止推垫片的间隙应符合要求(1~4mm)。

模块二 拆检、润滑发电机

目前车辆上使用的发电机多为硅整流三相交流发电机,发电机发出的三相交流电经发电机内的整流器,而完全改变成为直流电。为了保证发电机正常工作,一般三级保养时要求对发电机拆检和润滑。

1. 准备工作

(1)将发电机从车拆下,并准备拆装工具。

(2)准备好万用表及润滑油。

2. 拆检、润滑发电机步骤

(1)拆除传动端架。

(2)拆除转子。

(3)拆除后端盖轴承。

(4)拆除定子和整流器支座。

(5)拆除电刷支架。

(6)检查转子线圈是否有断路,检查转子线圈绝缘性,检查轴承是否有缺陷,检查滑环表面是否已粗糙和出现裂痕。

(7)检查定子线圈是否有断路,检查定子线圈绝缘性。

(8)检查电刷长度,检查电刷在电刷支座上的运动是否滑动自如,检查电刷在电刷支座之间绝缘是否良好。

(9)检查整流器性能(整流器正极断路试验、整流器负极断路试验)。

(10)按拆除时相反的程序组装发电机。

3. 注意事项

(1)安装时注意在轴承上涂上润滑剂。

(2)组装后发电机应转动灵活,无卡滞现象。

模块三 蓄电池补充充电作业

压路机用柴油机都使用两块12V的蓄电池串联连接,以获得24V的启动电压要求。当长时间停放或使用过程中发现蓄电池电量不足时,应对蓄电池进行补充充电,以防止蓄电池损坏或因电量不足造成起动机运转困难。

1. 准备工作

(1)将蓄电池从车上卸下,并按规定清洗。

(2)拧开电解液加注孔盖,检查电解液液面高度,并按规定添加补充液。

(3)用密度计或高率放电计检测蓄电池实际电量。

2. 补充充电步骤

(1)将蓄电池串联连接,将充电机的正极接蓄电池的正极,负极接蓄电池的负极。

(2)将充电机的充电电流调整到最小。

(3)闭合充电机开关,将充电电流调整至5~7A。

(4)按此公式推算充电时间:充电时间 = 额定容量(A·h)/充电电流(A),一般为19~20h。

3. 注意事项

(1)充电过程中,当电解液温度上升到45℃时,应暂时中止充电。

(2)充满电时的电解液密度为1.25~1.26g/cm^3(环境20℃时),各单格电解液密度差值不超过0.025~0.030g/cm^3。

(3)给蓄电池充电时会产生可燃气体(H_2 和 O_2),因此充电场所不能有火花或引火物质。

(4)充电完毕后,应将充电机与蓄电池的连接线切断。

(5)充电完毕后,应用清水将蓄电池洗干净,并擦干表面。

(6)充电时,电解液液面会逐步上升,应注意是否有液体从蓄电池内流出。

课题四　液压系统保养

模块一　液压系统压力的检查与调整

液压系统中压力的大小取决于外荷载,即取决于油液运动时所遇到的阻力,一般分为卸载工况压力、空载工况压力、负载工况压力(油缸的牵引力 $P \geq$ 负荷引起的的工作阻力 + 运动副间的摩擦阻力 + 回油管路中的回油阻力)。实际工作中,最常用的就是通过检测压力判断液压系统故障和技术状况。沥青混凝土压路机上布设了许多测量液压系统压力的测点。

1. 准备工作

(1)熟知全车制造厂家预设的检测压力用的各检测测点的位置。

(2)查看相关技术资料,确定各检测点的规定的标准工况下的标准压力值。

(3)选择量程符合要求的压力表(选用比额定压力值大的压力表)及油管接头。

(4)编写测量程序和记录表。

2. 检测步骤

(1)找到要测量点位置,清洁外观,避免安装测压表接头时脏物进入油路。

(2)将发动机熄火,并使工作装置处于自由落地或卸载工况状态。

(3)打开测量点外盖,接好压力表。

(4)启动发动机,控制加速踏板,使发动机处于怠速、低速、中速和高速状态下,分别测量系统的卸载工况压力、空载工况压力、负载工况压力，并做好记录。

(5)将实际各工况下测量压力与标准压力进行比较，分析液压系统技术状况和故障。

(6)测量完成后，将发动机熄火，使工作装置处于自由落地或卸载工况状态，把压力表卸下，并装好密封堵头，装好外盖。

3. 注意事项

(1)禁止在发动机运转状态下或工作装置处于负荷状态下安装或拆卸压力表。

(2)测量工作要有操作、指挥和测量三人协调配合来完成，以防止发生安全事故。

模块二 液压油温度传感器检查

液压系统中一般装有液压油温度自动监控装置。一种液压油温度表上能直接显示温度，液压油散热器上装有液压油温度传感器，当油温达到55℃以上时，散热风扇开始工作；另外一种是在液压油箱中装有温度传感器，当温度超过93℃时，报警灯亮，提示驾驶员应停止工作，查明原因。

温度传感器使用了热敏电阻。热敏电阻的电阻值随温度增加或减小，且变化非常显著。经常检查液压油温传感器或温度计，显示是否准确，避免因油温过高造成密封件过早老化、液压油变质及黏度下降。

1. 准备工作

(1)将传感器从车上拆下。

(2)准备好数字万用表、温度计、加热炉。

(3)查看制造厂家相关技术资料，了解此型传感器技术参数。

2. 检测步骤

(1)将传感器放入盛有水的容器中，将电阻表连接在传感器的两个端子之间。

(2)加热增加水温，检查不同水温下传感器热敏电阻的阻值。

(3)将不同温度下检测的电阻值与查看到制造厂家相关技术资料的标准阻值相比较。如有不同，则说明传感器有故障，应更换。

3. 注意事项

(1)拆装传感器时，应确保使用正确的工具。

(2)检测时，必须使用数字式万用表。

(3)拆装传感器时，应断开电源，并在导线上做好记号，以便正确连接。

1. 柴油发动机汽缸压力的检测步骤是什么？

2. 如何清洗冷却系统水道？

3. 供油提前角的检查与调整步骤是什么？

4. 如何更换变速器、分动箱、后桥、轮边减速器及振动轴承室润滑油？

5. 如何对制动踏板自由行程进行检查与调整？

6. 如何对振动装置进行检查？
7. 如何对制动装置进行检查？
8. 如何拆检、润滑起动机？
9. 如何拆检、润滑发电机？
10. 蓄电池补充充电作业的方法是什么？
11. 如何对液压系统压力进行检查与调整？
12. 如何对液压油温度传感器进行检查？

单元二　压路机故障判断

学习目标

本单元主要学习压路机复杂故障的判断方法。

知识要求

1. 掌握发动机功率不足的原因和判断方法；
2. 掌握发动机异响的种类和判断方法；
3. 掌握差速器锁死装置常见故障及判断方法；
4. 掌握行星齿轮轮边减速器常见故障及判断方法；
5. 掌握辅助电器常见故障判断方法；
6. 掌握行走电控系统常见故障判断方法；
7. 掌握振动电控系统常见故障判断方法；
8. 掌握液压系统执行元件不工作故障判断方法；
9. 掌握液压系统执行元件工作无力故障判断方法。

技能要求

1. 能判断发动机功率不足故障；
2. 能判断发动机异响故障；
3. 能判断差速器锁死装置不工作故障；
4. 能判断行星齿轮轮边减速器故障；
5. 能判断刮水器、油量表、洒水装置等辅助电器故障；
6. 能判断行走电控系统故障；
7. 能判断振动电控系统故障；
8. 能识读振动压路机液压传动原理图；
9. 能判断振动驱动液压系统故障；
10. 能判断行走驱动液压系统故障。

课题一　发动机故障判断

模块一　柴油发动机功率不足故障判断

1. 判断方法

(1)用断缸法判断各缸是否工作正常。

(2)更换空气滤清器和柴油滤清器试验。

(3)检查机油消耗量是否异常。

(4)打开机油加注口盖或曲轴箱通气孔观察是否有大量废气排出。

(5)检查供油提前角和气门间隙是否符合规定值。

(6)用油压表检测低压油路压力。

(7)检查涡轮增压器工作是否正常。

(8)根据上述检查结果,确定故障原因。

2. 注意事项

(1)发动机运转状态下检查时,禁止身体接触运转部件或排气管。

(2)判断时,应根据故障现象进行判断,做到每一项检查都应具有目的性,即对应着一个可能存在的故障原因。

模块二　柴油发动机异响故障判断

发动机发生故障时,会发出异常响声。准确辨别各种异响,可早期发现故障并及时予以排除。异响是物体发生振动,产生声波而传播。发动机,在不同机件、不同部位和不同工况(转速、负荷、温度和润滑条件)下,其声源产生的振动是不同的,因而发出的异响在音调、音高、音频、出现的位置和次数等方面均有所不同。利用异响的这些特点和规律,在一定的判断条件下,即可将发动机异响判断出来。

1. 活塞调敲缸异响判断方法

(1)汽缸上部发出一种有节奏的"嗒嗒"的金属撞击声。

(2)用断缸法判断是哪一缸发出异响。

2. 气门间隙过大的异响判断方法

(1)用听诊器或大螺丝刀接触气门室听诊,如在怠速及稍加大加速踏板时响声明显,加大加速踏板时响声杂乱,即为气门间隙过大的异响。

(2)拆下气门室盖,将厚薄规插入气门间隙处,如声音减小或消失,即为些气门间隙过大。

3. 连杆轴承异响判断方法

(1)响声在汽缸的下部,并随着转速的升高而增大,随着负荷的增大而增强。

(2)将加速踏板置于怠速运转位置,逐缸断油试验,再由怠速往中速、由中速往高速抖动,并加大加速踏板反复试验。此故障现象为:断油时声音变小,加速瞬时响声突出,恢复工作的同时,发出"当当"声,余音略带有木棒敲击铁桶的声音。

(3)柴油机的连杆轴承响声比汽油机的稍沉重些,发出"哐哐"的撞击声。

课题二　传动系统故障判断

模块一　差速器锁死装置不工作故障判断

图 6-2-1 为压路机差速锁结构示意图。

在三轮压路机后桥部分安装有差速器及差速锁。从差速器的工作原理可知,在后桥中安装有差速锁可以在压路机转弯时,内外侧滚轮自动调整转动速度,实现纯滚动。

但是安装了差速器的压路机在特殊情况下会出现一种现象——压路机其中的一个滚轮处

于泥泞之中，另一个滚轮在比较干爽的路面上时，泥泞之中的滚轮会高速旋转，而干爽路面上的滚轮静止不动。这样一来，压路机无法动弹。这一现象是由差速器的结构特点所决定的。当两侧车轮阻力不同时，发动机的动力会自动向阻力小的一侧分配。由于干爽路面上的滚轮摩擦阻力远远大于泥泞之中的滚轮，所以会出现一个滚轮高速旋转而另一个滚轮静止不动的现象。

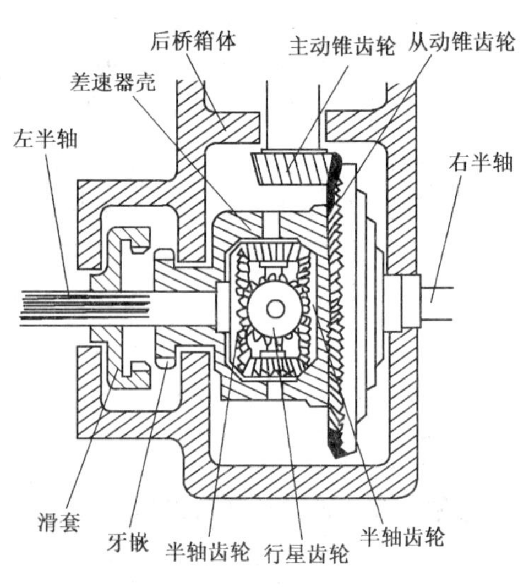

图 6-2-1　压路机差速锁结构示意图

为了防止在压路机使用过程中出现上述现象，影响到压路机的正常行驶，在后桥中设置了差速锁。其工作原理就是利用锁止装置，将两个驱动滚轮刚性地连接在一起。在出现上述现象时，由于一侧滚轮打滑，发动机的动力全部分配到处于干爽路面上的滚轮，加大驱动力矩，使压路机顺利通过状况比较差的路段，从而实现自救。

从前述分析可知，判断差速器锁死装置不工作故障难度不大，一旦行驶中的压路机因为一个滚轮陷入泥泞之中无法正常行驶时，先将差速锁闭合，再将压路机变速器挂入一挡，用最低速度以得到最大的驱动力矩。如经过上述操作后，泥泞中的滚轮仍高速旋转，压路机无法移动，即可判断差速锁死装置出现了不工作故障，需要由专业维修人员进行相应的维修工作。

模块二　行星齿轮轮边减速器故障判断

压路机与汽车相比较，速度差别很大。从机械结构角度来看，汽车发动机的转速只经过变速器、中央传动装置（主减速器）两次减速增扭过程。而压路机除此之外，在发动机动力最终传递到滚轮，驱动滚轮旋转输出动力之前，还要经过一次轮边减速过程，也就是说，压路机与汽车相比，多了一次减速增扭过程，如图6-2-2 所示。

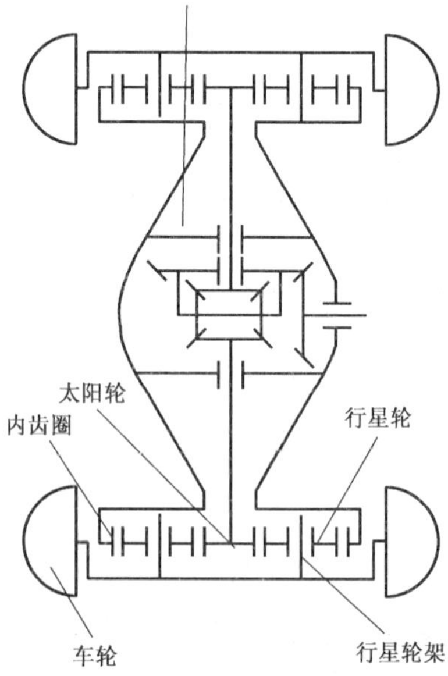

太阳轮
内齿圈
行星轮
车轮
行星轮架

图 6-2-2　轮边减速器结构原理图

由于以压路机为代表的筑路机械在作业时速度普遍较慢，所以在很多种筑路机械上都采用了轮边减速装置。结构比较简单的压路机，如 YZ12/15 型三轮压路机，其轮边减速装置只是一对大小不一的齿轮，通过用小齿轮驱动大齿轮实现最终减速增扭的目的。这种减速器虽然比较简单，但是结构尺寸很大，传动比是固定的，不能根据工况的变化而变化，所以现代压路机多采用行星齿轮轮边减速器。这种减速器结构形式可以很好地解决一对齿轮减速方式的缺陷。

从行星齿轮减速器的作用可以知道，作为压路机的最后一级减速增扭装置，应该使压路机的行驶速度在施工时降到需要的数值。一旦压路机的速度出现异常或在轮边部位出现异常声响，就要考虑是否是行星齿轮减速器出现了故障。具体判断方法可以参阅压路机随机的使用手册。

课题三　电气系统故障判断

模块一　刮水器、油量表等辅助电器故障判断

1. 刮水器

刮水器常见的故障现象有刮水器不动、刮水器不能停止、刮水器不能自动复位或行程不足等。

刮水器不动可能的原因有：保险丝被烧断、电动机内部电路断路、控制开关失灵以及连接线路断路等。一般可用试灯搭铁法从电源位置（蓄电池）逐段排查，以最终找出断路的位置。刮水器不能停止是因为控制电路被短路所造成，可以用万用表逐段检查，以确定短路部位。刮水器不能自动复位的原因是电动机中控制自动复位功能的电路断路所致，一般用更换电动机的方式予以解决。行程不足主要是刮水器架安装时定位（相对位置）不准，可以用比较试验的方法调整刮水器架的安装位置。

2. 油量表

油量表是用来显示燃油箱中的油量，由指示表和传感器组成。指示表有电磁式和双金属片式（也称电热式）两种。传感器均为可变电阻式，电磁式燃油表接线柱有极性，双金属片式燃油表无极性。

图 6-2-3 所示为电磁式燃油表的电路图。燃油表的两个线圈分别与传感器并联和串联，当燃油箱油位高低变化时，浮子带动滑片移动，从而改变了电阻大小——浮子上升时传感器阻值逐渐变大，这时左、右线圈各形成一个磁场（左线圈磁场变弱，右线圈磁场可认为是一个定值），转子便在合成磁场的作用下转动，使指针指在某一刻度。

图 6-2-4 所示为双金属片式燃油表的电路图。通过油位高低的变化，改变可变电阻大小——浮子上升时传感器阻值逐渐变小，从而改变了与之串联的加热线圈电流，双金属片变形推动指针，指示相应的燃油多少。

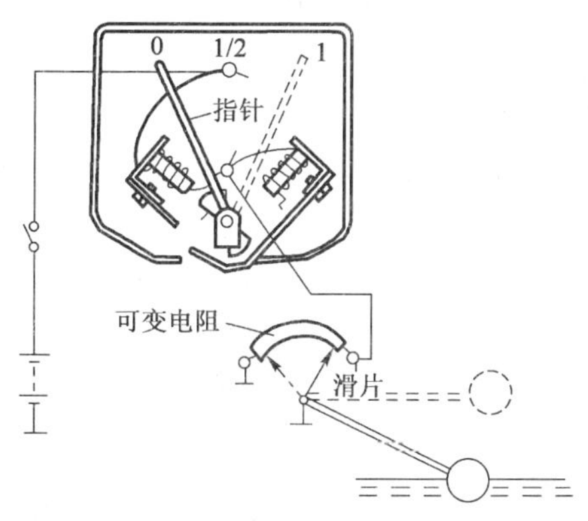

图 6-2-3　电磁式燃油表

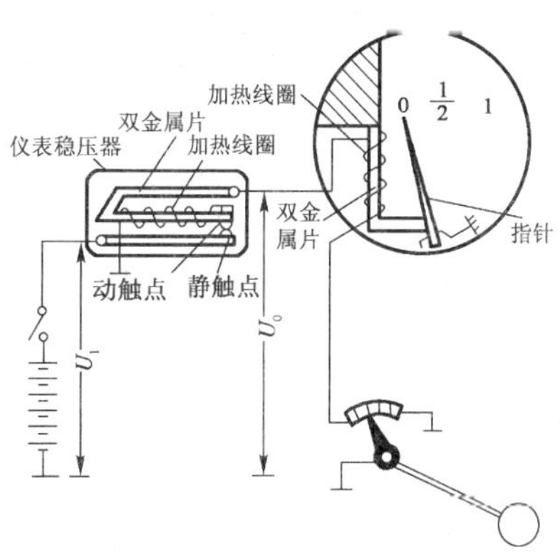

图 6-2-4　双金属片式燃油表

从两种油量表的结构来看，其故障有以下几种情况：浮子破损，可变电阻线圈断路，电磁线圈或加热线圈断路，连接电路断路或短路等。可用试灯检测法判断断路或短路的位置，若浮子破损，则需更换。

模块二 行走电控系统故障判断

以三一重工生产的 YZC12 型振动压路机为例，如图 6-2-5 所示。

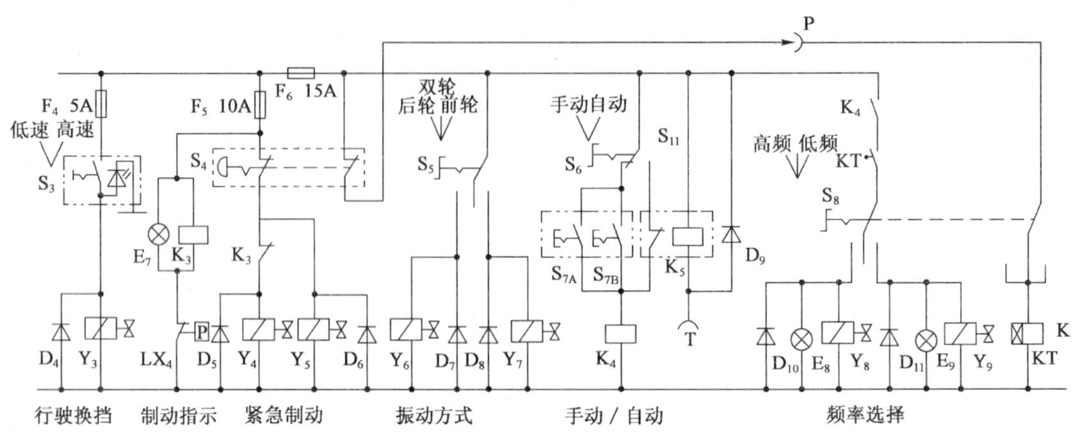

图 6-2-5 YZC12 型振动压路机电气线路(部分)

行驶高低速控制由开关 S_3、电磁阀 Y_3 组成。电磁阀 Y_3 是两个双向变量马达的位置控制开关，Y_3 断电时，行驶驱动变量马达在低速大排量、大扭矩工况下工作，此时手控变量泵调节压路机的行驶速度为 0 ~ 7km/h。Y_3 通电时，行驶马达在高速小排量、小转矩工况下工作，此时手控变量泵调节压路机的行驶速度为 0 ~ 13km/h，保证了压路机在不同工况下以最佳的速度进行压实作业，以较快速度行驶。

从电气线路工作原理可以看出，行走电控系统能否正常工作取决于熔断丝 F_4、开关 S_3、电磁阀 Y_3、二极管 D_4 的技术状态是否正常。

1. 故障一：行走系统无法控制速度变化

应检查熔断丝是否断路，因为熔断丝控制着行走电控系统电路，如发生断路现象，该电路没有电流通过，无法完成调整速度的功能。

2. 故障二：压路机速度无法提升，只能以低速行驶

应检查开关 S_3 是否出现故障，从工作原理可以知道，只有当 S_3 导通，使电磁阀 Y_3 通电时，才能使压路机以高速工况工作。一旦开关 S_3 无法正常闭合(断路)，压路机只能以低速行驶。

3. 故障三：行驶驱动马达无法正常调节转速及转动方向

应检查电磁阀 Y_3 是否断路，二极管是否被击穿，可用万用表欧姆挡来检查。

模块三 振动电控系统故障判断

以三一重工生产的 YZC12 型振动压路机为例，如图 6-2-5 所示。

振动方式可以选择前轮振动、后轮振动和前后轮同时振动的方式。由选择开关 S_5 实现，Y_6、Y_7 为对应的前后振动轮驱动马达控制电磁阀。振动频率的选择可以是自动的，也可以是手动的。高频、低频的控制由选择开关 S_8，电磁阀 Y_8、Y_9，指示灯 E_8、E_9 组成。Y_8 电磁阀控制振动液压泵在大排量位置，即高频小振幅工况下工作；Y_9 电磁阀控制振动液压泵在小排量位置，即低频大振幅工况下工作。这样可以有效地压实不同种类及厚度的铺料层。

从振动电控系统的工作原理可知，振动电控系统的故障现象有以下几个方面：

(1)前后轮均不能振动。

(2)只有高频或低频振动。

(3)只有前轮或后轮振动。

1. 故障一:前后轮均不能振动

(1)检查熔断丝 F_6 是否烧断。

(2)在手动方式下检查继电器 K_4、KT 是否能闭合。

(3)检查电磁阀 Y_8、Y_9 是否有电或出现断路、短路故障。

(4)检查相关的液压系统是否正常。

2. 故障二:只有高频或低频振动

(1)检查高、低频选择开关是否正常。

(2)检查电磁阀 Y_8、Y_9 是否出现短路、断路故障。

(3)检查相关的液压系统是否正常。

3. 故障三:只有前轮或后轮振动

(1)检查开关 S_5 及相应的电磁阀 Y_6、Y_7 是否有电,或出现短路、断路故障。

(2)检查相关的液压系统是否正常。

课题四　液压系统故障判断

模块一　振动压路机液压传动系统原理图识读(以 SP-60D/PD 型压路机为例)

SP-60D/PD 型铰接式振动压路机是美国英格索兰公司生产的一种大型全液压振动压路机,其液压系统如图 6-2-6 所示。

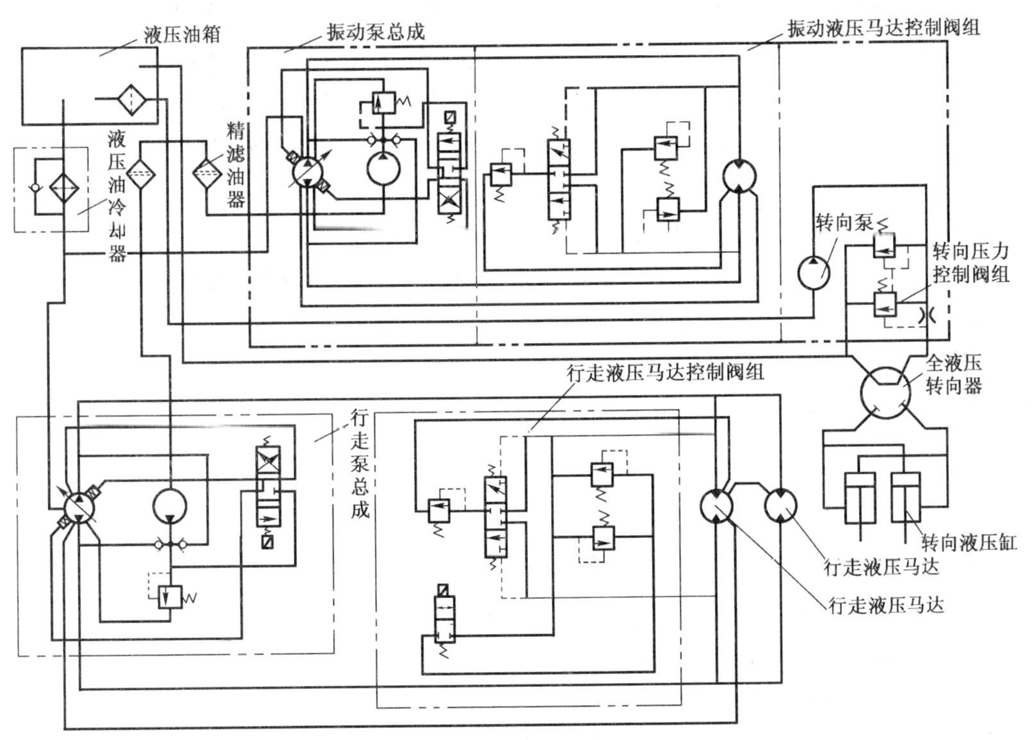

图 6-2-6　SP-60D/PD 型振动压路机液压系统图

该机为静液压驱动，其液压系统可分为驱动行走回路、液压驱动振动回路和液压转向回路。

1. 液压驱动行走回路

该回路是由一个变量轴向柱塞泵和两个并联的定量轴向柱塞马达组成的闭式容积调速回路。该回路可以实现前进、后退、停车及作业速度的无级调速。

驱动泵为美国森特(Sundstrand)公司24系列变量泵，排量为118.6cm^3/r，转速为2 370r/min，最高工作压力为35MPa。前桥驱动马达为美国森特公司23系列定量马达，排量为89.1cm^3/r，调整压力为35.1MPa，滚轮驱动马达为美国森特公司23系列定量马达，安全阀调整压力为35.1MPa。驱动泵安装在分动箱左侧，由发动机经分动箱左侧，由发动机经分动箱带动。滚轮驱动马达与前桥驱动马达是并联的，因此两个马达同时由一个控制阀控制。液压系统工作压力在平地工作时为4.2~9.8MPa，爬坡20%坡度时为14.0~28.1MPa。变量泵调节装置由辅助泵通过三位四通电磁阀供油。辅助泵同时也可向主泵油路供油。前桥驱动马达经二级变速器、差速机构和轮边减速器而驱动轮胎。滚轮驱动马达经行星齿轮减速器驱动。在前桥马达上装有过载溢流阀，以实现安全保护和液压缓冲制动。二位二通电磁阀实现驱动轮的制动。三位三通液动换向阀实现低压油路冷却。

2. 液压振动回路

该回路是由变量轴向柱塞泵和定量马达组成的闭式容积调速回路，可以实现滚轮振动频率的无级调节。同时，也可根据行车方向，改变泵输出液压流的方向，从而改变起振偏心块的旋转方向，使其与行车方向一致以获得最佳压实效果。振动马达直接带动主动挠性轴，然后通过挠性轴再带动振动偏心块，偏心块在高速转动下产生离心力，由其离心力(最大可达272kN)使滚轮产生振动。振动泵为森特公司21系列变量泵，排量为51.6cm^3/r，转速为2 730r/min，最高工作压力为35MPa。振动马达为森特公司23系列定量马达，排量为89.1cm^3/r，调整压力为35.1MPa。液压回路工作原理与行走液压回路相同。

3. 转向液压回路

该回路主要是由转向泵、全液压转向器和转向油缸组成的开式回路。

全液压动力转向具有转向轮结构紧凑等特点，转向器可随驾驶室一起旋转180°以适应多操作位置的需要。当发动机熄火、转向泵不供油时，仍能实现手动转向。此压路机可实现±40°的转向，同时滚轮还可以相对前桥倾斜15°，以适应不平路面作业的需要。转向泵为齿轮泵，流量为45.21L/min，转速为2 730 r/min，调节压力为15.82 MPa。转向液压缸内径为101.6mm，行程260mm。该回路装有过载阀以防止系统过载，并装有溢流阀、节流阀以保持回路流量基本恒定。该回路工作压力为0~12.3MPa。

模块二 振动液压驱动系统故障判断

振动压路机振动液压驱动系统主要由振动主油泵、辅助振动油泵、单向阀、电磁阀、起振阀组、液压马达等组成，如图6-2-7所示。

振动液压驱动系统主要故障有振动主油泵不工作或内泄、辅助振动油泵不工作或内泄、单向阀卡死或不闭合、电磁阀失效、起振阀磨损内泄及液压马达内泄等。

具体分析可参照后面“行走驱动液压系统故障”部分内容。

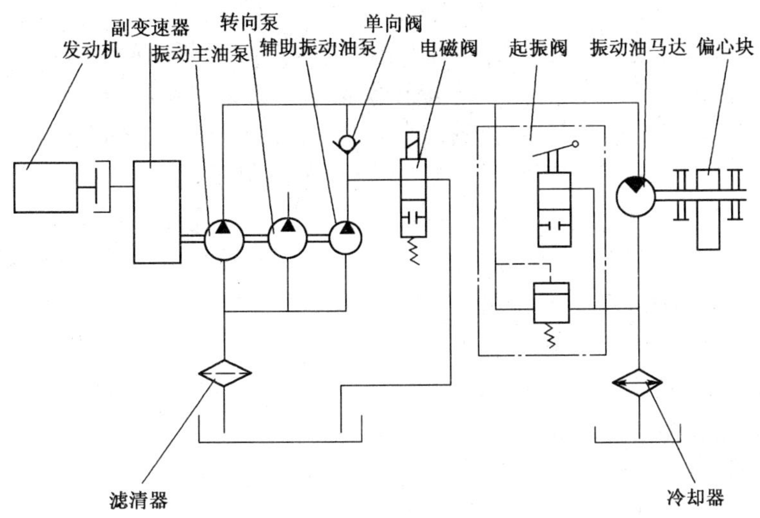

图 6-2-7　振动液压驱动回路原理图

模块三　行走驱动液压系统故障判断

以三一重工生产的 YZC12 型振动压路机为例，如图 6-2-8 所示。

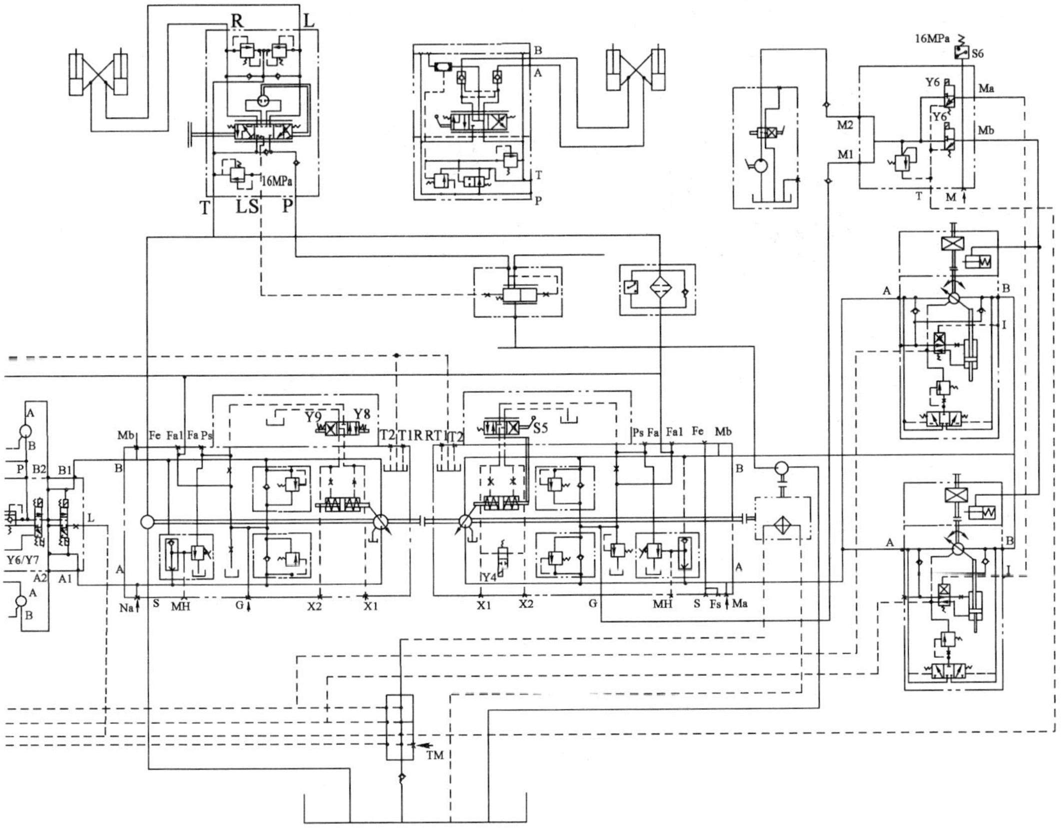

图 6-2-8　YZC12 型振动压路机液压系统原理图[1]

---

❶原图在《公路工程机械液压系统故障排除》一书 P174，图 5-4-2，朱烈舜主编。

YZC12 型振动压路机行走液压系统，由行走变量泵、行走变量马达构成的闭式变量泵——变量马达系统组成。系统中两个行走马达并联连接，马达减速器输出轴制动缸制动油源由左端振动补油泵提供，并由两位三通电磁阀控制，手动泵主要用于停车时松开制动，便于压路机故障拖动。前后轮行走驱动马达的方向与转速由行走泵手动伺服阀控制，并可方便地实现无级调速，以满足压路机的压实作业工况。紧急行走制动是由液压伺服制动，辅以机械制动。当按下紧急制动按钮后，二位二通电磁阀处于上位工作，变量泵斜盘作用油缸，立即回归零位，产生液压制动力。值得注意的是，在非紧急状态下，严禁使用紧急制动，特别是在快速行驶状态，更不要将紧急制动当成停车制动使用。

1. 变量泵故障分析

(1)排油量不足，液压马达动作缓慢的原因

①吸油管及滤油器堵塞或阻力太大。

②油箱油面过低。

③泵体内没有充满液压油，有残存的空气。

④柱塞与缸孔或配油盘与缸体间隙磨损。

⑤柱塞回程不够或不能回程，引起缸体与配油盘间失去密封，系中心弹簧断裂所致。

⑥变量机构失灵，达到工作要求。

⑦油温不当或液压泵吸气，造成内泄漏或吸油困难。

(2)压力不足或压力脉动较大的原因

①吸油口堵塞或通道较小。

②油温较高，油液黏度下降，泄漏增加。

③缸体与配油盘之间磨损，柱塞与缸孔间磨损，内泄漏过大。

④变量机构偏角太小，流量过小。

⑤中心弹簧疲劳，内泄漏增加。

⑥伺服机构不协调，如伺服活塞与变量活塞失调，使脉动增大。

(3)变量机构失灵的原因

①在控制油路上出现堵塞。

②变量头与变量壳体磨损。

③伺服活塞、变量活塞以及弹簧芯轴卡死。

④控制油道上的单向阀弹簧卡死。

(4)泵不能转动的原因

①柱塞与缸孔卡死，系油脏或油温变化或高温粘连所致。

②滑靴脱落，系柱塞卡死拉脱或有负载启动拉脱。

③柱塞球头折断，系柱塞卡死或有负载启动扭断。

另外，还可能有噪声过大、内部泄漏、外部泄漏、液压泵发热等故障，可参考相关专业书籍分析其原因，在此不再进行分析。

2. 轴向柱塞马达故障分析

(1)转速低、转矩小的原因

①液压泵供油量不足。

②吸油滤清器滤网堵塞。

③油箱中油量不足或管径过小造成吸油困难。

④密封不严,有泄漏,空气进入内部。

⑤油的黏度过大。

⑥液压泵轴向及径向间隙过大,泄漏量大,容积效率低。

⑦溢流阀调整压力不足或发生故障。

⑧液压马达各结合面有严重泄漏现象。

⑨液压马达内部零件磨损,泄漏严重。

(2)泄漏的原因

①配油盘与缸体端面磨损,轴向间隙过大。

②弹簧疲劳。

③柱塞与缸孔磨损严重。

④轴端密封不良或密封圈损坏。

3. 换向阀故障分析

(1)不换向的原因

①滑阀(阀芯)与阀体配合间隙过小,阀芯在孔中容易卡住不能动作。

②液压油被污染,颗粒污物卡住,产生轴向液压卡紧现象。

③阀体安装变形及阀芯弯曲变形,使阀芯卡住不动。

④电源电压太低,造成电磁铁推力不足,推不动阀芯。

⑤交流电磁铁,因滑阀卡住,铁芯吸不到底而烧毁。

⑥液动换向阀控制油路有故障。

⑦液动换向阀上的节流阀关闭或堵塞等。

(2)液压马达运动速度慢的原因

换向推杆长期撞击而磨损变短或衔铁接触点磨损,阀芯行程不足,开口及流量变小。

(3)干式电磁换向阀推杆处渗漏油的原因

①推杆处密封圈磨损过大而泄漏。

②电磁滑阀两端泄油(回油)腔背压过大而向推杆处渗漏油。

(4)湿式电磁铁吸合释放过于迟缓的原因

电磁铁后端有个密封螺钉,初装时,后腔存在空气。当油液进入衔铁腔内时,如后腔空气释放不掉,将压缩形成阻尼,造成动作缓慢。

(5)板式连接的换向阀接合面渗油的原因

①安装螺钉太松。

②安装底板表面加工精度差。

③底面密封圈老化或不起密封作用。

(6)电磁铁过热或烧毁的原因

①电源电压比规定电压高引起线圈发热。

②电磁线圈绝缘不良。

③换向频繁造成线圈过热。

④电磁铁芯与滑阀轴线不同心。

⑤推杆过长与电磁铁行程配合不当,电磁铁铁芯不能吸合,使电流过大而线圈过热烧毁。

另外,还有换向不灵、换向冲击与噪声等故障。

思考题

1. 如何对柴油发动机功率不足故障进行判断?
2. 如何对柴油发动机异响故障进行判断?
3. 如何对差速器锁死装置不工作故障进行判断?
4. 如何对行星齿轮轮边减速器故障进行判断?
5. 如何对刮水器、油量表等辅助电器故障进行判断?
6. 如何对行走电控系统故障进行判断?
7. 如何对振动电控系统故障进行判断?
8. 试对振动压路机液压传动系统原理图进行识读(以 SP-60D/PD 型压路机为例)。
9. 如何对振动液压驱动系统故障进行判断?
10. 如何对行走驱动液压系统故障进行判断?

单元三 培训与管理

学习目标

本单元主要学习对初级、中级和高级压路机操作工进行培训与管理方面的知识。

知识要求

1. 掌握培训计划的编写方法；
2. 掌握技术总结的写作方法；
3. 掌握技术培训基本知识；
4. 掌握技术指导的基本方法与技巧；
5. 掌握评定压路机技术状况变化基本方法；
6. 掌握机械使用管理知识；
7. 掌握固定资产管理知识。

技能要求

1. 能编写培训计划；
2. 能编写技术总结；
3. 能对初级、中级和高级操作工进行现场指导；
4. 能检测评定压路机技术状况；
5. 能制订机械使用与维修计划；
6. 能填写机械设备的技术档案。

课题一 技术培训与指导

模块一 培训计划编写

1. 培训计划的基本常识

机械操作人员是机械的直接使用者，他们的技术水平对用好机械具有决定性的作用。培训可使他们更多地掌握专业知识和提高操作技能、保养维修能力，达到"四懂、三会"的水平（懂原理、懂构造、懂性能、懂用途、会操作、会保养、会排除故障）。各企业单位应经常地组织他们接受培训和学习。

（1）培训的目的

更新知识，增强技能，提高职业素质。

（2）培训的种类

冬季施工淡季组织短期集中培训,针对普遍存在的问题有计划地分期分批进行轮训、新工人岗前培训及新机型使用前操作人员培训。

(3)培训计划的基本要素

为什么要进行培训?谁接受培训?培训内容是什么?如何培训?这些都是企业培训计划要回答的问题。一份完整的计划应包括以下内容:

①培训目的。主回答为什么要进行培训的问题。

②培训目标。主要解决培训要达到的目标的问题。

③培训对象和类型。确定谁接受培训和进行何种类型的培训。

④培训内容。根据对象的培训需求确定培训内容。

⑤培训组织范围。确定5个次层,即个人、部门、组织、行业和公共。

⑥培训规模。确定参加培训的人数。

⑦培训时间。

⑧培训地点。

⑨培训方式与方法。

⑩培训教师。根据培训目的、目标和对象选择教师。

⑪考评方式。培训效果检验,考评方式一般有笔试、面试、操作。

2. 编写培训计划

(1)编写培训计划前的准备工作

①分析企业或部门工作目标。有什么样的组织目标,就会有什么样的培训目标,二者具有内在的一致性。

②分析企业或部门职工素质现状。分析理想状况与现有状况之间的差距,工作中普遍存在的问题及原因,绩效差距。

③教育培训资源可利用现状,如时间、地点、场地、设施、教材、器具、师资等。

(2)培训计划案例(图6-3-1)

××机电设备有限公司机械维修人员培训计划

1. 培训目的

为本公司机械维修工补习专业理论知识,进一步提升机械维修的综合职业能力,适应现代工程机械机电液一体化发展的需要。

2. 课程设计原则

因人施教,学以致用的原则。

3. 培训对象

本公司机械维修工。

4. 课程内容

柴油机构造原理,工程机械液力传动和全液传动系统构造,典型液压挖掘机电控系统原理分析(启动供电电路、仪表报警电路、行驶照明信号电路、其他功能电控系统),液压传动基本知识及典型机械液压原理分析(以现代液压挖掘机及叉车为主)。

5. 培训教材

本公司厂本教材或授课教师授课教案。

6. 培训时间

每周周六、日培训，培训8天，每天7课时，共计56课时。

7. 培训地点

××××××学校电教室。

8. 培训形式

利用多媒体辅助教学手段集中讲授。

9. 培训费用

包括电化教室使用费、教师课时费、培训管理费，每人共计交培训费600元。

10. 教师安排

××××××学校中级技术职称以上专业课教师。

11. 组织部门

××××××教务科。

12. 考评方式

课程结束后，分项目组织闭卷笔答考试。

图6-3-1 培训计划案例

(3)实施培训计划应注意的问题

①明确分工，落实责任。为确保培训任务的落实，在培训计划实施前，召开一个有关人员的会议，明确分工，落实责任。

②做好培训的各种准备工作。确定培训教师、场地、设施和设备等。

③做好培训动员。要使受训人员明确培训的目的、要求、内容和程序，特别是要使其深刻感受到培训对企业发展、个人进步的重要性。

模块二 技术总结编写

1. 什么是技术总结

对已完成的技术工作进行分析和研究，从中找出经验或教训，引出规律性的东西，写成书面材料，用于指导今后的工作，这就是技术总结。

2. 编写技术总结的意义

①编写技术总结是改进和创新工作的一种重要方法。

②编写技术总结是提高个人技术能力的重要途径。

③编写技术总结是普及先进操作技术的重要手段。

3. 编写技术总结的步骤

①注意积累和搜集工作过程中材料。

②仔细分析并选择材料。

③根据材料拟订技术总结提纲。

④按照提纲起草技术总结。

4. 编写技术总结的内容与格式

①标题。

②基本情况。指明所要总结的问题、时间、地点、背景和事情经过。

③正文。具体介绍成绩和经验或问题和教训以及成绩和经验所取得的原因、做法和体会，并引出规律性的操作方法或规程。

④结束语。明确存在的问题和今后工作方向。

5. 编写技术总结应注意的问题

①要坚持从实践来,到实践去,使技术总结有实用意义。

②要坚持实事求是的精神,如实反映客观工作情况。

③要有科学的分析态度,反映出有规律性的东西来。

④要突出重点,条理清楚,观点与材料相统一。

⑤征求意见,补充和修改定稿。

模块三 对初、中、高级操作工的现场指导

1. 技术培训

技术培训是为提高就业能力、岗位工作能力和岗位转换能力而对劳动者实施的有计划、有系统的教授活动,具有实践性强、目标明确、与生产相结合的特点。

2. 技术培训的原则

理论知识应与实际工作相结合,以技能教学为主,操作训练为重。

3. 技术指导的基本方法

①讲解法。指导者运用语言说明、解释、分析或论证概念、原理和操作工序、技术要领。

②示范操作法。指导者为被指导者作出标准、规范的技术操作动作,使被指导者能直观、具体、形象地学习操作技术。

③指导操作法。在操作过程中,指导者为被指导者讲解和示范。

④其他方法。如参观法、指导阅读法、案例讨论法。

4. 技术指导应注意的问题

①充分做好技术指导前的各项准备工作。

②技术指导前做好安全工作预案,预防因误操作发生安全事故。

③以激发与鼓励为主,避免使用过激语言。

课题二 机 务 管 理

模块一 压路机技术状况评定

机务管理的目标是追求设备寿命周期内费用最经济,综合效率最好。机械设备是由成千上万个零件所组成,每个零件所承担的功能及工作强度、工作条件各不相同,而各零件的使用寿命长短不一,零件损坏后对主机的工作能力的影响程度也不相同,如功能下降、功能停止、磨损加剧等。

研究零件的劣化渐变过程和损坏原因或本机型或总成的劣化规律、自然劣化周期、人为劣化特点、劣化后果及外部表征,从而改进维修内容、维修间隔期,避免人为失误,以延长机械使用寿命,降低运转成本。

1. 机械技术状况变化的原因和规律

(1)机械技术技术状况变化的原因

磨损、机械损伤、化学热损伤。

(2)机械零件磨损规律

分为三个阶段,即磨合阶段、正常工作阶段、故障性磨损阶段。每个阶段的磨损都呈现出不同的磨损规律。

(3)保持机械固有技术状态的根本方法

保持基本状态(负荷、温度、润滑、间隙),遵守操作规程,根除劣化部件,防止人为失误。图 6-3-2 为减少故障损失的对策图。传统的观念认为好的维修的评价标准是处理了多少个故障停机,却很少将避免了多少故障的发生或根除了多少故障作为评价标准。其实,拙劣的维修才是可见的维修,好的维修应是预防、改进、计划,从而降低故障率,提高经济效益。

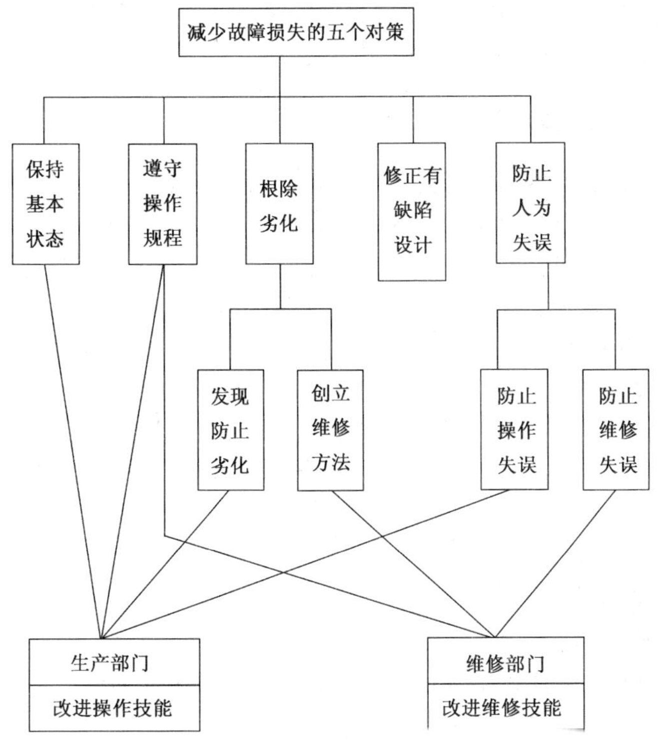

图 6-3-2 减少故障损失的对策图

2. 检测评定压路机技术状况基本方法

(1)发动机

①柴油发动机技术状况变坏的外部特征参量:启动性能、机油消耗量、功率和排烟度、机油压力、异响和曲轴箱窜气量。机油的消耗量可表征活塞环及环槽和汽缸的磨损程度;机油压力可表征曲轴轴颈、连杆轴颈与轴承的磨损程度;启动性能可表征汽缸密封性、启动转速、温度和供油提前角是否正常。

②减少汽缸磨损的措施:正确启动和起步;保持发动机正常工作温度;保持良好润滑;加强“三滤”保养;提高保修质量。

(2)液压传动系统

①技术状况变坏的外部特征参量:执行元件动作缓慢,执行元件自然沉降,油液温度升高过快,噪声,漏油。

②检测方法。检查漏油和沉降原因,更换密封件,检查吸油管路密封状况,检查油液散热

器和滤清器，检测系统负载压力和流量，确定液压元件技术状态。

③保持液压传动系统正常状态的措施。保持油液清洁，禁止随意拆卸和调整液压元件，保持系统压力和温度处正常值。

(3)传动与工作机械装置

①技术状况变坏的外部特征。工作强度高和工作条件差部件磨损，总成异响，壳体温度异常，润滑油渗漏，润滑油内有粒径较大的金属屑。

②检测方法。更换易损部件，分析温度异常的原因，消除漏油点，解体检查更换损坏零件，消除异响、温度异常和润滑油内有金属屑的故障。

③保持传动与工作机械装置措施。保持壳体内通气，保持良好的清洁和润滑状态，按规定进行紧固和调整，发现异响，立即停机维修，以防止故障扩大。

模块二 机械使用与维修计划制订

计划可以为实现预先选定的目标提供一种合理方法。计划就是一个组织要做什么和怎么做的行动指南。计划的定义是：对预想的未来及其变为现实的有效方法的设计。计划的作用是给出方向，减少变化的冲击，使浪费和冗余减少到最小，以及设立标准以利于控制。计划是一种直协调过程，能够给管理者和非管理者指明方向。当所有有关人员都了解了组织的目标和为达到目标他们必须做什么时，他们就能开始协调各自的活动，结成团队。计划的类型可分为战略性计划与作业性计划、短期计划与长期计划、指导性计划和具体工作计划。

制订计划工作步骤一般为明确工作任务、评估状况、确定目标、确定前提条件、制订计划方案等。计划如果不能变为行动，那么它是无用的。计划方案类似于行动路线图，是指挥和协调组织活动的工作文件。通过它可以清楚地告诉企业管理人员和员工要什么、何时做、由谁做、何处做以及如何做等问题。

1. 机械使用计划的制订

(1)确定施工工期和机械需要量

为了提高机械利用率，缩短施工工期，在编制计划前，先要了解施工任务、施工工期和施工工作量，通过核算确定机械种类、机械型号和机械需要量。

(2)评估现有机械和人员状况，并确定经营目标

通过查看施工现场情况，根据现有机械种类、数量、型号、技术性能和人员技术水平、后勤保障能力，评估能否达到施工要求，并确定经济指标。

(3)编制机械使用计划(表6-3-1)

机械使用计划表 表6-3-1

序号	机械名称	型号	作业名称	数量	施工工期	台班单价	计划台班	结算方式	运输方式	作业地点

2. 机械维修计划的制订

(1)确定所需维修机械和维修作业项目

①查看机械技术档案、机械运转记录、维修记录及报修单。

②对机械进行技术检测和综合技术评定。

③根据按需维修的原则，确定所需维修机械和维修作业项目。

(2)维修作业条件评估

①维修机械对施工造成的影响。

②维修作业项目与维修作业条件。

③维修方式选择的合理性和经济性核算。

(3)编制机械维修计划(表 6-3-2)

机械维修计划表 表 6-3-2

序号	机械名称	维修类别	维修工时	维修项目	维修方式	维修工期	维修部门	计划维修费用	维修工序

模块三 填写机械设备技术档案

在企业机械设备管理活动中,经常需要作出各种技术上、经济上的决策,而决策的依据就是信息。没有系统可靠的信息,就难以实施有效的管理。机械设备信息包括机械设备的全部资料及与之有关的其他资料,如图样、说明书、运转记录、维修记录、设备台账、设备档案及所发生的各种费用等。

1. 机械设备登记卡(表 6-3-3)

机械设备卡片 表 6-3-3

设备类别:筑路机械实习教学设备 建卡日期: ××年×月×日

<table>
<tr><td>机械编号</td><td>01-11</td><td>购置价格</td><td>865 000 元</td><td>使用部门</td><td>机械实习厂</td></tr>
<tr><td>机械名称</td><td>挖掘机</td><td>购入日期</td><td>2006 年 5 月</td><td>安装地点</td><td></td></tr>
<tr><td>规格型号</td><td>PC-200</td><td>机械来源</td><td>购 入</td><td>调入日期</td><td></td></tr>
<tr><td>制造厂名</td><td>山东工程机械厂
与日本小松合资</td><td>起用日期</td><td>2006 年 6 月</td><td>技术资料</td><td>使用说明书一份</td></tr>
<tr><td>主要用途说明</td><td colspan="2">1. 主要用于土方挖掘。
2. 作为实习教学设备,主要用于学生学习挖掘机的驾驶和技术保养技能</td><td>主要性能参数</td><td colspan="2">1. 外形尺寸:9 425mm × 2 800mm × 3 000mm(长×宽×高)。
2. 净重:19 700kg。
3. 发动机型号:SAA6D102E-2-A(6 -102 ×120)。四冲程、直列、直接喷射、带涡轮增压器。
4. 斗容量:0.9m³</td></tr>
<tr><td>机械外形图片</td><td colspan="5"></td></tr>
</table>

制表:机械实习场 填写:

2. 机械设备使用情况统计表(表6-3-4)

机械设备使用情况年报表

表6-3-4

制表：　　　　　　　　日期：　年　月　日　　　　　　　复核：

机械名称	运转台班	工作小时	收入	实际支出			备注
				维修费	油料消耗	人工费	

注：此表一式两份，由机务员统计填写，并于年终上报存档。

3. 机械维修记录(表6-3-5)

机械维修记录表

表6-3-5

机械名称：　　　　　编号：　　　　主修人：　　　　送修日期：　　　　竣工日期：

<table>
<tr><td colspan="2">机械维修前技术状况及维修类别说明</td><td colspan="4">上次维修后累计运转小时及情况说明</td></tr>
<tr><td colspan="2"></td><td colspan="4"></td></tr>
<tr><td rowspan="2">序号</td><td rowspan="2">维修项目</td><td colspan="4">更换配件和消耗材料</td></tr>
<tr><td>品名</td><td>数量</td><td>单价</td><td>金额</td></tr>
<tr><td></td><td></td><td colspan="4"></td></tr>
<tr><td></td><td></td><td colspan="4"></td></tr>
<tr><td></td><td></td><td colspan="4"></td></tr>
<tr><td></td><td></td><td colspan="4"></td></tr>
<tr><td></td><td></td><td colspan="4"></td></tr>
<tr><td colspan="6">维修过程和技术数据记录

主修人：　　　　　　日期：</td></tr>
<tr><td colspan="6">检验结果记录

检验人：　　　　　　日期：</td></tr>
</table>

所用工时		材料费		工时费		其他		合计	

注：此表由维修人员和维修车间管理员共同填写，并统一存档保存。

思考题

1. 如何编写培训计划?
2. 如何编写技术总结?
3. 如何对初、中、高级操作工进行现场指导?
4. 如何对压路机技术状况进行评定?
5. 如何制订机械使用与维修计划?
6. 如何填写机械设备技术档案?

主要参考文献

[1] 石香滨. 筑路机械构造与修理. 北京:人民交通出版社出版,2001.
[2] 高为群. 公路工程机械驾驶与故障排除. 北京:人民交通出版社出版,2005.